東大数学プレミアム

Premium

01

教学社

はじめに

本書は，東京大学（以下，東大）で出題された問題から，**現在もそして今後も入試に出題されるであろう，理系の受験生にとって重要なテーマ**を選んで，解説したものです。

主に 1970・1980 年代のものを選んでいます。年代をこのように古いものに限っているのは，『東大の理系数学 25 カ年』が難関校過去問シリーズの 1 巻として教学社から出版されているためです。問題の文章にすこし時代が感じられるものもありますが，**古典といわれるような問題の方が** simple **で，本質が見えやすい**ということもかなりあり，はじめに学習するにはこのような問題の方が適当であるともいえます。やや難しい，あるいは重要なものには，〔アプローチ〕や〔フォローアップ〕で分量をさいて説明しました。とくに**問題へどのように取り組むか，その試行錯誤の過程や方針の選択**などをできるだけ説明したつもりです。

本書は通読するようなものでなく（もちろん，通読してもらえるのが理想的ですが），皆さんが自分の学習計画に合わせて，目次などを参考にしながら，**どこからでも気になるところから取り組むことができる**ように編集されています。まずは，問題編をみて，好きなところから解いてみることを薦めます。数学の本は読みにくいものです。‘読む’ということはほとんど不可能なのではないかとさえ思います。‘読む’とはいうものの，ほとんどの時間は書籍（論文）に書かれていることをネタに自分で紙／黒板／頭の中に図や図式や数式を書きつけて，あれこれと考えているのです。そのように本書も読まれることを望んでいます。そしてその後に上掲の本などで最近の東大の問題にあたってください。

最後に，本書のほとんどの部分は，これまで 30 数年を超える期間に，東大の問題をネタに予備校で授業をしてきた結果で，その間，受講していた数多くの学生からのフィードバックによります。我慢して授業を聞いてくれた，そのような学生達に感謝を捧げたいと思います。

米村　明芳

本書の特徴

第二次大戦後の新制東京大学になってからの入試問題は，出版物も複数あり，またネットなどの様々な手段により知ることはできるようになっています。毎年新しく出題されていくのですから，その量は単調に増え続けており，個人で扱える範囲は超えてしまってから，すでにかなりの時間が経過しています。この間，度重なる高校教育課程の改訂，さらに社会の，科学技術の，また数学そのものの進化により，必要とされる数学も変化してきており，当然のことながら入試問題も変化してきています。古いものには現在からみるとありえないような易しい問題も少なくありません。しばしば「学力低下」とか「昔の学生はよくできた」のような言説が聞かれますが，東大の入試問題をみれば，現在の方がはるかに難しく，それを解決しうる能力をもった現在の受験生の方がはるかに優秀です。このように表面的な部分では大幅に変化してきているとはいえ，数学ですので，根本的なところでは全く変化していない部分も多くあります。

芭蕉は俳諧の本源を説いて「不易流行」といったそうですが，それは数学のような discipline（分野）でも同じで，大学入試問題についてもいえます。古い問題も資料としては意味があるでしょうが，受験生がそれを直接に学習しても，問題を正しく判別しない限りあまり学習効果は期待できないかもしれません。基本的には現在に近い過去問を練習するのが効果的ですが，半世紀ほど前に出題された問題でも良問はあり，それらを学習するのはもちろん意味があります。初めて出題されたときには独創的な素晴しい問題で，難問に見えたものでも，何度も変奏されて出題され続けると，手垢にまみれた，ありきたりの作業の問題になってしまうものです。後に出題される問題ほど，見かけを変えたり，装飾をされたりすることで，本質が見えなくなってしまうこともよくあることです。

本書では，そのような独創的な問題を主として 1970・80 年代の入試から 66 題選びました。分類は目次をみていただければわかりますが，高校で学習する順にはなっていません。各章内ではできるだけ基本的なものから複雑なものへと配列していますが，それも厳密な順序ではありません。問題に使われている内容の説明が論理的になるように配列することに努めました。そのため，1つの問題の解説にほかの問題への参照を煩をいとわずにつけています。これにより数学が分野によらない渾然一体となったひとつの体系であることが理解されると期待しています。

また，これらの問題群の中でもとくに座標平面，立体図形・空間座標については現在でも十分に通用する問題が多くあり，これが東大の入試問題の大きな特徴になっています。立体図形・空間座標は高校の教育課程での扱いが改訂により次第に減少していっている分野です。そのため苦手とする受験生が多く，それは高校で詳細に学習していないのだから当然の結果です。ところが，東大をはじめ入試には出題され続けており，その重要性は減少することはありません（近年の VR（仮想現実）の隆盛をみてもわかるように，空間認識とその表現（コード化）は進化し続けています。AI（人工知能）の空間認識の問題もこれからの課題でしょう）。この分野の問題だけで第 6 ～ 7 章の 18 題あり，これが本書の大きな特徴になっています。これだけまとまって学習する機会はあまりないでしょう。

ただし，上の年代の制限から十分に扱えていないと思われるのは，「確率」，「整数」，「複素数平面」です。これらについては，近年のより新しい問題にあたって学習してください。

本書には索引がついています。すべてを網羅しているわけではありませんが，使える索引を目指してつけています。復習などに役立ててください。問題の出典はすべて東大ですが，年度は索引にもまとめてあります。問題文はできるだけ原文を尊重し，小問番号の形式，文字の書体も原文にあわせていますが，古いものは資料が残っていないこともあり，正確でないものもあるかもしれません（ただし句読点は「。，」に変更して統一しています）。なお索引の出典に「＊」がついているものが 2 つありますが，これは問題文に変更が加えられていることを表します。詳細は解答編の相当する箇所をみてください。

本書の利用法

数学は本来，あたりまえに認めてよいことを前提として，それ以降は論理と計算により演繹的に表現されていくものです。とはいえ，このことを高校で学習する事項に限っても，行うことは簡単ではありません。わたしたちが学習してきたことをあらためて1から論理的に書き出せといわれても，当惑するばかりです。たとえば，本書を手にしてみようと思う人なら，「三角関数」について多くのことを知っています。しかし，次のような問題を出題され，答えることを求められたらどうでしょうか？

(1) 一般角 θ に対して $\sin\theta$，$\cos\theta$ の定義を述べよ。

(2) (1)で述べた定義にもとづき，一般角 α，β に対して

$$\sin(\alpha+\beta)=\sin\alpha\cos\beta+\cos\alpha\sin\beta$$

$$\cos(\alpha+\beta)=\cos\alpha\cos\beta-\sin\alpha\sin\beta$$

を証明せよ。

〔1999年度理系第1問〕

ほとんどの受験生は途方に暮れるに違いありません。この問題のすごいところは，「(1)で述べた定義にもとづき」とあるところです。なんとなく，$\sin\theta$ や $\cos\theta$ は知っていて，加法定理はそういえば教科書に説明が載っていたな，と思い出す人でも，定義から演繹せよ，といわれたら，そんなこと急に言われても…となってしまうでしょう。本問は東大の過去問の中でも異彩を放っていて，空前絶後の良問です。なぜなら，このような問題は高校には他になく，これ以外に出しようがないからで，類題はありえません。解答は教科書を開けてみればよいので，ここでは解説はしませんが，一般角とは任意の実数ということで，(1)は関数 $\sin\theta$，$\cos\theta$ を実数全体で定義せよ，といっているのです。

上の問題の経験からわかることは，定義が重要であることで，それがはっきりしないと「証明」など意味をもちえないからです。「証明」は入試でも

多く出題されますが，そのとき前提となっていることは，教科書に掲載されている定義，定理，公式などです。そこから，計算や論理により，結論へと向かう道筋を書き表したものが「証明」です。「証明せよ」といわれなくても，入試で要求される「解答」はそのように書かれるもので，その前提となっている事柄を意識しない限り，解答は書けないでしょう。だからこそ教科書に書かれていることは重要なのです。

本書は高校数学について，ひととおり学習済みであることを前提としています。論理的に0から解説するものではないので，どこから読まれてもかまわないようになっています。目次などを見て，気になるところから，あるいは補強したい分野からでも，まず問題を考えてみてください。解けそうなときは必ず解答を書いてみてください。数学は頭の中だけで行えるものですが，書かないと本当に自分がわかっているかどうかはっきりしせん。*idea* だけでは数学にならないのです。道に迷っていると感じたときは，
アプローチ の内容をすこし読んで，また考えて解答を書きつぐ，このような作業を繰り返します。それから 解答 と フォローアップ を読んでください。問題を解くのに必要な事柄は教科書事項から演繹されるもので，そのことを定義にまで立ち戻りながら，解説するようにしています。あやふやになったら，教科書を開いて定義を確認してください。そこから上の問題のように積み上げていくことができれば，その問題を完全に理解したことになるでしょう。また，できれば夏休み頃には，この本の内容はほぼ理解できるようにしておいた方がよいと思われます。そのあとは，近年の問題で練習することを強く薦めます。

ふたたび芭蕉ですが，句作りについて「見とめ聞きとめざれば，をさまると，その活きたる物だに消えて跡なし」といったそうですが，わたしたちも勉強して目にし耳にしていることで，重要なことに遭遇しているはずなのですが，それを「見とめ聞きとめ」ない限り，意識に留まらず「消えて跡なし」になってしまいます。それを「いまだ心にきえざる中にいひとむべし」というように，ノートなどに表現して，はじめて自分のものになっていくのでしょう。そのように確実に一歩ずつ進んでいってください。

目　次

(編集部注) 本書に掲載されている入試問題の解答・解説は，出題校が公表したものではありません。

問題編

第1章 多項式

1.1

k, l, m, n は負でない整数とする。0 でないすべての x に対して等式

$$\frac{(x+1)^k}{x^l}-1=\frac{(x+1)^m}{x^n}$$

を成り立たせるような k, l, m, n の組を求めよ。

1.2

(1) 自然数 $n=1, 2, 3, \cdots$ に対して，ある多項式 $p_n(x)$, $q_n(x)$ が存在して，

$$\sin n\theta=p_n(\tan\theta)\cos^n\theta,\quad \cos n\theta=q_n(\tan\theta)\cos^n\theta$$

と書けることを示せ。

(2) このとき，$n>1$ ならば次の等式が成立することを証明せよ。

$$p_n{}'(x)=nq_{n-1}(x),\quad q_n{}'(x)=-np_{n-1}(x)$$

1.3

2 以上の自然数 k に対して $f_k(x)=x^k-kx+k-1$ とおく。このとき，次のことを証明せよ。

i）n 次多項式 $g(x)$ が $(x-1)^2$ で割り切れるためには，$g(x)$ が定数 a_2, $\cdots$, a_n を用いて $g(x)=\sum_{k=2}^{n}a_kf_k(x)$ の形に表されることが必要十分である。

ii）n 次多項式 $g(x)$ が $(x-1)^3$ で割り切れるためには，$g(x)$ が関係式 $\sum_{k=2}^{n}\frac{k(k-1)}{2}a_k=0$ をみたす定数 a_2, $\cdots$, a_n を用いて $g(x)=\sum_{k=2}^{n}a_kf_k(x)$ の形に表されることが必要十分である。

1.4

多項式の列 $P_0(x)=0$, $P_1(x)=1$, $P_2(x)=1+x$, $\cdots$, $P_n(x)=\sum_{k=0}^{n-1}x^k$, $\cdots$ を考える。

(1) 正の整数 n, m に対して, $P_n(x)$ を $P_m(x)$ で割った余りは $P_0(x)$, $P_1(x)$, $\cdots$, $P_{m-1}(x)$ のいずれかであることを証明せよ。

(2) 等式

$$P_l(x)\,P_m(x^2)\,P_n(x^4)=P_{100}(x)$$

が成立するような正の整数の組 $(l,\ m,\ n)$ をすべて求めよ。

1.5

a, b, c, d を実数として, 関数 $f(x)=ax^3+bx^2+cx+d$ を考える。

(1) 関数 $f(x)$ が3条件

(イ) $f(-1)=0$

(ロ) $f(1)=0$

(ハ) $|x|\leqq 1$ のとき $f(x)\geqq 1-|x|$

をみたすのは, 定数 a, b, c, d がどのような条件をみたすときか。

(2) 条件(イ), (ロ), (ハ)をみたす関数 $f(x)$ のうちで, 積分

$$\int_{-1}^{1}\{f'(x)-x\}^2dx$$

の値を最小にするものを求めよ。

1.6

3 次関数 $h(x)=px^3+qx^2+rx+s$ は，次の条件(i)，(ii)をみたすものとする。

(i) $h(1)=1$，$h(-1)=-1$。

(ii) 区間 $-1<x<1$ で極大値 1，極小値 -1 をとる。

このとき，

(1) $h(x)$ を求めよ。

(2) 3 次関数 $f(x)=ax^3+bx^2+cx+d$ が区間 $-1<x<1$ で $-1<f(x)<1$ をみたすとき，$|x|>1$ なる任意の実数 x に対して不等式

$$|f(x)|<|h(x)|$$

が成立することを証明せよ。

1.7

a，b，c，d を実数として $f(x)=x^4+ax^3+bx^2+cx+d$ とおく。

(i) 方程式 $f(x)=0$ が 4 個の相異なる実根をもつとき，実数 k に対して，方程式 $f(x)+kf'(x)=0$ の実根の個数を求めよ。

(ii) 2 つの方程式 $f(x)=0$，$f''(x)=0$ が 2 個の相異なる実根を共有するとき，曲線 $y=f(x)$ は y 軸に平行なある直線に関して対称であることを示せ。

第2章　方程式

2.1

xy 平面において，Oを原点，Aを定点（1，0）とする。また，P，Qは円周 $x^2+y^2=1$ の上を動く2点であって，線分OAから正の向きにまわって線分OPにいたる角と，線分OPから正の向きにまわって線分OQにいたる角が等しいという関係が成り立っているものとする。

点Pを通り x 軸に垂直な直線と x 軸との交点をR，点Qを通り x 軸に垂直な直線と x 軸との交点をSとする。実数 $l \geqq 0$ を与えたとき，線分RSの長さが l と等しくなるような点P，Qの位置は何通りあるか。

2.2

$k>0$ とする。xy 平面上の二曲線

$$y=k(x-x^3),\quad x=k(y-y^3)$$

が第1象限に $\alpha \neq \beta$ なる交点（α，β）をもつような k の範囲を求めよ。

2.3

t の関数 $f(t)$ を

$$f(t)=1+2at+b(2t^2-1)$$

とおく。区間 $-1 \leqq t \leqq 1$ のすべての t に対して $f(t) \geqq 0$ であるような a，b を座標とする点（a，b）の存在する範囲を図示せよ。

問題編

2.4

xについての方程式

$$px^2+(p^2-q)x-(2p-q-1)=0$$

が解をもち，すべての解の実部が負となるような実数の組（p, q）の範囲を pq 平面上に図示せよ。

（注） 複素数 $a+bi$（a, b は実数，i は虚数単位）に対し，a をこの複素数の実部という。

2.5

xy 平面において，不等式 $x^2 \leqq y$ の表す領域を D とし，不等式 $(x-4)^2 \leqq y$ の表す領域を E とする。

このとき，次の条件(＊)を満たす点 P(a, b) の全体の集合を求め，これを図示せよ。

（＊） P(a, b) に関して D と対称な領域を U とするとき，

$$D \cap U \neq \emptyset,\ E \cap U \neq \emptyset,\ D \cap E \cap U = \emptyset$$

が同時に成り立つ。ただし，$\emptyset$ は空集合を表すものとする。

2.6

C を $y=x^3-x$, $-1 \leqq x \leqq 1$ で与えられる xy 平面上の図形とする。次の条件をみたす xy 平面上の点P全体の集合を図示せよ。

「C を平行移動した図形で，点Pを通り，かつもとの図形 C との共有点がただ1つであるようなものが，ちょうど3個存在する。」

第3章　軌跡・領域

3.1

長さ l の線分が，その両端を放物線 $y=x^2$ の上にのせて動く。この線分の中点Mが x 軸にもっとも近い場合のMの座標を求めよ。ただし $l \geqq 1$ とする。

3.2

時刻 $t=0$ に原点を出発し，xy 平面上で次の条件(i)，(ii)に従って運動する動点Pがある。

(i)　$t=0$ におけるPの速度を表わすベクトルの成分は $(1,\ \sqrt{3})$ である。

(ii)　$0<t<1$ において，Pは何回か（1回以上有限回）直角に左折するが，そのときを除けばPは一定の速さ2で直進する。(ただし，左折するのに要する時間は0とする)

このとき，時刻 $t=1$ においてPが到達する点をQとして，Qの存在しうる範囲を図示せよ。

3.3

放物線 $y=x^2$ を C で表す。C 上の点Qを通り，Qにおける C の接線に垂直な直線を，Qにおける C の法線という。$0 \leqq t \leqq 1$ とし，つぎの3条件をみたす点Pを考える。

(イ)　C 上の点 $\mathrm{Q}(t,\ t^2)$ における C の法線の上にある。

(ロ)　領域 $y \geqq x^2$ に含まれる。

(ハ)　PとQの距離は $(t-t^2)\sqrt{1+4t^2}$ である。

t が0から1まで変化するとき，Pのえがく曲線を C' とする。このとき，C と C' とで囲まれた部分の面積を求めよ。

3.4

定数pに対して，3次方程式

$$x^3-3x-p=0$$

の実数解の中で最大のものと最小のものとの積を$f(p)$とする。ただし，実数解がただひとつのときには，その2乗を$f(p)$とする。

(1)　pがすべての実数を動くとき，$f(p)$の最小値を求めよ。

(2)　pの関数$f(p)$のグラフの概形をえがけ。

3.5

点$(x,\ y)$を点$(x+a,\ y+b)$にうつす平行移動によって曲線$y=x^2$を移動して得られる曲線をCとする。Cと曲線$y=\dfrac{1}{x}$，$x>0$が接するようなa，bを座標とする点$(a,\ b)$の存在する範囲の概形を図示せよ。

また，この二曲線が接する点以外に共有点を持たないようなa，bの値を求めよ。ただし，二曲線がある点で接するとは，その点で共通の接線を持つことである。

第4章　平面座標／最大・最小

4.1

長軸，短軸の長さがそれぞれ4，2である楕(だ)円に囲まれた領域をAとし，この楕円の短軸の方向に，Aを$\frac{1}{2}(\sqrt{6}-\sqrt{2})$だけ平行移動してできる領域をBとする。このときAとBの共通部分C＝A∩Bの面積Mを求めよ。ただし$\frac{1}{4}(\sqrt{6}+\sqrt{2})=\cos\frac{\pi}{12}$である。

注　方程式$\frac{x^2}{a^2}+\frac{y^2}{b^2}=1$（$a>0$，$b>0$）で表される楕円において，$2a$，$2b$の内大きい方を長軸の長さといい，他方を短軸の長さという。

4.2

円$x^2+y^2=1$をC_0，だ円$\frac{x^2}{a^2}+\frac{y^2}{b^2}=1$（$a>0$，$b>0$）を$C_1$とする。$C_1$上のどんな点Pに対しても，Pを頂点にもち$C_0$に外接して$C_1$に内接する平行四辺形が存在するための必要十分条件をa，bで表せ。

4.3

xy平面の第１象限にある点Aを頂点とし，原点Oとx軸上の点Bを結ぶ線分OBを底辺とする二等辺三角形（AO＝AB）の面積をsとする。この三角形と不等式$xy\leqq 1$で表される領域との共通部分の面積を求め，これをsの関数として表せ。

4.4

虚部が正の複素数の全体を H とする。すなわち，

$$H=\{z=x+iy \mid x,\ y\text{ は実数で } y>0\}$$

とする。以下 z を H に属する複素数とする。q を正の実数とし，

$$f(z)=\frac{z+1-q}{z+1}$$

とおく。

(1) $f(z)$ もまた H に属することを示せ。

(2) $f_1(z)=f(z)$ と書き，以下 $n=2,\ 3,\ 4,\ \cdots$ に対して

$$f_2(z)=f(f_1(z)),\ f_3(z)=f(f_2(z)),\ \cdots,\ f_n(z)=f(f_{n-1}(z)),\ \cdots$$

とおく。このとき，H のすべての元 z に対して $f_{10}(z)=f_5(z)$ が成立するような q の値を求めよ。

4.5

平面上の点Oを中心とする半径1の円周上の点Pをとり，円の内部または周上に2点Q，Rを，△PQR が1辺の長さ $\dfrac{2}{\sqrt{3}}$ の正三角形になるようにとる。このとき，$\mathrm{OQ}^2+\mathrm{OR}^2$ の最大値および最小値を求めよ。

4.6

xy 平面上の曲線 $y=\sin x$ に沿って，図のように左から右へすすむ動点Pがある。Pの速さが一定 $V\ (V>0)$ であるとき，Pの加速度ベクトル $\vec{\alpha}$ の大きさの最大値を求めよ。ただし，Pの速さとは速度ベクトル $\vec{v}=(v_1,\ v_2)$ の大きさであり，また t を時間として $\vec{\alpha}=\left(\dfrac{dv_1}{dt},\ \dfrac{dv_2}{dt}\right)$ である。

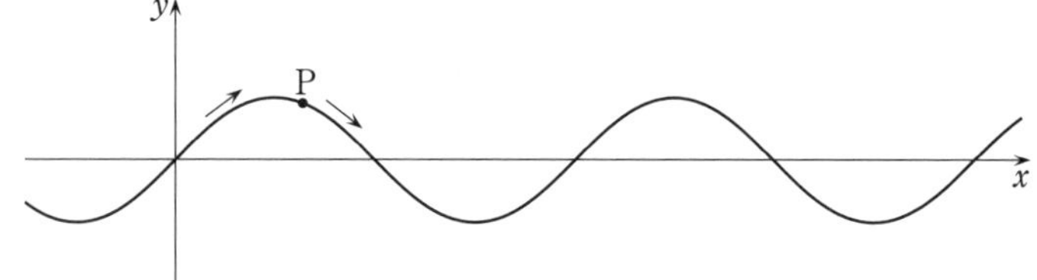

4.7

$a\geqq 1$ とする。xy 平面において，不等式

$$0\leqq x\leqq\frac{\pi}{2},\ 1\leqq y\leqq a\sin x$$

によって定められる領域の面積を S_1，不等式

$$0\leqq x\leqq\frac{\pi}{2},\ 0\leqq y\leqq a\sin x,\ 0\leqq y\leqq 1$$

によって定められる領域の面積を S_2 とする。S_2-S_1 を最大にするような a の値と，S_2-S_1 の最大値を求めよ。

4.8

xy 平面において，座標 $(x,\ y)$ が不等式

$$x\geqq 0,\ y\geqq 0,\ xy\leqq 1$$

をみたすような点 $\mathrm{P}(x,\ y)$ の作る集合をDとする。三点 $\mathrm{A}(a,\ 0)$，$\mathrm{B}(0,\ b)$，$\mathrm{C}\left(c,\ \frac{1}{c}\right)$ を頂点とし，Dに含まれる三角形ABCはどのような場合に面積が最大となるか。また面積の最大値を求めよ。ただし $a\geqq 0$，$b\geqq 0$，$c>0$ とする。

4.9

xy 平面上に，不等式で表される3つの領域

$$A：x\geqq 0$$
$$B：y\geqq 0$$
$$C：\sqrt{3}x+y\leqq\sqrt{3}$$

をとる。いま任意の点Pに対し，Pを中心として A，B，C のどれか少くとも1つに含まれる円を考える。

このような円の半径の最大値は点Pによって定まるから，これを $r(\mathrm{P})$ で表すことにする。

i）　点Pが $A\cap C$ から $(A\cap C)\cap B$ を除いた部分を動くとき，$r(\mathrm{P})$ の動く範囲を求めよ。

ii）　点Pが平面全体を動くとき，$r(\mathrm{P})$ の動く範囲を求めよ。

4.10

xy 平面上，x 座標，y 座標がともに整数であるような点（m，n）を格子点とよぶ。

各格子点を中心として半径 r の円がえがかれており，傾き $\frac{2}{5}$ の任意の直線はこれらの円のどれかと共有点をもつという。このような性質をもつ実数 r の最小値を求めよ。

第5章　極　限

5.1

xy 平面上に $y=-1$ を準線，点 F(0, 1) を焦点とする放物線がある。この放物線上の点 P(a, b) を中心として，準線に接する円 C を描き，接点を H とする。$a>2$ とし，円 C と y 軸との交点のうち F と異なるものを G とする。扇形 PFH（中心角の小さい方）の面積を $S(a)$，三角形 PGF の面積を $T(a)$ とするとき，$a\to\infty$ としたときの極限値 $\lim_{a\to\infty}\dfrac{T(a)}{S(a)}$ を求めよ。

5.2

xy 平面において，直線 $x=0$ を L とし，曲線 $y=\log x$ を C とする。さらに，L 上，または C 上，または L と C との間にはさまれた部分にある点全体の集合を A とする。A に含まれ，直線 L に接し，かつ曲線 C と点 $(t, \log t)$ $(0<t)$ において共通の接線をもつ円の中心を P_t とする。

P_t の x 座標，y 座標を t の関数として $x=f(t)$，$y=g(t)$ と表したとき，次の極限値はどのような数となるか。

i ）　$\lim_{t\to0}\dfrac{f(t)}{g(t)}$

ii ）　$\lim_{t\to+\infty}\dfrac{f(t)}{g(t)}$

5.3

a は1より大きい定数とし，xy 平面上の点 $(a,\ 0)$ をA，点 $(a,\ \log a)$ をB，曲線 $y=\log x$ と x 軸の交点をCとする。さらに x 軸，線分BAおよび曲線 $y=\log x$ で囲まれた部分の面積を S_1 とする。

(1) $1 \leqq b \leqq a$ となる b に対し点 $(b,\ \log b)$ をDとする。四辺形ABDCの面積が S_1 にもっとも近くなるような b の値と，そのときの四辺形ABDCの面積 S_2 を求めよ。

(2) $a \to \infty$ のときの $\dfrac{S_2}{S_1}$ の極限値を求めよ。

5.4

xy 平面上で原点から傾き a $(a>0)$ で出発し折れ線状に動く点Pを考える。ただし，点Pの y 座標はつねに増加し，その値が整数になるごとに動く方向の傾きが s 倍 $(s>0)$ に変化するものとする。

Pの描く折れ線が直線 $x=b$ $(b>0)$ を横切るための a，b，s に関する条件を求めよ。

5.5

a を正の定数とし，座標平面上に3点 $P_0(1,\ 0)$，$P_1(0,\ a)$，$P_2(0,\ 0)$ が与えられたとする。

P_2 から P_0P_1 に垂線をおろし，それと P_0P_1 との交点を P_3 とする。

P_3 から P_1P_2 に垂線をおろし，それと P_1P_2 との交点を P_4 とする。

以下同様にくり返し，一般に P_n が得られたとき，

P_n から $P_{n-2}P_{n-1}$ に垂線をおろし，それと $P_{n-2}P_{n-1}$ との交点を P_{n+1} とする。

このとき次の問に答えよ。

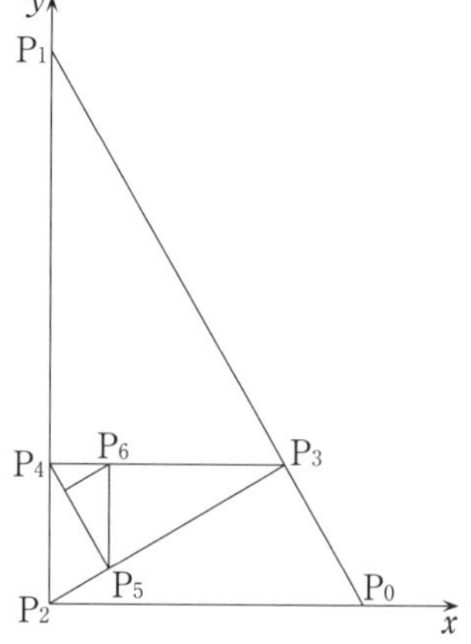

(1) P_6 の座標を求めよ。

(2) 上の操作をつづけていくとき，P_0，P_1，P_2，…，P_n，… はどのような点に限りなく近づくか。

5.6

$a_n=\sum_{k=1}^{n}\frac{1}{\sqrt{k}}$，$b_n=\sum_{k=1}^{n}\frac{1}{\sqrt{2k+1}}$ とするとき，$\lim_{n\to\infty}a_n$，$\lim_{n\to\infty}\frac{b_n}{a_n}$ を求めよ。

5.7

$\frac{10^{210}}{10^{10}+3}$ の整数部分のけた数と，1の位の数字を求めよ。ただし，

$$3^{21}=10460353203$$

を用いてよい。

5.8

正数 x を与えて，

$$2a_1=x,\ 2a_2={a_1}^2+1,\ \cdots,\ 2a_{n+1}={a_n}^2+1,\ \cdots$$

のように数列 $\{a_n\}$ を定めるとき

(1) $x\neq 2$ ならば，$a_1<a_2<\cdots<a_n<\cdots$ となることを証明せよ。

(2) $x<2$ ならば，$a_n<1$ となることを証明せよ。このとき，正数 ε を $1-\frac{x}{2}$ より小となるようにとって，a_1，a_2，…，a_n までが $1-\varepsilon$ 以下となったとすれば，個数 n について次の不等式が成り立つことを証明せよ。

$$2-x>n\varepsilon^2$$

問題編

第6章 立体／空間座標

6.1

正四角錐Vに内接する球をSとする。Vをいろいろ変えるとき，比

$$R=\frac{\text{Sの表面積}}{\text{Vの表面積}}$$

のとりうる値のうち，最大のものを求めよ。

ここで正四角錐とは，底面が正方形で，底面の中心と頂点を結ぶ直線が底面に垂直であるような角錐のこととする。

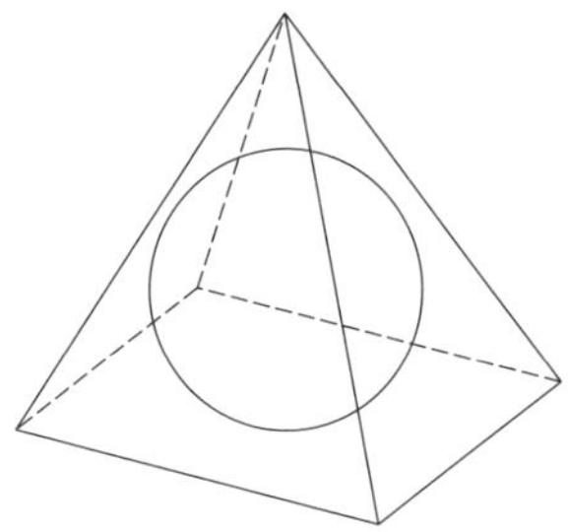

6.2

空間内の点Oに対して，4点A，B，C，Dを

$$\mathrm{OA}=1,\ \mathrm{OB}=\mathrm{OC}=\mathrm{OD}=4$$

をみたすようにとるとき，四面体ABCDの体積の最大値を求めよ。

6.3

直円錐(すい)形のグラスに水が満ちている。水面の円の半径は1，深さも1である。

(1)　このグラスを右の図のように角度αだけ傾けたとき，できる水面は楕(だ)円である。この楕円の中心からグラスのふちを含む平面までの距離lと，楕円の長半径aおよび短半径bを，$m=\tan\alpha$で表せ。ただし楕円の長半径，短半径とは，それぞれ長軸，短軸の長さの$\dfrac{1}{2}$のことである。

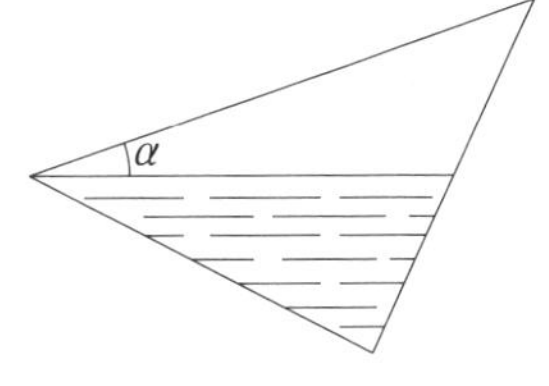

(2)　傾けたときこぼれた水の量が，最初の水の量の$\dfrac{1}{2}$であるとき，$m=\tan\alpha$の値を求めよ。ただしグラスの円錐の頂点から，新しい水面までの距離をhとするとき，残った水の量は，$\dfrac{1}{3}\pi abh$に等しいことを用いよ。

6.4

a，bを正の実数とする。座標空間の4点P$(0,\ 0,\ 0)$，Q$(a,\ 0,\ 0)$，R$(0,\ 1,\ 0)$，S$(0,\ 1,\ b)$が半径1の同一球面上にあるとき，P，Q，R，Sを頂点とする四面体に内接する球の半径をrとすれば，次の二つの不等式が成り立つことを示せ。

$$\left(\frac{1}{r}-\frac{1}{a}-\frac{1}{b}\right)^2 \geqq \frac{20}{3},\quad \frac{1}{r} \geqq 2\sqrt{\frac{2}{3}}+2\sqrt{\frac{5}{3}}$$

6.5

実数 α $\left(ただし 0 \leqq \alpha < \frac{\pi}{2}\right)$ と，空間の点 A(1, 1, 0)，B(1, −1, 0)，C(0, 0, 0) を与えて，つぎの4条件をみたす点 P(x, y, z) を考える。

(イ) $z>0$

(ロ) 2点P，Aを通る直線と，Aを通り z 軸と平行な直線のつくる角は $\frac{\pi}{4}$

(ハ) 2点P，Bを通る直線と，Bを通り z 軸と平行な直線のつくる角は $\frac{\pi}{4}$

(ニ) 2点P，Cを通る直線と，Cを通り z 軸と平行な直線のつくる角は α

このような点Pの個数を求めよ。また，Pが1個以上存在するとき，それぞれの場合について，z の値を，α を用いて表せ。

6.6

(1) xyz 空間において，三点 $\mathrm{A}\left(0,\ 0,\ \frac{1}{2}\right)$，$\mathrm{B}\left(0,\ \frac{1}{2},\ 1\right)$，C(1, 0, 1) を通る平面 S_0 に垂直で，長さが1のベクトル $\overrightarrow{n_0}$ をすべて求めよ。

(2) 二点 D(1, 0, 0)，E(0, 1, 0) を通る直線 l を軸として，平面 S_0 を回転して得られるすべての平面Sを考える。このような平面Sに垂直で長さが1のベクトル $\vec{n}=(x,\ y,\ z)$ の y 成分の絶対値 $|y|$ はSと共に変化するが，その最大値および最小値を求めよ。

6.7

長さ2の線分NSを直径とする球面Kがある。点Sにおいて球面Kに接する平面の上で，Sを中心とする半径2の四分円 $\left(円周の \frac{1}{4} の長さをもつ円弧\right)$ $\overparen{\mathrm{AB}}$ と線分ABをあわせて得られる曲線上を，点Pが1周する。このとき，線分NPと球面Kとの交点Qの描く曲線の長さを求めよ。

6.8

Sを中心O，半径aの球面とし，NをS上の1点とする。点Oにおいて線分ONと$\dfrac{\pi}{3}$の角度で交わるひとつの平面の上で，点Pが点Oを中心とする等速円運動をしている。その角速度は毎秒$\dfrac{\pi}{12}$であり，また$\overline{\mathrm{OP}}=4a$である。点Nから点Pを観測するとき，Pは見えはじめてから何秒間見えつづけるか。またPが見えはじめた時点から見えなくなる時点までの，$\overline{\mathrm{NP}}$の最大値および最小値を求めよ。ただし球面Sは不透明であるものとする。

問題編

6.9

xyz空間において，xz平面上の$0 \leqq z \leqq 2-x^2$で表される図形をz軸のまわりに回転して得られる不透明な立体をVとする。Vの表面上z座標1のところにひとつの点光源Pがある。

xy平面上の原点を中心とする円Cの，Pからの光が当たっている部分の長さが2πであるとき，Cのかげの部分の長さを求めよ。

6.10

a，b，cを正の実数とする。xyz空間において，

$$|x| \leqq a,\quad |y| \leqq b,\quad z=c$$

をみたす点$(x,\ y,\ z)$からなる板Rを考える。点光源Pが平面$z=c+1$上の楕円

$$\frac{x^2}{a^2}+\frac{y^2}{b^2}=1,\quad z=c+1$$

の上を一周するとき，光が板Rにさえぎられてxy平面上にできる影の通過する部分の図をえがき，その面積を求めよ。

第7章 体積／空間座標

7.1

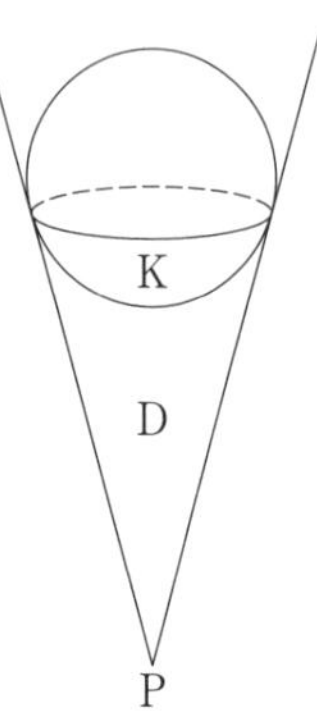

図のように，半径1の球が，ある円錐の内部にはめこまれる形で接しているとする。球と円錐面が接する点の全体は円をなすが，その円を含む平面を α とする。

円錐の頂点をPとし，α に関してPと同じ側にある球の部分をKとする。また，α に関してPと同じ側にある球面の部分および円錐面の部分で囲まれる立体をDとする。いま，Dの体積が球の体積の半分に等しいという。

そのときのKの体積を求めよ。

7.2

正4面体 T と半径1の球面 S とがあって，T の6つの辺がすべて S に接しているという。T の1辺の長さを求めよ。つぎに，T の外側にあって S の内側にある部分の体積を求めよ。

7.3

空間内に，3点 $\mathrm{P}\left(1,\ \frac{1}{2},\ 0\right)$，$\mathrm{Q}\left(1,\ -\frac{1}{2},\ 0\right)$，$\mathrm{R}\left(\frac{1}{4},\ 0,\ \frac{\sqrt{3}}{4}\right)$ を頂点とする正3角形の板 S がある。S を z 軸のまわりに1回転させたとき，S が通過する点全体のつくる立体の体積を求めよ。

7.4

$f(x)=\pi x^2\sin\pi x^2$ とする。$y=f(x)$ のグラフの $0\leqq x\leqq 1$ の部分と x 軸とで囲まれた図形を y 軸のまわりに回転させてできる立体の体積 V は

$$V=2\pi\int_0^1 xf(x)\,dx$$

で与えられることを示し，この値を求めよ。

7.5

xyz 空間において，不等式

$$0 \leqq z \leqq 1+x+y-3(x-y)y, \quad 0 \leqq y \leqq 1, \quad y \leqq x \leqq y+1$$

のすべてを満足する x，y，z を座標にもつ点全体がつくる立体の体積を求めよ。

7.6

xyz 空間において，点 $(0,\ 0,\ 0)$ をA，点 $(8,\ 0,\ 0)$ をB，点 $(6,\ 2\sqrt{3},\ 0)$ をCとする。点Pが△ABCの辺上を一周するとき，Pを中心とし半径１の球が通過する点全体のつくる立体を K とする。

(1)　K を平面 $z=0$ で切った切り口の面積を求めよ。

(2)　K の体積を求めよ。

7.7

xyz 空間において，x 軸と平行な柱面

$$A=\{(x,\ y,\ z)\,|\,y^2+z^2=1,\ x,\ y,\ z \text{ は実数}\}$$

から，y 軸と平行な柱面

$$B=\left\{(x,\ y,\ z)\,\middle|\,x^2-\sqrt{3}xz+z^2=\frac{1}{4},\ x,\ y,\ z \text{ は実数}\right\}$$

により囲まれる部分を切り抜いた残りの図形を C とする。図形 C の展開図をえがけ。ただし点 $(0,\ 1,\ 0)$ を通り x 軸と平行な直線に沿って C を切り開くものとする。

7.8

z 軸を軸とする半径１の円柱の側面で，xy 平面より上（z 軸の正の方向）にあり，３点 $(1,\ 0,\ 0)$，$\left(0,\ -\frac{1}{\sqrt{3}},\ 0\right)$，$(0,\ 0,\ 1)$ を通る平面より下（z 軸の負の方向）にある部分を D とする。D の面積を求めよ。

問題編

第8章 場合の数・確率

8.1

$S=\{1,\ 2,\ \cdots,\ n\}$，ただし $n\geqq 2$，とする。2つの要素から成る S の部分集合を k 個とり出し，そのうちのどの2つも交わりが空集合であるようにする方法は何通りあるか。

つぎに，この数（つまり何通りあるかを表す数）を $f(n,\ k)$ で表したとき，$f(n,\ k)=f(n,\ 1)$ をみたすような n と k（ただし，$k\geqq 2$）をすべて求めよ。

8.2

3個の赤玉と n 個の白玉を無作為に環状に並べるものとする。このとき白玉が連続して $k+1$ 個以上並んだ箇所が現れない確率を求めよ。ただし $\dfrac{n}{3}\leqq k<\dfrac{n}{2}$ とする。

8.3

正六角形の頂点に1から6までの番号を順につける。また n 個のサイコロを振り，出た目を番号とするすべての頂点にしるしをつけるものとする。このとき，しるしのついた三点を頂点とする直角三角形が存在する確率を p_n とする。

(1) p_3，p_4 を求めよ。

(2) $\displaystyle\lim_{n\to\infty}\frac{1}{n}\log(1-p_n)$ を求めよ。

8.4

各世代ごとに，各個体が，他の個体とは独立に，確率 p で1個，確率 $1-p$ で2個の新しい個体を次の世代に残し，それ自身は消滅する細胞がある。いま，第0世代に1個であった細胞が，第 n 世代に m 個となる確率を，$P_n(m)$ とかくことにしよう。

n を自然数とするとき，$P_n(1)$，$P_n(2)$，$P_n(3)$ を求めよ。ただし $0<p<1$ とする。

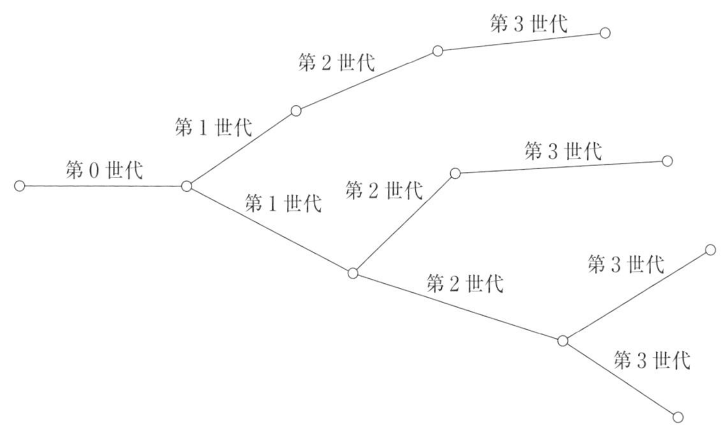

8.5

サイコロが1の目を上面にして置いてある。向かいあった一組の面の中心を通る直線のまわりに90°回転する操作をくりかえすことにより，サイコロの置きかたを変えていく。ただし，各回ごとに，回転軸および回転する向きの選びかたは，それぞれ同様に確からしいとする。

第 n 回目の操作のあとに1の面が上面にある確率を p_n，側面のどこかにある確率を q_n，底面にある確率を r_n とする。

(1)　p_1，q_1，r_1 を求めよ。

(2)　p_n，q_n，r_n を p_{n-1}，q_{n-1}，r_{n-1} で表わせ。

(3)　$p=\lim_{n\to\infty}p_n$，$q=\lim_{n\to\infty}q_n$，$r=\lim_{n\to\infty}r_n$ を求めよ。

8.6

ベンチが $k+1$ 個一列に並べてあり，A，Bの二人が次のようなゲームをする。最初Aは左端，Bは右端のベンチにおり，じゃんけんをして勝った方が他の端に向って一つ隣りのベンチに進み，負けた方は動かないとする。また二人が同じ手を出して引き分けになったときには，二人とも動かないとする。こうしてじゃんけんを繰返して早く他のベンチの端に着いた者を勝ちとする。一回のじゃんけんで，Aが勝つ確率，負ける確率，引き分けとなる確率はすべて等しいとき，次の確率を求めよ。

(1)　n 回じゃんけんをした後に，二人が同じベンチに座っている確率 q

(2)　n 回じゃんけんをしたときに，A，Bの移動回数がそれぞれ x 回，y 回である確率 $p(x,\ y)$

(3)　$k=3$ のとき n 回のじゃんけんの後に，まだゲームの勝敗がきまらない確率 p，ただし $n \geqq 3$ とする。

8.7

一つのサイコロを続けて投げて，最初の n 回に出た目の数をその順序のまま小数点以下に並べてできる実数を a_n とおく。たとえば，出た目の数が5，2，6，…であれば，$a_1=0.5$，$a_2=0.52$，$a_3=0.526$，… である。実数 α に対して $a_n \leqq \alpha$ となる確率を $p_n(\alpha)$ とおく。

(1)　$\displaystyle\lim_{n\to\infty} p_n\left(\frac{41}{333}\right)$ を求めよ。

(2)　$\displaystyle\lim_{n\to\infty} p_n(\alpha)=\frac{1}{2}$ となるのは α がどのような範囲にあるときか。

第9章　整数・論証

9.1

n, a, b, c, d は0または正の整数であって，

$$\begin{cases} a^2+b^2+c^2+d^2=n^2-6 \\ a+b+c+d \leqq n \\ a \geqq b \geqq c \geqq d \end{cases}$$

をみたすものとする。このような数の組 (n, a, b, c, d) をすべて求めよ。

問題編

9.2

xy 平面において，x 座標，y 座標ともに整数であるような点を格子点と呼ぶ。格子点を頂点に持つ三角形 ABC を考える。

(1) 辺 AB，AC それぞれの上に両端を除いて奇数個の格子点があるとすると，辺 BC 上にも両端を除いて奇数個の格子点があることを示せ。

(2) 辺 AB，AC 上に両端を除いて丁度3点ずつ格子点が存在するとすると，三角形 ABC の面積は8で割り切れる整数であることを示せ。

9.3

数列 $\{a_n\}$ において，$a_1=1$ であり，$n \geqq 2$ に対して a_n は次の条件(1)，(2)をみたす自然数のうち最小のものであるという。

(1) a_n は，a_1，…，a_{n-1} のどの項とも異なる。

(2) a_1，…，a_{n-1} のうちから重複なくどのように項を取り出しても，それらの和が a_n に等しくなることはない。

このとき，a_n を n で表し，その理由を述べよ。

9.4

x_1，x_2，…，x_n はおのおの 0，1，2 のどれかの値をとる。$f_1=\sum_{i=1}^{n}x_i$，$f_2=\sum_{i=1}^{n}x_i^2$ のとき $f_k=\sum_{i=1}^{n}x_i^k$（$k=1$，2，3，…）を f_1 と f_2 を用いて表わせ。

9.5

n を 2 以上の自然数とする。$x_1 \geqq x_2 \geqq \cdots \geqq x_n$ および $y_1 \geqq y_2 \geqq \cdots \geqq y_n$ を満足する数列 x_1，x_2，…，x_n および y_1，y_2，…，y_n が与えられている。y_1，y_2，…，y_n を並べかえて得られるどのような数列 z_1，z_2，…，z_n に対しても

$$\sum_{j=1}^{n}(x_j-y_j)^2 \leqq \sum_{j=1}^{n}(x_j-z_j)^2$$

が成り立つことを証明せよ。

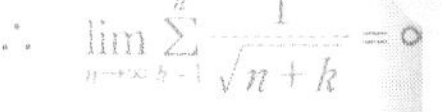

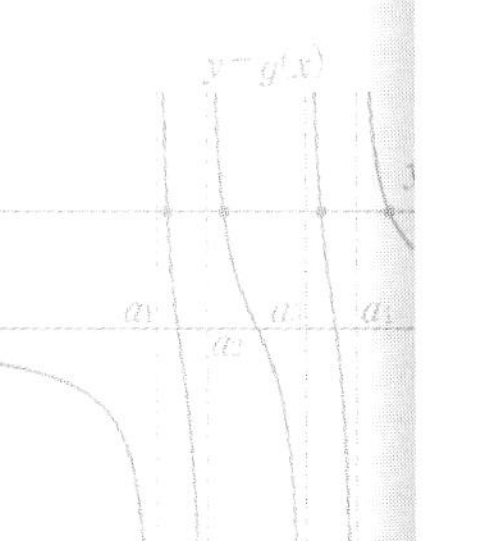

解答編

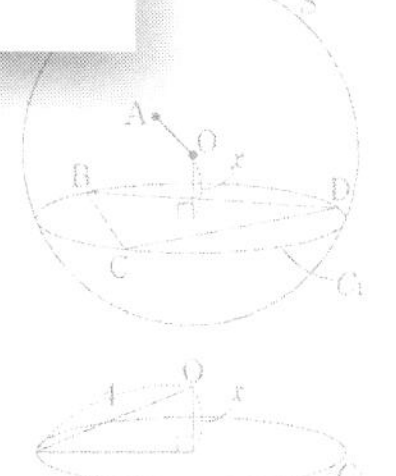

第1章　多項式

1.1　有理式の等式

k, l, m, n は負でない整数とする。0 でないすべての x に対して等式

$$\frac{(x+1)^k}{x^l}-1=\frac{(x+1)^m}{x^n}$$

を成り立たせるような k, l, m, n の組を求めよ。

〔1975 年度理系第 2 問〕

アプローチ

まず基本的なことを確認しておこう。整数から有理数を定義するのと同様にして，多項式から多項式の比で表される（分数）式が定義され，これを**有理式**という。すなわち，A, B を多項式で $B \neq 0$（B は多項式として 0 ではない）とするとき，$\dfrac{A}{B}$ の形のものを考える。さらに C, $D \neq 0$ を多項式とするとき，有理式 $\dfrac{A}{B}$, $\dfrac{C}{D}$ についての等式は

$$\frac{A}{B}=\frac{C}{D} \Longleftrightarrow AD=BC$$

により定義される。ここで，右項の等式は多項式としての等式であり，有理式の等式は多項式の等式によりきまる。また，有理式の加法（和），乗法（積）については

$$\frac{A}{B}+\frac{C}{D}=\frac{AD+BC}{BD},\quad \frac{A}{B}\cdot\frac{C}{D}=\frac{AC}{BD}$$

で定義される。したがって，結局，分母を払った等式が，多項式の等式になるということである。さらに $A=\dfrac{A}{1}$ と同一視して，有理式は多項式を含むことにする。なお，ふつうは多項式の文字（変数，不定元）は 1 個である。

多項式としての等式（恒等式）について

1．両辺を同類項をまとめて整理したとき，次数とすべての係数が等しい（定義）

2．文字にどんな数値（複素数）を代入しても，数としての等式が成り立つ（数値代入）

ととらえる。数値代入を用いるときは，係数に含まれる文字などが決定できるまで数値を代入し（でてくるものは必要条件），あとで十分性の確認をする。ここで，

分母を払った式は多項式の等式なので，どのような数値を代入することもできる（元の分母を0にする値でも）。
本問では文字xの有理式の等式が与えられている。問題文に「0でないすべてのxに対して…を成り立たせる」とあることからわかるように両辺の値をみているので，有理式の等式とは考えていない（実際にはそうなるが）。また分母を払った等式を1．でとらえようとすると，k，lの大小により場合を分けることになる。それはちょっと面倒なので（〔Ⅱ〕），数値代入の方針2．により，k，l，m，nをきめていくことにする。

解答

$$\frac{(x+1)^k}{x^l}-1=\frac{(x+1)^m}{x^n} \quad \cdots\cdots ①$$

①で$x=1$とすると，$2^k-1=2^m$。
これから$2^k>2^m$で$k>m\geqq 0$だから，$k\geqq 1$で2^k-1は奇数であり，2^mが奇数になるので

$$m=0 \qquad \therefore \quad k=1$$

$$① : \frac{x+1}{x^l}-1=\frac{1}{x^n} \quad \cdots\cdots ①'$$

つぎに①′で$x=2$として

$$\frac{3}{2^l}-1=\frac{1}{2^n} \quad \cdots\cdots ②$$

これから

$$\frac{3}{2^l}-1>0 \qquad \therefore \quad 2^l<3 \qquad \therefore \quad l=0,\ 1$$

$l=0$のとき，②：$3-1=\dfrac{1}{2^n}$となり，これをみたす$n\geqq 0$はない。

$l=1$のとき，②：$\dfrac{3}{2}-1=\dfrac{1}{2^n}$となり，$n=1$。

以上から，$k=1$，$l=1$，$m=0$，$n=1$となるが，このとき

$$① : \frac{x+1}{x}-1=\frac{1}{x}$$

となり，①は成り立つ。

$$\therefore \quad (k,\ l,\ m,\ n)=(\mathbf{1},\ \mathbf{1},\ \mathbf{0},\ \mathbf{1}) \quad \cdots\cdots (答)$$

フォローアップ

〔Ⅰ〕 多項式の0乗は $x^0=1$ と定義されている。この右辺の1は多項式（定数項だけ，次数0）としての1である。この x にたとえば $x+1$ を代入しても $(x+1)^0=1$ である。多項式はあくまでも式であり，数値ではない（定数項だけの多項式を数と同一視するが）。多項式や有理式の等式の文字に数値を代入すると数としての等式がでるように多項式の和・積が定義されているので，数は意味のあるかぎり代入はできる。文字に数（実数）を代入すると関数（多項式関数）が得られるが，x の多項式 x^2+1 と関数 x^2+1（x は実数）は本来は別物であり，数学的対象としては，多項式の方が先（より基本的）にある。なお，実数について 0^0 はふつうは定義されない。この場合，例外的に $(x+1)^0=1$ には $x=-1$ は代入できないと考えるべきだろう。

〔Ⅱ〕 定義にしたがって，①の分母を払うと

$$\{(x+1)^k-x^l\}x^n=(x+1)^m x^l$$

となり，k，l の大小で場合を分けることになり，すこし面倒である。①′ なら

$$(x+1-x^l)x^n=x^l \qquad \therefore \quad x^{n+1}+x^n=x^{n+l}+x^l$$

について

- $l \geqq 1$ なら，両辺の次数から $n+1=n+l$ ゆえ $l=1$，$n=1$
- $l=0$ なら，$x^{n+1}+x^n=x^n+1$ となり成り立たない

ことから，$l=n=1$ がでる。

1.2　三角関数の多項式

(1)　自然数 $n=1,\ 2,\ 3,\ \cdots$ に対して，ある多項式 $p_n(x)$，$q_n(x)$ が存在して，

$$\sin n\theta = p_n(\tan\theta)\cos^n\theta,\quad \cos n\theta = q_n(\tan\theta)\cos^n\theta$$

と書けることを示せ。

(2)　このとき，$n>1$ ならば次の等式が成立することを証明せよ。

$$p_n{}'(x) = nq_{n-1}(x),\quad q_n{}'(x) = -np_{n-1}(x)$$

〔1991年度理系第4問〕

アプローチ

すこし実験してみよう：$n=1$ のとき　$\sin\theta=\tan\theta\cos\theta$，$\cos\theta=1\cdot\cos\theta$

$n=2$ のとき

$$\sin 2\theta = 2\sin\theta\cos\theta = 2\tan\theta\cos^2\theta$$
$$\cos 2\theta = \cos^2\theta - \sin^2\theta = (1-\tan^2\theta)\cos^2\theta$$

$\sin n\theta$，$\cos n\theta$ を $\sin\theta$，$\cos\theta$ で表せばよいので，ド・モアブルの定理を用いれば多項式 $p_n(x)$，$q_n(x)$ がとらえられるだろう。(2)もこの方向で考えてみる。

また，n についての命題だから「帰納法」も考えられる。

解答

(1)　ド・モアブルの定理から

$$\cos n\theta + i\sin n\theta = (\cos\theta + i\sin\theta)^n = (1+i\tan\theta)^n\cos^n\theta \qquad \cdots\cdots①$$

である。そこで，x を実数の範囲を動く変数として

$$(1+ix)^n = q_n(x) + ip_n(x) \quad (n=1,\ 2,\ \cdots) \qquad \cdots\cdots②$$

により実数係数多項式 $p_n(x)$，$q_n(x)$ をきめれば

$$①=\{q_n(\tan\theta)+ip_n(\tan\theta)\}\cos^n\theta$$
$$= q_n(\tan\theta)\cos^n\theta + ip_n(\tan\theta)\cos^n\theta$$

となるので，実部と虚部を比較すると題意が成り立つ。　**（証明終わり）**

(2)　x の多項式について，その x による微分を，複素数係数の多項式のときにも

$$(\alpha x^k)' = \alpha kx^{k-1} \quad (k=1,\ 2,\ \cdots)$$
$$(\alpha)'=0$$
（α は x によらない複素数の定数）

および「和の微分は微分の和」により，拡張しておく。すると，②の両辺を

xで微分すると（〔Ｉ〕）

$$n(1+ix)^{n-1}i=q_n{}'(x)+ip_n{}'(x) \qquad \cdots\cdots②'$$

であり，$n>1$ならば，②でnを$n-1$として $(1+ix)^{n-1}=q_{n-1}(x)+ip_{n-1}(x)$ だから，②′は

$$n\{q_{n-1}(x)+ip_{n-1}(x)\}i=q_n{}'(x)+ip_n{}'(x)$$

となる。xは実数の範囲を動く変数として，両辺の実部と虚部を比較すると

$$p_n{}'(x)=nq_{n-1}(x),\quad q_n{}'(x)=-np_{n-1}(x) \quad (n>1)$$

である。これはすべての実数xで成り立つので，多項式としての等式である。

（証明終わり）

フォローアップ

〔Ｉ〕　複素数係数の多項式の微分は，以下のようにごく自然に定義できる。複素数係数のxの多項式 $P(x)=\sum_{k=0}^{n}\alpha_k x^k$（$\alpha_k$は複素数）について，$P(x)$を$x$で微分したもの $P'(x)=\dfrac{d}{dx}P(x)$ を

$$P'(x)=\sum_{k=0}^{n}\alpha_k(x^k)'=\sum_{k=1}^{n}k\alpha_k x^{k-1}$$

により定義する。これは既知の実数係数の多項式関数の導関数の拡張になっている。この定義から，定数（複素数）αをxで微分すると0であり，さらに，複素数係数の多項式 $Q(x)=\sum_{l=0}^{m}\beta_l x^l$ について

$$\{P(x)+Q(x)\}'=P'(x)+Q'(x) \qquad \cdots\cdots(\mathrm{i})$$

であることもすぐにわかる。すると

$$\{P(x)Q(x)\}'=P'(x)Q(x)+P(x)Q'(x) \qquad \cdots\cdots(\mathrm{ii})$$

もわかる。実際，(ii)の左辺は(i)から $P(x)Q(x)$ を展開した各項 $\alpha_k x^k\cdot\beta_l x^l=\alpha_k\beta_l x^{k+l}$ を微分した式の和になるが

$$(x^{k+l})'=(k+l)x^{k+l-1}=kx^{k-1}\cdot x^l+x^k\cdot lx^{l-1}$$

だから

$$k\alpha_k x^{k-1}\cdot\beta_l y^l+\alpha_k x^k\cdot l\beta_l y^{l-1}$$

の和となり，これが $P'(x)Q(x)+P(x)Q'(x)$ になるからである。(ii)から

$$\{Q(x)^2\}'=2Q(x)Q'(x)$$

$$\begin{aligned}\{Q(x)^3\}'&=\{Q(x)^2Q(x)\}'=2Q(x)Q'(x)Q(x)+Q(x)^2Q'(x)\\&=3Q(x)^2Q'(x)\end{aligned}$$

同様にくりかえすと

$$\{Q(x)^k\}' = kQ(x)^{k-1}Q'(x) \quad (k=1,\ 2,\ \cdots)$$

がわかるので

$$\{P(Q(x))\}' = P'(Q(x))\,Q'(x)$$

である。実際，$P(Q(x)) = \sum_{k=0}^{n} \alpha_k Q(x)^k$ であるが（定義），この各項の微分は $\alpha_k\{Q(x)^k\}' = k\alpha_k Q(x)^{k-1}Q'(x)$ だから，この和は右辺に等しい。

以上のように既知の実数係数の多項式関数の微分がそのまま複素数係数でも成り立つので

$$\{(1+ix)^n\}' = n(1+ix)^{n-1}(1+ix)' = n(1+ix)^{n-1}\cdot i$$

である（②′）。

以上のことは，よく知っていることの範囲をすこしひろげて，あたり前のことを確認しているだけで，数学的に何も新しい概念を用いているわけではないので，容易に納得できるだろう。高校の教科書で多項式の計算や割り算を学習しているとき，明記されていないが実際には係数は複素数である。そして，学習していないにもかかわらず，複素数のときも何もいわずに因数定理などを用いている。それと同じことであり，あえて意識するまでもないことである。なお，さらに，上でやったように多項式の微分では極限の概念は必要ではなく，導関数の「意味」など考えてはいないし，微分係数もでてこない。そもそも「関数」とは考えていない。あくまでも多項式の微分であり，それは多項式に対するある形式的な操作であるが，実数係数の場合には多項式関数の導関数に一致している。

〔Ⅱ〕　②から，より正確には $p_n(x)$，$q_n(x)$ はつぎのように定義される。

$$p_n(x) = \frac{1}{2i}\{(1+ix)^n - (1-ix)^n\},\quad q_n(x) = \frac{1}{2}\{(1+ix)^n + (1-ix)^n\}$$

である。また，②の左辺を二項定理で展開すると，$\sum_{k=0}^{n} {}_n\mathrm{C}_k i^k x^k$ だから

$$p_n(x) = \sum_{k:\,奇数} (-1)^{\frac{k-1}{2}}\,{}_n\mathrm{C}_k x^k,\quad q_n(x) = \sum_{k:\,偶数} (-1)^{\frac{k}{2}}\,{}_n\mathrm{C}_k x^k \quad (0 \leqq k \leqq n)$$

と表せるので，これらは整数係数の多項式である。

なお，複素数係数の多項式 $P(x) = \sum_{k=0}^{n} \alpha_k x^k$ について，その（複素）共役 $\overline{P}$，実部 $\mathrm{Re}\,P$，虚部 $\mathrm{Im}\,P$ を

$$\overline{P}(x) = \sum_{k=0}^{n} \overline{\alpha_k} x^k,\quad \mathrm{Re}\,P(x) = \sum_{k=0}^{n} (\mathrm{Re}\,\alpha_k)\,x^k,\quad \mathrm{Im}\,P(x) = \sum_{k=0}^{n} (\mathrm{Im}\,\alpha_k)\,x^k$$

で定義しておくと（これらも x の多項式），「x を実数の範囲を動く変数」な

どといわなくても，すっきり多項式だけで議論できる（複素数αについて，その実部を$\mathrm{Re}\,\alpha$，虚部を$\mathrm{Im}\,\alpha$とかく）。このとき，xに実数aを代入すると，複素数$P(a)$の実部，虚部がそれぞれ上で定義した多項式$\mathrm{Re}\,P(x)$，$\mathrm{Im}\,P(x)$にaを代入したもの$\mathrm{Re}\,P(a)$，$\mathrm{Im}\,P(a)$になっていて，記号的につじつまが合っている。

〔Ⅲ〕　$\cos\theta$，$\sin\theta$の加法定理を用いて，数学的帰納法で示す方法もある。

別解

(1)　nについての数学的帰納法で示す。

〔1〕　$\sin\theta=\tan\theta\cos\theta$，$\cos\theta=1\cdot\cos\theta$

だから，$p_1(x)=x$，$q_1(x)=1$とすると，$n=1$のとき成り立つ。

〔2〕　$n=k$のとき成り立つと仮定する。このとき，加法定理から

$$\begin{aligned}\sin(k+1)\theta&=\sin k\theta\cos\theta+\cos k\theta\sin\theta\\&=p_k(\tan\theta)\cos^{k+1}\theta+q_k(\tan\theta)\cos^k\theta\sin\theta\\&=\{p_k(\tan\theta)+q_k(\tan\theta)\tan\theta\}\cos^{k+1}\theta\end{aligned}$$

$$\begin{aligned}\cos(k+1)\theta&=\cos k\theta\cos\theta-\sin k\theta\sin\theta\\&=q_k(\tan\theta)\cos^{k+1}\theta-p_k(\tan\theta)\cos^k\theta\sin\theta\\&=\{q_k(\tan\theta)-p_k(\tan\theta)\tan\theta\}\cos^{k+1}\theta\end{aligned}$$

だから

$$\begin{cases}p_{k+1}(x)=p_k(x)+xq_k(x) & \cdots\cdots①\\ q_{k+1}(x)=q_k(x)-xp_k(x) & \cdots\cdots②\end{cases}$$

とすると，$n=k+1$のときも成り立つ。

以上で題意が示された。　**（証明終わり）**

(2)　(1)から$p_1(x)=x$，$q_1(x)=1$および①，②により，多項式$p_n(x)$，$q_n(x)$（$n\geqq1$）を定める。このとき題意の等式を$n>1$についての数学的帰納法で示す。

〔1〕　①，②から$p_2(x)=2x$，$q_2(x)=1-x^2$だから，$p_2'(x)=2=2q_1(x)$，$q_2'(x)=-2x=-2p_1(x)$となり，$n=2$のとき成り立つ。

〔2〕　$n=k$（$\geqq2$）のときを仮定する。このとき，①，②の両辺を微分して

$$\begin{aligned}p_{k+1}'(x)&=p_k'(x)+q_k(x)+xq_k'(x)\\&=kq_{k-1}(x)+q_k(x)+x\{-kp_{k-1}(x)\}\quad\text{（帰納法の仮定）}\\&=q_k(x)+k\{q_{k-1}(x)-xp_{k-1}(x)\}=q_k(x)+kq_k(x)\quad\text{（②）}\\&=(k+1)q_k(x)\end{aligned}$$

$$\begin{aligned}q_{k+1}'(x)&=q_k'(x)-\{p_k(x)+xp_k'(x)\}\\&=-kp_{k-1}(x)-\{p_k(x)+x\cdot kq_{k-1}(x)\}\quad\text{（帰納法の仮定）}\end{aligned}$$

$$= -p_k(x) - k\{p_{k-1}(x) + xq_{k-1}(x)\} = -p_k(x) - kp_k(x) \quad (①)$$
$$= -(k+1)\,p_k(x)$$

したがって，$n=k+1$ のときも成り立つ。

以上で題意が示された。　　　　　　　　　　　　　　　　**（証明終わり）**

〔Ⅳ〕　(2)は，(1)から

$$p_n(\tan\theta) = \frac{\sin n\theta}{\cos^n\theta},\quad q_n(\tan\theta) = \frac{\cos n\theta}{\cos^n\theta}$$

であり，これらの両辺を θ で微分しても示すことができる。

また，問題文に $\tan\theta$ とあるので，$\tan\theta$ が定義されることが前提で，たとえば「$-\dfrac{\pi}{2}<\theta<\dfrac{\pi}{2}$ となる任意の θ について」と考えればよい。

1.3 多項式の除法

2以上の自然数 k に対して $f_k(x)=x^k-kx+k-1$ とおく。このとき，次のことを証明せよ。

i） n 次多項式 $g(x)$ が $(x-1)^2$ で割り切れるためには，$g(x)$ が定数 a_2，…，a_n を用いて $g(x)=\sum_{k=2}^{n} a_k f_k(x)$ の形に表されることが必要十分である。

ii） n 次多項式 $g(x)$ が $(x-1)^3$ で割り切れるためには，$g(x)$ が関係式 $\sum_{k=2}^{n}\frac{k(k-1)}{2}a_k=0$ をみたす定数 a_2，…，a_n を用いて $g(x)=\sum_{k=2}^{n} a_k f_k(x)$ の形に表されることが必要十分である。

〔1984年度理系第3問〕

アプローチ

i▶ n を正の整数とする。n 次多項式 $P(x)=\sum_{k=0}^{n} x^k$ を x^2 で割った余りはただちに $x+1$ とわかるが，$(x-1)^2$ で割った余りとなるとすぐにはわからない。しかし，$P(x)=\sum_{k=0}^{n} c_k(x-1)^k$（$c_k$ は定数）と表せるならば，ただちに $c_1(x-1)+c_0$ とわかる。実際に c_1，c_0 を求めるには

$$(x-1)P(x)=x^{n+1}-1=\{(x-1)+1\}^{n+1}-1=\sum_{k=1}^{n+1}{}_{n+1}\mathrm{C}_k(x-1)^k$$

$$\therefore\quad P(x)=\sum_{k=1}^{n+1}{}_{n+1}\mathrm{C}_k(x-1)^{k-1}$$

として，$c_1={}_{n+1}\mathrm{C}_2=\frac{n(n+1)}{2}$，$c_0={}_{n+1}\mathrm{C}_1=n+1$ とわかる。このように $(x-1)^2$，$(x-1)^3$ で割った余りを求めるには，x の多項式を $x-1$ の多項式にかきかえればよい。

ii▶ 一般に x の多項式は，α を定数として，$x-\alpha$ の多項式にかきかえることができる。実際，$x=(x-\alpha)+\alpha$ として展開・整理すればよい。

$P(x)=\sum_{k=0}^{n} c_k(x-\alpha)^n$（$c_k$ は定数，$n\geqq 2$）について

$P(x)$ が $(x-\alpha)^2$ で割り切れる $\Longleftrightarrow c_1=c_0=0$

$P(x)$ が $(x-\alpha)^3$ で割り切れる $\Longleftrightarrow c_2=c_1=c_0=0$

が成り立つので，本問でも $g(x)$ を $x-1$ の多項式にかきかえる。

解答

ⅰ）$n \geqq 2$ としてよい。

$$x^k = \{(x-1)+1\}^k = \sum_{l=0}^{k} {}_k\mathrm{C}_l (x-1)^l$$

$$= \sum_{l=2}^{k} {}_k\mathrm{C}_l (x-1)^l + k(x-1) + 1 \quad (k \geqq 2)$$

だから

$$f_k(x) = x^k - k(x-1) - 1 = \sum_{l=2}^{k} {}_k\mathrm{C}_l (x-1)^l \qquad \cdots\cdots①$$

であり，「$f_k(x)$ は $(x-1)^2$ で割り切れる」。また

$$x^k = f_k(x) + k(x-1) + 1$$

だから，$g(x) = \sum_{k=0}^{n} a_k x^k$（$a_k$ は定数）と表すと

$$g(x) = \sum_{k=2}^{n} a_k \{f_k(x) + kx - k + 1\} + a_1 x + a_0$$

$$= \sum_{k=2}^{n} a_k f_k(x) + \underbrace{\left(\sum_{k=2}^{n} k a_k + a_1\right)x + \left\{a_0 - \sum_{k=2}^{n}(k-1)a_k\right\}}$$

$f_k(x)$ は $(x-1)^2$ で割り切れるので，$g(x)$ を $(x-1)^2$ で割った余りが波線部となり，「$g(x)$ が $(x-1)^2$ で割り切れる」ための（必要十分）条件は，この余りが0であることで，それは

$$g(x) = \sum_{k=2}^{n} a_k f_k(x) \qquad \cdots\cdots②$$

と表されることと同値である。　　　　　　　　　　　　　**（証明終わり）**

ⅱ）$n \geqq 3$ としてよい。

$g(x)$ が $(x-1)^3$ で割り切れるためには，$(x-1)^2$ で割り切れる，すなわちⅰ)から，②と表されることが必要である。このもとで①から

$$f_k(x) = (x-1)^3 \times (\text{多項式}) + {}_k\mathrm{C}_2 (x-1)^2$$

と表せるので

$$g(x) = \sum_{k=2}^{n} a_k f_k(x) = \sum_{k=2}^{n} a_k \{(x-1)^3 \times (\text{多項式}) + {}_k\mathrm{C}_2 (x-1)^2\}$$

$$= (x-1)^3 \times (\text{多項式}) + \left(\sum_{k=2}^{n} {}_k\mathrm{C}_2 a_k\right)(x-1)^2$$

となり，$g(x)$ が $(x-1)^3$ で割り切れるのは $\sum_{k=2}^{n} {}_k\mathrm{C}_2 a_k = 0$ のときである。

以上から，$g(x)$ が $(x-1)^3$ で割り切れるための（必要十分）条件は，

$\sum_{k=2}^{n}\frac{k(k-1)}{2}a_k=0$ をみたす定数 a_2, …, a_n を用いて②の形に表されることである。　　　　　　　　　　　　　　　　**（証明終わり）**

フォローアップ

〔Ⅰ〕　文字 x の多項式の割り算の余りを求めるには

1．割り算を実行する

2．割り算の定義を利用：A を B で割った余りが R であるとは，商を Q とすると

$$A=BQ+R \quad \cdots\cdots(*),\ (R\text{の次数})<(B\text{の次数})\ \text{または}\ R=0$$

が成り立つことである。まずこれを立式し，つぎに $B=0$ となる x の値を $(*)$ に代入する。また，$B=0$ が重解をもつときは $(*)$ を x で微分した式にも代入する

3．本問の 解答 のように，割られる式を割る式のカタマリで展開するなどの方法がある。2．の微分の例として，次の定理（因数定理の拡張）が有名である。

「多項式 $P(x)$，整数 $k\geqq 1$ について
$P(x)$ が $(x-\alpha)^k$ で割り切れる $\Longleftrightarrow P(\alpha)=P'(\alpha)=\cdots=P^{(k-1)}(\alpha)=0$
が成り立つ」

これは $P(x)=\sum_{j=0}^{n}c_j(x-\alpha)^j$ と表すと，〔アプローチ〕**ii** と同様に

$c_0=c_1=\cdots=c_{k-1}=0$ と同値で，さらに

$$P'(x)=c_1+2c_2(x-\alpha)+3c_3(x-\alpha)^2+\cdots+nc_n(x-\alpha)^{n-1}$$
$$P''(x)=2c_2+3\cdot 2c_3(x-\alpha)+\cdots+n(n-1)c_n(x-\alpha)^{n-2}$$
$$\vdots$$
$$P^{(j)}(x)=j!c_j+\cdots+n(n-1)\cdots(n-j+1)c_n(x-\alpha)^{n-j}$$

により，$P^{(j)}(\alpha)=j!c_j$ となることからわかる。この定理は $k=2$ のときには教科書にあるので，その証明が要求されている問題でないかぎり入試の解答に用いてよいだろう。この定理を利用する方法もある。

別解

i）　十分性：$f_k(1)=1-k+k-1=0$

$$f_k'(x)=k(x^{k-1}-1) \qquad \therefore\ f_k'(1)=0$$

だから，$f_k(x)$ は $(x-1)^2$ で割り切れ，$g(x)=\sum_{k=2}^{n}a_kf_k(x)$ は $(x-1)^2$ で割り切れる。

必要性：$g(x)=\sum_{k=0}^{n}a_kx^k$（$a_k$ は定数）と表すと，$g'(x)=\sum_{k=1}^{n}ka_kx^{k-1}$

だから，$g(1)=g'(1)=0$ により

$$a_0+a_1+\cdots+a_n=0,\quad a_1+2a_2+\cdots+na_n=0$$

$$\therefore\quad a_1=-(2a_2+3a_3+\cdots+na_n)$$

$$\begin{aligned}a_0&=-a_1-(a_2+a_3+\cdots+a_n)\\&=(2a_2+3a_3+\cdots+na_n)-(a_2+a_3+\cdots+a_n)\\&=a_2+2a_3+\cdots+(n-1)a_n\end{aligned}$$

したがって

$$\begin{aligned}g(x)&=a_2+2a_3+\cdots+(n-1)a_n-(2a_2+3a_3+\cdots+na_n)x\\&\qquad+a_2x^2+a_3x^3+\cdots+a_nx^n\\&=a_2(x^2-2x+1)+a_3(x^3-3x+2)+\cdots+a_n(x^n-nx+n-1)\\&=\sum_{k=2}^{n}a_kf_k(x)\end{aligned}$$

となり，題意が示された。　　　　　　　　　　　　　　　　**(証明終わり)**

ii)　まず i)から $g(x)=\sum_{k=2}^{n}a_kf_k(x)$ とかけることが必要で，このとき $g(x)$ が $(x-1)^3$ で割り切れるための条件は $g''(1)=0$ である。

$$g''(x)=\sum_{k=2}^{n}a_kf_k''(x),\quad f_k''(x)=k(k-1)x^{k-2}$$

$$g''(1)=\sum_{k=2}^{n}a_kf_k''(1)=\sum_{k=2}^{n}a_kk(k-1)$$

だから

$$\sum_{k=2}^{n}k(k-1)a_k=0\qquad\therefore\quad\sum_{k=2}^{n}\frac{k(k-1)}{2}a_k=0$$

となり，題意が示された。　　　　　　　　　　　　　　　　**(証明終わり)**

この **別解** の方法では，問題文にある $\frac{k(k-1)}{2}$ の分母の2の意味がわからないが，**解答** からわかるようにこれは二項係数 ${}_k\mathrm{C}_2$ である。もちろん同値なので，どちらで表しても同じだが，出題者は **解答** のように考えていたと思われる。

〔II〕　1次以下の多項式（0を含む；$ax+b$ と表せるもの）が2次式で割り切れるのは，0のときだけであるが，多項式0には次数はない（教科書では定義されない）。したがって，i)で，n 次式 $g(x)$ は（多項式として）0ではなく，$g(x)=0$ は考える対象に含まれず，はじめから $n\geqq2$ としてよい。

同様にして，ⅱ)でも2次以下の多項式 $g(x)$ が $(x-1)^3$ で割り切れるのは0だけなので，$n \geqq 3$ で考えればよい。

なお，上でも用いたが表記を複雑にしないために「n 次以下の多項式」というときには，「多項式0を含む」ものとする：すなわち

$$a_nx^n + a_{n-1}x^{n-1} + \cdots + a_1x + a_0 \quad (a_0 \sim a_n \text{ は定数})$$

と表せるもののことである。教科書のように多項式0の次数は不定とすることが多いが，便宜上 $-\infty$ ときめて $-\infty < 0$ と規約することもある。

1.4　多項式の決定

多項式の列 $P_0(x)=0$, $P_1(x)=1$, $P_2(x)=1+x$, …, $P_n(x)=\sum_{k=0}^{n-1}x^k$, …

を考える。

(1)　正の整数 n, m に対して, $P_n(x)$ を $P_m(x)$ で割った余りは $P_0(x)$, $P_1(x)$, …, $P_{m-1}(x)$ のいずれかであることを証明せよ。

(2)　等式

$$P_l(x)\,P_m(x^2)\,P_n(x^4)=P_{100}(x)$$

が成立するような正の整数の組 $(l,\ m,\ n)$ をすべて求めよ。

〔1992年度後期理Ⅰ第3問〕

アプローチ

i▶ (1)は多項式の割り算の余りであるが, 式は n, m を含んでいるので, まず $n=10$, $m=3$ くらいで割り算を実行してみればよい (**1.3**〔**Ⅰ**〕1. の方法)。つぎにそれを一般的に表現することを考える。また, n についての帰納法も考えられるだろう。

ii▶ (2)では多項式の等式 (恒等式) が与えられている (**1.1**〔アプローチ〕1. と 2. を参照)。$P_{100}(x)$ が $P_l(x)$ で割り切れているので, (1)の結果から「l は100の約数である」ことはわかるが, これでは l はしぼりきれない。与えられた式の特殊性 (左辺は多項式の積) をさらに利用することを考える。一般に, 多項式を決定する問題では「まず次数」をみる。次数は多項式に特徴的な量である。多項式の積の次数は各因子の次数の和だから等式が1つでる。これで $(l,\ m,\ n)$ は有限個になるが, まだ多すぎる。係数を比較するのもやりづらい。そこで「数値代入」を考えることになる。何を代入するかはすぐわかるだろう。そして答 (まだ必要条件) をだしてから, 十分性の確認をする。後半は方程式の整数解を求める問題ともいえる。

解答

```
                1         1         1
1……1 ) 1 1…1 1………………………1 ←nコ
 mコ    1……1
         mコ  1……1 1…………1
              1……1
               mコ  1……1 1…1
                    1……1
                     mコ  1…1
                           rコ
```

(1) n を m で割り $n=mq+r$（q, r は整数で $0\leqq r<m$）と表すと

$$P_n(x)=(x^{n-1}+\cdots+x^{n-m})+(x^{n-m-1}+\cdots+x^{n-2m})+\cdots$$
$$+(x^{n-m(q-1)-1}+\cdots+x^{n-mq})+x^{n-mq-1}+\cdots+1$$
$$=x^{n-m}(x^{m-1}+\cdots+1)+x^{n-2m}(x^{m-1}+\cdots+1)+\cdots$$
$$+x^{n-mq}(x^{m-1}+\cdots+1)+x^{r-1}+\cdots+1$$
$$=P_m(x)(x^{n-m}+x^{n-2m}+\cdots+x^{n-mq})+P_r(x) \qquad \cdots\cdots(*)$$

ここで,「$P_0(x)=0$」または「$r\geqq 1$ のとき（$P_r(x)$ の次数）$=r-1<m-1=$（$P_m(x)$ の次数）」となっているので, $P_n(x)$ を $P_m(x)$ で割った余りは $P_r(x)$（$r=0$, 1, …, $m-1$）である。 **(証明終わり)**

(2) $$P_l(x)P_m(x^2)P_n(x^4)=P_{100}(x) \qquad \cdots\cdots①$$

$n\geqq 1$ のとき $P_n(x)$ の次数は $n-1$ だから, ①の両辺の次数を比較して

$$(l-1)+2(m-1)+4(n-1)=100-1$$
$$\therefore \quad l+2m+4n=106 \qquad \cdots\cdots②$$

また①に $x=1$ を代入すると

$$P_l(1)P_m(1)P_n(1)=P_{100}(1) \qquad \therefore \quad lmn=100 \qquad \cdots\cdots③$$

②から l は偶数で $l=2k$（k は正の整数）とおけるので, ②, ③から

$$k+m+2n=53,\ kmn=50=2\cdot 5^2$$

これらをともにみたすのは

$$(k,\ m,\ n)=(50,\ 1,\ 1),\ (1,\ 50,\ 1),\ (1,\ 2,\ 25),\ (2,\ 1,\ 25)$$
$$\therefore \quad (l,\ m,\ n)=(100,\ 1,\ 1),\ (2,\ 50,\ 1),\ (2,\ 2,\ 25),\ (4,\ 1,\ 25)$$

これらのときに①の左辺はそれぞれ

$$P_{100}(x)P_1(x^2)P_1(x^4)=P_{100}(x)$$
$$P_2(x)P_{50}(x^2)P_1(x^4)=(1+x)(1+x^2+\cdots+x^{98})$$
$$P_2(x)P_2(x^2)P_{25}(x^4)=(1+x)(1+x^2)(1+x^4+\cdots+x^{96})$$
$$P_4(x)P_1(x^2)P_{25}(x^4)=(1+x+x^2+x^3)(1+x^4+\cdots+x^{96})$$

となり, いずれも $P_{100}(x)$ に等しい。

以上から, 求める（l, m, n）は

(100, 1, 1), (2, 50, 1), (2, 2, 25), (4, 1, 25) ……**(答)**

フォローアップ

〔I〕 (1)は **1.3〔I〕** 3. の方法「割られる式を割る式のカタマリで展開」する方法もある。$(x-1)P_n(x)=x^n-1$ に着目する。

上の 解答 と同様に n を m で割って

$$x^n-1=x^{mq+r}-1=(x^m)^qx^r-1$$

$$= \{(x^m - 1) + 1\}^q x^r - 1$$
$$= (x^m - 1)Q(x) + x^r - 1 \quad (Q(x)\text{ はある多項式})$$

この両辺を $x-1$ で割った商から

$$P_n(x) = P_m(x)Q(x) + P_r(x)$$

（証明終わり）

なお，$q=0$ のとき $Q(x)=0$，$q>0$ のとき $Q(x)=\sum_{k=1}^{q} {}_q\mathrm{C}_k(x^m-1)^{k-1}x^r$ である。

また，(1)は n についての命題だから数学的帰納法も考えられる。n と $n+1$ の場合の関係式 $xP_n(x)+1=P_{n+1}(x)$ を用いるだけである（各自試みよ）。証明だけならこれがはやいが，余りが何からきまるかがよくわからない。

〔Ⅱ〕 (1)の結果を利用してみる。(1)の証明から

「$P_n(x)$ が $P_m(x)$ で割り切れる」$\Longleftrightarrow$「n が m で割り切れる」

がわかり，さらに(1)の割り算の式(＊)から，$n=mq$ のとき（$r=0$ で）

$$P_{mq}(x) = P_m(x)P_q(x^m)$$

もわかる。これをくりかえし用いると（ただし右辺で $m=2$，4 となるもの）

$$P_{100}(x) = P_2(x)P_{50}(x^2) = P_4(x)P_{25}(x^4)$$
$$P_{50}(x) = P_2(x)P_{25}(x^2),\quad P_4(x) = P_2(x)P_2(x^2)$$
$$\therefore\quad P_{100}(x) = P_2(x)P_2(x^2)P_{25}(x^4)$$

となる。これと自明な解

$$P_{100}(x) = P_{100}(x)P_1(x^2)P_1(x^4)$$

から4組の答が得られる。しかし本問は「すべて求めよ」とあるので，これら以外に解がないことの証明が必要であり，やはり上のように解答するのがよいだろう。

〔Ⅲ〕 $x^n-1=(x-1)P_n(x)$ だから，$P_n(x)=0$ の解に1をつけくわえると，1の n 乗根の全体であり，複素数平面での単位円に内接する1を1つの頂点とする正 n 角形の頂点をなす。また，**〔Ⅱ〕**のことから，n が素数のときに $P_n(x)$ が基本的なものであることがわかるが，このとき $P_n(x)$ は円分多項式とよばれているもの（の一部）になり，数論（数学の一分野）で重要なテーマになっている。

1.5　3次関数 I

a, b, c, d を実数として，関数 $f(x)=ax^3+bx^2+cx+d$ を考える。

(1)　関数 $f(x)$ が3条件

(イ)　$f(-1)=0$

(ロ)　$f(1)=0$

(ハ)　$|x|\leqq 1$ のとき $f(x)\geqq 1-|x|$

をみたすのは，定数 a, b, c, d がどのような条件をみたすときか。

(2)　条件(イ), (ロ), (ハ)をみたす関数 $f(x)$ のうちで，積分

$$\int_{-1}^{1}\{f'(x)-x\}^2dx$$

の値を最小にするものを求めよ。

〔1981年度理系第6問〕

アプローチ

(1)が問題で，(イ), (ロ)から2文字を消去して(ハ)を考える。$f(x)$ は $(x+1)(x-1)$ を因数にもつので，$1-|x|$ と共通因数をもつことに着目する。また，

動くものと動かないものを分離

する（文字定数の分離もその1つ）ことも重要な手法である。

解答

(1)　(イ), (ロ)から

$$f(-1)=-a+b-c+d=0,\ f(1)=a+b+c+d=0$$

$\therefore\quad a+c=b+d=0\qquad\therefore\quad \boldsymbol{c=-a,\ d=-b}$　……①

このとき

$$f(x)=ax^3+bx^2-ax-b=(x^2-1)(ax+b)=(|x|^2-1)(ax+b)$$

$$f(x)-(1-|x|)=(|x|-1)\{(|x|+1)(ax+b)+1\}$$

となるので，(ハ)から

「$|x|\leqq 1$ のとき $(|x|+1)(ax+b)+1\leqq 0$」　……(＊)

$$\therefore\quad ax+b\leqq -\frac{1}{1+|x|}\quad(|x|\leqq 1)$$

となるための条件を考える。$y=-\dfrac{1}{1+|x|}$ のグラ

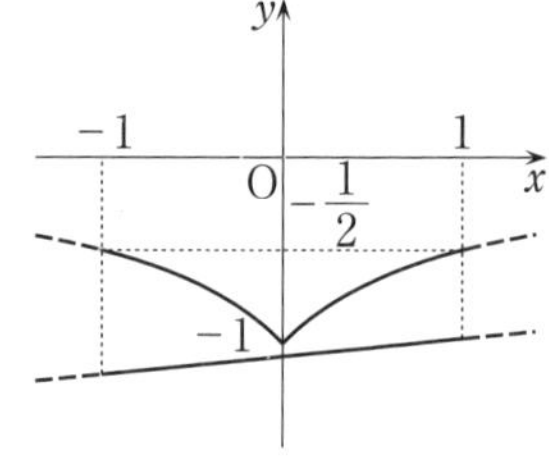

フは$x>0$，$x<0$のそれぞれで上に凸だから，$x=0$，±1で成り立つことが必要十分で

$$\boldsymbol{b \leqq -1,\ a+b \leqq -\frac{1}{2},\ -a+b \leqq -\frac{1}{2}} \quad \cdots\cdots ②$$

以上から，求める条件は①**かつ**②である。　……(答)

(2)　着目する積分をIとおく。$f'(x)=3ax^2+2bx-a$だから

$$\begin{aligned} I &= \int_{-1}^{1} \{3ax^2+(2b-1)x-a\}^2 dx \\ &= 2\int_0^1 \{9a^2x^4+(2b-1)^2x^2+a^2-6a^2x^2\}\,dx \\ &= 2\left\{9a^2\cdot\frac{1}{5}+(2b-1)^2\cdot\frac{1}{3}+a^2-6a^2\cdot\frac{1}{3}\right\} \\ &= 2\left\{\frac{4}{5}a^2+\frac{4}{3}\left(b-\frac{1}{2}\right)^2\right\} \end{aligned}$$

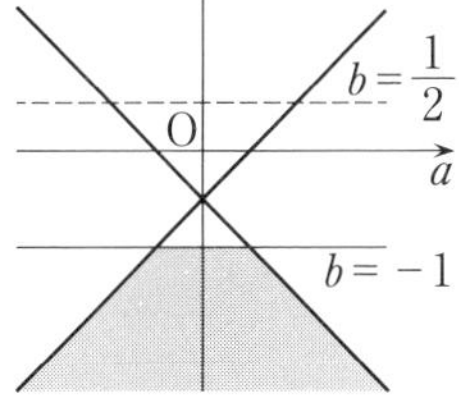

②はab平面上で右図の網かけ部分のようになり

$$a^2 \geqq 0,\ \frac{4}{3}\left(\frac{1}{2}-b\right)^2 \geqq \frac{4}{3}\left(\frac{3}{2}\right)^2 = 3$$

$$\therefore\ I \geqq 2(0+3) = 6$$

等号は$a=0$，$b=-1$のときだから，Iを最小にする$f(x)$は

$$f(x) = \boldsymbol{-x^2+1} \quad \cdots\cdots(答)$$

フォローアップ

(1)の後半で，(＊)をxの符号で場合を分けて絶対値をはずして2次不等式とみると，さらに煩雑な場合分けをせざるをえなくなる。そこで，文字定数a，bを含む部分を分離して「$ax+b \leqq -\dfrac{1}{1+|x|}$」と変形したところが要点である。$y=ax+b$が直線を表すので，$y=-\dfrac{1}{1+|x|}$のグラフとの上下関係を図でみればよい。$x>0$で$y=-\dfrac{1}{1+x}$のグラフは上に凸だから，接線は曲線の上側にあり，直線が下側から接することはない（**5.3〔Ⅰ〕**）。したがって，区間の端点$x=0$，±1での様子を調べればよいことになる。

分数関数（有理関数：有理式で定義される関数）は学習しているので，積極的に使いこなせるようにしたい。

1.6 3次関数Ⅱ

3次関数 $h(x)=px^3+qx^2+rx+s$ は，次の条件(i)，(ii)をみたすものとする。

(i) $h(1)=1$，$h(-1)=-1$。

(ii) 区間 $-1<x<1$ で極大値1，極小値 -1 をとる。

このとき，

(1) $h(x)$ を求めよ。

(2) 3次関数 $f(x)=ax^3+bx^2+cx+d$ が区間 $-1<x<1$ で $-1<f(x)<1$ をみたすとき，$|x|>1$ なる任意の実数 x に対して不等式

$$|f(x)|<|h(x)|$$

が成立することを証明せよ。

〔1990年度理系第2問〕

アプローチ

i▶(1) p，q，r，s についての連立方程式

$$h(\alpha)=1,\ h(\beta)=-1,\ h'(\alpha)=h'(\beta)=0$$

を解けばよさそうだが，α，β も含んでいるので，かなり面倒である。
一般に，「関数 $f(x)$ が $x=\alpha$ で極値 A をとる」ならば「$f'(\alpha)=0$，$f(\alpha)=A$」である。一般にはここまでしかわからないが，$f(x)$ が多項式関数ならば，多項式 $F(x)=f(x)-A$ について $F(\alpha)=F'(\alpha)=0$ だから，因数定理の拡張（**1.3〔Ⅰ〕**）により，「$F(x)$ が $(x-\alpha)^2$ で割り切れる」すなわち
「$f(x)-A=(x-\alpha)^2\times$(多項式) とかける」ことがわかる。本問では，極大値が $h(1)=1$ に等しいことにも着目し，次数も考えれば $h(x)-1$ の形がきまる。また，$h(x)+1$ についても同様である。

ii▶(2) $f(x)$ は不等式の条件をみたす一般の3次関数であり，計算で（定量的に）示せるような命題ではないことはわかる。そこで定性的に（グラフで）考えてみることにする。$y=f(x)$ のグラフは正方形領域 $-1<x<1$，$-1<y<1$ を通っている。$y=h(x)$ のグラフはこの正方形にぴったり‘内接’しているので，$y=f(x)$ のグラフと3点で交わる。このとき $|x|>1$ では $y=h(x)$ と $y=-h(x)$ のグラフの間に $y=f(x)$ のグラフがあることを示したい。これを背理法的に考えてみる。たとえば，$f(x)>h(x)$，$x>1$ となる $x=a_4$ があるとすると，$y=f(x)$ と $y=h(x)$ のグラフの4個目の交点が $1<x<a_4$ にでてくることになり，$f(x)=h(x)$ が3次以下の方程式であることに反する。これを差の関数をつかって解答にまとめよう。

解答

(1)　$h(x)$ が $x=\alpha$ で極大，$x=\beta$ で極小となるとすると（$-1<\alpha<1$，$-1<\beta<1$），(i)，(ii)から

$$\begin{cases} h(x)-1=p(x-1)(x-\alpha)^2 \\ h(x)-(-1)=p(x+1)(x-\beta)^2 \end{cases} \quad \therefore \quad \begin{cases} h(x)=p(x-1)(x-\alpha)^2+1 \\ h(x)=p(x+1)(x-\beta)^2-1 \end{cases}$$

$$\therefore \quad px^3-(2\alpha+1)px^2+(\alpha^2+2\alpha)px-p\alpha^2+1$$
$$=px^3-(2\beta-1)px^2+(\beta^2-2\beta)px+p\beta^2-1$$

両辺の係数を比較する。$h(x)$ は3次だから $p\neq 0$ により

$$2\alpha+1=2\beta-1,\ \alpha^2+2\alpha=\beta^2-2\beta,\ -p\alpha^2+1=p\beta^2-1$$

$$\therefore \quad \beta=\alpha+1,\ (\alpha+\beta)(\alpha-\beta+2)=0,\ p(\alpha^2+\beta^2)=2$$

$$\therefore \quad \beta=-\alpha,\ \alpha=-\frac{1}{2},\ \beta=\frac{1}{2},\ p=4$$

$$\therefore \quad h(x)=4x^3-3x,\ h'(x)=3(4x^2-1)=12\left(x+\frac{1}{2}\right)\left(x-\frac{1}{2}\right)$$

このとき $h(x)$ の増減は右表のようになり，条件(ii)も成り立つ。ゆえに

x	-1	$\cdots$	$-\frac{1}{2}$	$\cdots$	$\frac{1}{2}$	$\cdots$	1
$h'(x)$		$+$	0	$-$	0	$+$	
$h(x)$	-1	↗	1	↘	-1	↗	1

$h(x)=\mathbf{4x^3-3x}$　……**(答)**

(2)　$f(x)$ の連続性から，$|x|\leqq 1$ で $|f(x)|\leqq 1$ が成り立つ。

$F(x)=h(x)-f(x)$ とおくと，$F(x)$ は3次以下の多項式で

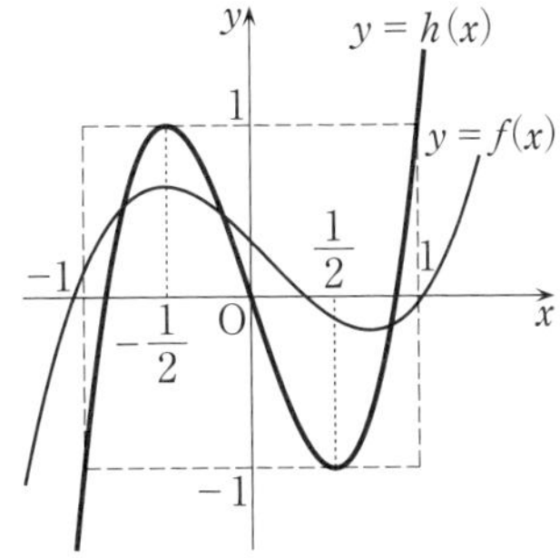

$$F(1)=h(1)-f(1)=1-f(1)\geqq 0$$

$$F\left(\frac{1}{2}\right)=h\left(\frac{1}{2}\right)-f\left(\frac{1}{2}\right)=-1-f\left(\frac{1}{2}\right)<0$$

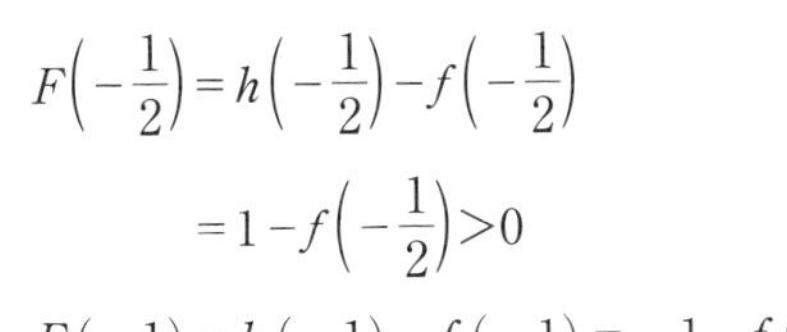

$$F\left(-\frac{1}{2}\right)=h\left(-\frac{1}{2}\right)-f\left(-\frac{1}{2}\right)$$
$$=1-f\left(-\frac{1}{2}\right)>0$$

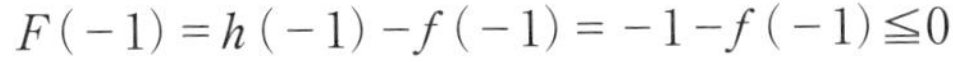

$$F(-1)=h(-1)-f(-1)=-1-f(-1)\leqq 0$$

すると $F(x)=0$ は

$$-1\leqq a_1<-\frac{1}{2}<a_2<\frac{1}{2}<a_3\leqq 1$$

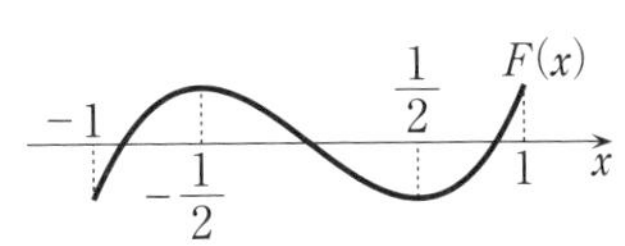

となる3解 a_1，a_2，a_3 をもち，次数から実数 k があり

$$F(x)=k(x-a_1)(x-a_2)(x-a_3)$$

と表せて，$a_2<\dfrac{1}{2}<a_3$，$F\left(\dfrac{1}{2}\right)<0$ から $k>0$ である。したがって

$x>1$ のとき $F(x)>0$　　$\therefore$ $f(x)<h(x)$

$x<-1$ のとき $F(x)<0$　　$\therefore$ $h(x)<f(x)$

同様にして，$G(x)=h(x)+f(x)$ についても同じことが成り立つので

$x>1$ のとき $G(x)>0$　　$\therefore$ $-h(x)<f(x)$

$x<-1$ のとき $G(x)<0$　　$\therefore$ $f(x)<-h(x)$

以上から，$|x|>1$ のとき $|f(x)|<|h(x)|$ が成り立つ。　　**（証明終わり）**

フォローアップ

〔Ⅰ〕 (1)では，$h(x)$ が $x=\alpha$，β で極値をとることから，p，α，β が求められた。しかし，このとき極大値，極小値をとることは確認できていないので，増減表をかいて $h(x)$ が実際に極大，極小になることを確認している。

(2)のはじめの部分だが，$f(x)$ は多項式関数なので実数全体での連続関数（これは高校数学では認めている）だから，$f(x)<1$ $(-1<x<1)$ により

$$f(1)=\lim_{x\to 1-0}f(x)\leqq 1$$

が成り立つ。また，$F(x)=0$ の解の存在を示すには「中間値の定理」を用いている。

(2)は難問である。〔アプローチ〕にあるようなことが表現できていれば，得点はかなりもらえるはずである。ここでも多項式には「次数」があり，割り算ができること，および，多項式が因数分解できることが本質である。また，多項式の一致の原理を用いているともいえる（**4.4〔Ⅲ〕**）。

〔Ⅱ〕 $h(x)$ は有名な多項式である。一般に，すべての θ について

$$\cos n\theta=T_n(\cos\theta)\quad (n=1,\ 2,\ \cdots)$$

となる n 次多項式 $T_n(x)$ がきまる。これを n 次（第１種）チェビシェフ（Chebyshev）多項式という。これは $\cos\theta$ の n 倍角公式を表す多項式で

$$T_1(x)=x,\quad T_2(x)=2x^2-1,\quad T_3(x)=4x^3-3x$$

となり，$h(x)=T_3(x)$ である。一般には，**1.2〔Ⅱ〕** にあるように，ド・モアブルの定理から

$$\cos n\theta=\sum_{k:\text{偶数}}(-1)^{\frac{k}{2}}{}_n\mathrm{C}_k\cos^{n-k}\theta\sin^k\theta$$

$$=\sum_{k:\text{偶数}}(-1)^{\frac{k}{2}}{}_n\mathrm{C}_k\cos^{n-k}\theta(1-\cos^2\theta)^{\frac{k}{2}}$$

とかけるので，$\cos\theta$ の多項式になる。これが $T_n(x)$ である。なお，$T_n(x)$ は，和→積変換の公式

$$\cos(n+1)\theta+\cos(n-1)\theta=2\cos\theta\cos n\theta$$

により，漸化式

$$T_{n+1}(x)+T_{n-1}(x)=2xT_n(x)$$

$$\therefore\quad T_{n+1}(x)=2xT_n(x)-T_{n-1}(x)\quad (n\geqq 1)$$

をみたす。ただし，$T_0(x)=1$ とする。また，この漸化式から $T_n(x)$ は整数係数の多項式で，x^n の係数が 2^{n-1} であることを数学的帰納法により示すことができる。

$T_n(x)$ は入試問題でもときどきみかける重要な多項式である。

1.7 4次関数

a, b, c, d を実数として $f(x)=x^4+ax^3+bx^2+cx+d$ とおく。

(i) 方程式 $f(x)=0$ が4個の相異なる実根をもつとき，実数 k に対して，方程式 $f(x)+kf'(x)=0$ の実根の個数を求めよ。

(ii) 2つの方程式 $f(x)=0$, $f''(x)=0$ が2個の相異なる実根を共有するとき，曲線 $y=f(x)$ は y 軸に平行なある直線に関して対称であることを示せ。

〔1976年度理系第6問〕

アプローチ

i▶(i)問題文にある「実根」とは「実数解」のことである（「1の3乗根」などにその名残があるが，本来は根（コン）（root）とは解よりさらに制限されたものである)。さて，4次とはいっても本問のような一般的な方程式の解が具体的にわかるわけもないので，グラフで考えることになる。方程式 $F(x)=0$ の実数解は $y=F(x)$ のグラフと x 軸との共有点の x 座標であり，解の存在，個数などはグラフの符号変化の様子からわかる（中間値の定理)。本問でも関数 $f(x)+kf'(x)$ の符号変化が，$f(x)$ の符号変化からわからないかと考える。もちろん $f'(x)$ の符号変化も必要であり（ここで厳密には平均値の定理を用いることになる)，これらから $f(x)+kf'(x)$ の符号変化の様子を調べる。

ii▶(ii)4次関数であること以外に(i)との関係はない。2次方程式 $f''(x)=0$ が異なる2実数解をもつので，$f''(x)$ は2回符号を変えて，$y=f(x)$ のグラフは変曲点を2つもつ。これが $y=f(x)$ と x 軸との交点でもあるのだから，これらの2交点の中点を通り y 軸に平行な直線が $y=f(x)$ の対称軸のはずである。直線 $x=k$ についての対称性を示すには，$x=k$ を y 軸へ平行移動しておくと偶関数であることを示せばよく，簡単になる。

解答

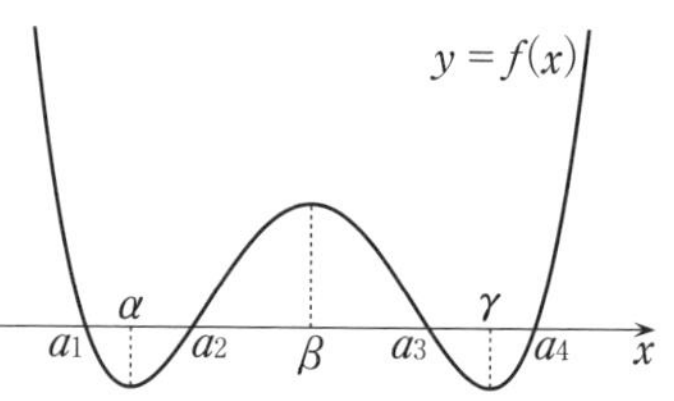

(i) $f(x)=0$ の4解を a_1, a_2, a_3, a_4 $(a_1<a_2<a_3<a_4)$ とおくと

$$f(x)=(x-a_1)(x-a_2)(x-a_3)(x-a_4)$$

である。$f(a_1)=f(a_2)=f(a_3)=f(a_4)$ だから，平均値の定理（ロルの定理）により

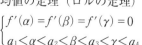

$$\begin{cases} f'(\alpha)=f'(\beta)=f'(\gamma)=0 \\ a_1<\alpha<a_2<\beta<a_3<\gamma<a_4 \end{cases}$$

となる α, β, γ が存在する。$F(x)=f(x)+kf'(x)$ とおくと

$$F(\alpha)=f(\alpha)<0,\ F(\beta)=f(\beta)>0,\ F(\gamma)=f(\gamma)<0$$

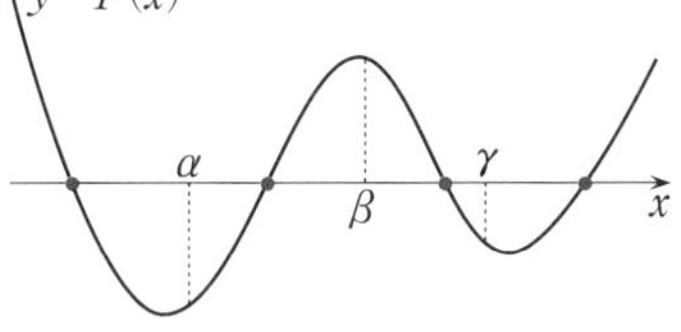

また，$F(x)=x^4+$(3次以下の項) だから，$x\to\pm\infty$ のとき $F(x)\to\infty$ となり，中間値の定理から $F(x)=0$ は4つの区間

$$-\infty<x<\alpha,\quad \alpha<x<\beta,\quad \beta<x<\gamma,\quad \gamma<x<\infty$$

のそれぞれに（少なくとも）1つずつ解をもち，4次方程式だから解は4区間に1個ずつあり，これら以外に解はない。したがって，$F(x)=0$ の実数解の個数は4である。　……(答)

(ii)　共有する2実数解を p, q ($p<q$) とする：

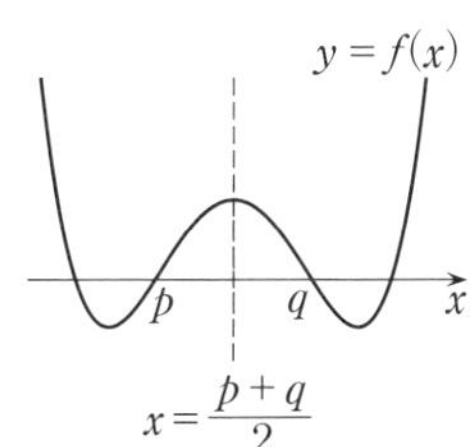

$$f(p)=f(q)=0,\ f''(p)=f''(q)=0$$

$G(x)=f\left(x+\dfrac{p+q}{2}\right)$ とおくと

$$G\left(\frac{p-q}{2}\right)=f(p)=0,\ G\left(\frac{q-p}{2}\right)=f(q)=0$$

だから，$r=\dfrac{q-p}{2}$ とおくと，$r>0$ で

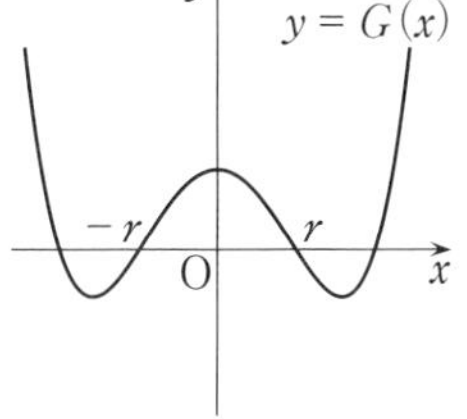

$$G(-r)=G(r)=0 \qquad ……①$$

また，$G''(x)=f''\left(x+\dfrac{p+q}{2}\right)$ だから

$$G''(-r)=f''(p)=0,\ G''(r)=f''(q)=0 \qquad ……②$$

$G(x)=x^4+$(3次以下の項)，$G''(x)=12x^2+$(1次以下の項) だから，②から

$$G''(x)=12(x+r)(x-r)=12(x^2-r^2)$$

$\therefore\ G'(x)=4x^3-12r^2x+C_1$

$\therefore\ G(x)=x^4-6r^2x^2+C_1x+C_2$　(C_1, C_2 は定数)

これと①から

$$r^4-6r^4-C_1r+C_2=0,\ r^4-6r^4+C_1r+C_2=0$$

$\therefore\ C_1r=0 \qquad \therefore\ C_1=0,\ C_2=5r^4$

したがって

$$G(x)=x^4-6r^2x^2+5r^4 \qquad \therefore\ G(-x)=G(x)$$

となり，曲線 $y=G(x)$ は y 軸に関して対称だから，曲線 $y=f(x)$ は直線 $x=\dfrac{p+q}{2}$ に関して対称である。　**(証明終わり)**

フォローアップ

〔Ⅰ〕 (i)は「文字定数を分離」する方法もある。

別解　まず $k=0$ のとき $f(x)=0$ だから解は4個である。$k\neq 0$ のとき，$f(x)+kf'(x)=0$ の実数解について，$f(x)=0$ をみたすならば $f'(x)=0$ もみたすので，4次方程式 $f(x)=0$ が重解をもつことになる（**1.3〔Ⅰ〕**）。これは「4個の相異なる実根をもつ」に反するので，$f(x)\neq 0$ のときを考えればよい。したがって，$-\dfrac{1}{k}=\dfrac{f'(x)}{f(x)}$ であり，$y=\dfrac{f'(x)}{f(x)}$ と $y=-\dfrac{1}{k}$ のグラフの共有点の個数が求めるものである。

$$\frac{f'(x)}{f(x)}=\frac{1}{x-a_1}+\frac{1}{x-a_2}+\frac{1}{x-a_3}+\frac{1}{x-a_4}$$

上式の右辺を $g(x)$ とおくと，$g(x)$ は定義されている各区間において減少で，$\lim_{x\to\pm\infty} g(x)=0$ と $\lim_{x\to a_i\pm 0} g(x)=\pm\infty$（複号同順）から k の値によらず解の個数は **4** である。　……**(答)**

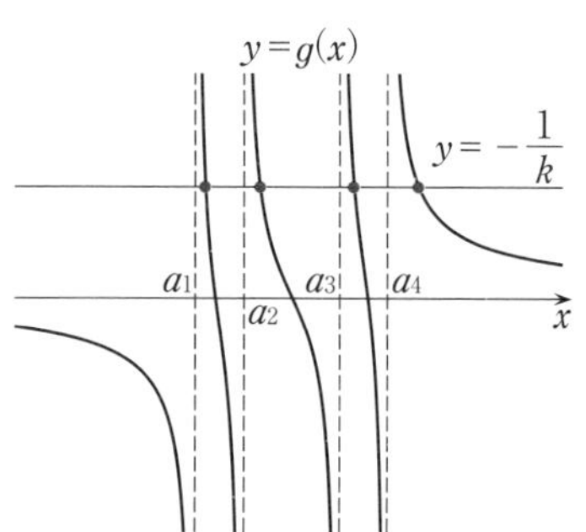

なお，$g(x)$ は $x<a_1$，$a_1<x<a_2$，$a_2<x<a_3$，$a_3<x<a_4$，$a_4<x$ で定義され

$$g'(x)=-\frac{1}{(x-a_1)^2}-\frac{1}{(x-a_2)^2}-\frac{1}{(x-a_3)^2}-\frac{1}{(x-a_4)^2}<0$$

だから，各区間で減少である。

また，区間 $\gamma<x<\infty$ とは，実数全体の部分集合 $\{x\mid\gamma<x\}$ のことで，単に $\gamma<x$ と表してもよいが，大小関係ではなく，集合であることを強調した表現である。区間 $(\gamma,\ \infty)$ ともかく。

〔Ⅱ〕 上のような $\dfrac{f'(x)}{f(x)}$ を計算するには，これが $(\log|f(x)|)'$ になっていることを利用するとはやい。実際

$$\log|f(x)|=\log|x-a_1|+\log|x-a_2|+\log|x-a_3|+\log|x-a_4|$$

だから，この両辺を x で微分するとただちにわかる。多くの積・商で表されている式（和を含まない）や $\{a(x)\}^{b(x)}$ の形の式を微分するには，この方法はよく用いられる（**対数微分法**）。

第2章　方程式

2.1　三角関数を含む方程式

xy 平面において，Oを原点，Aを定点 (1, 0) とする。また，P，Qは円周 $x^2+y^2=1$ の上を動く2点であって，線分OAから正の向きにまわって線分OPにいたる角と，線分OPから正の向きにまわって線分OQにいたる角が等しいという関係が成り立っているものとする。

点Pを通り x 軸に垂直な直線と x 軸との交点をR，点Qを通り x 軸に垂直な直線と x 軸との交点をSとする。実数 $l \geqq 0$ を与えたとき，線分RSの長さが l と等しくなるような点P，Qの位置は何通りあるか。

〔1985年度理系第2問〕

アプローチ

単位円上の点にある2点P，Qでしかも偏角が2倍になっているのだから，Pの偏角 θ をおいて三角関数で表示する。RSは θ で表せるので，三角関数を含む方程式の解の個数を求める問題に帰着される。

解答

$P(\cos\theta,\ \sin\theta)$ $(0 \leqq \theta < 2\pi)$ とおくと，

$Q(\cos 2\theta,\ \sin 2\theta)$，　$R(\cos\theta,\ 0)$，　$S(\cos 2\theta,\ 0)$

である。$RS=|\cos 2\theta-\cos\theta|$ だから

$$|\cos 2\theta-\cos\theta|=l,\ 0 \leqq \theta < 2\pi$$

をみたす θ の個数 N が求める場合の数である。

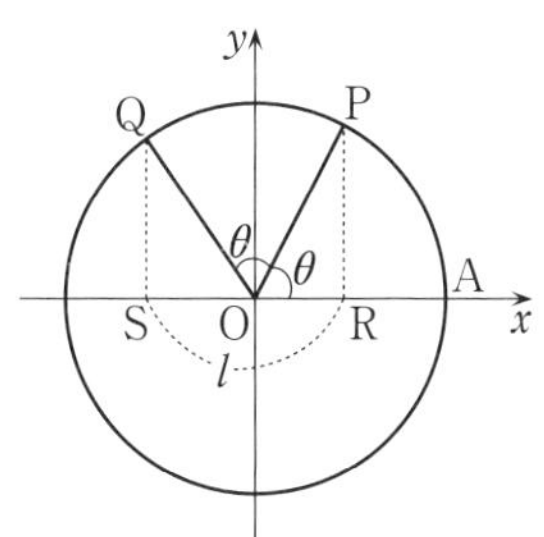

$t=\cos\theta$ とおくと

$$RS=|2t^2-1-t|=|(t-1)(2t+1)|$$
$$=\left|2\left(t-\frac{1}{4}\right)^2-\frac{9}{8}\right|$$

であり，上式を $f(t)$ とおく。$l \geqq 0$ に対し

$$f(t)=l \quad (-1 \leqq t \leqq 1)$$

をみたす t のそれぞれについて

$$\cos\theta=t \quad (0 \leqq \theta < 2\pi)$$

をみたす θ の和集合の要素の個数が N である。$s=f(t)$ $(-1\leqq t\leqq 1)$ と $s=l$ のグラフの共有点の t 座標に対して，$X=t$ をみたす単位円 $X^2+Y^2=1$ 上の点を考える。単位円上の点は

- $t=\pm 1$ について，それぞれ 1 個
- $-1<t<1$ について，2 個ずつ

きまり，$f(1)=0$，$f(-1)=2$ だから，次の表のようになる。

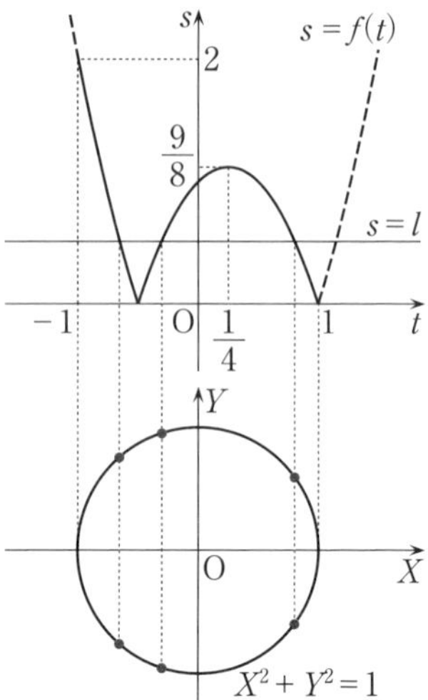

l	**0**	$\cdots$	$\dfrac{9}{8}$	$\cdots$	**2**	$\cdots$
t の個数	2	3	2	1	1	0
N	**3**	**6**	**4**	**2**	**1**	**0**

……**(答)**

フォローアップ

〔Ⅰ〕　標準的な問題である。$t=\cos\theta$ とおいて，「文字定数 l を分離」して，$f(t)=l$ をみたす t はグラフの共有点から考えて，さらに t に対して θ の個数を考える。θ をきめることは単位円上の位置をきめることだから，2 つのグラフをあわせて考えればよい。

〔Ⅱ〕　三角関数を置き換えて 2 次関数に帰着させるのが定石であるが，三角関数の微分は知っているので，直接にグラフを描く方法もある。

$g(\theta)=\cos 2\theta-\cos\theta$ とおくと

$$g'(\theta)=-2\sin 2\theta+\sin\theta=\sin\theta(1-4\cos\theta)$$

$\cos\alpha=\dfrac{1}{4}$，$0<\alpha<\dfrac{\pi}{2}$ となる α をとると

$$g(\alpha)=2\left(\frac{1}{4}\right)^2-1-\frac{1}{4}=-\frac{9}{8}=g(2\pi-\alpha)$$

θ	0	$\cdots$	α	$\cdots$	π	$\cdots$	$2\pi-\alpha$	$\cdots$	(2π)
$g'(\theta)$	0	$-$	0	$+$	0	$-$	0	$+$	(0)
$g(\theta)$	0	↘	$-\dfrac{9}{8}$	↗	2	↘	$-\dfrac{9}{8}$	↗	(0)

ゆえに，$y=|g(\theta)|$ のグラフは右のようになり，$g(\theta)=l$ $(0\leqq\theta<2\pi)$ の解の個数 N がわかる。

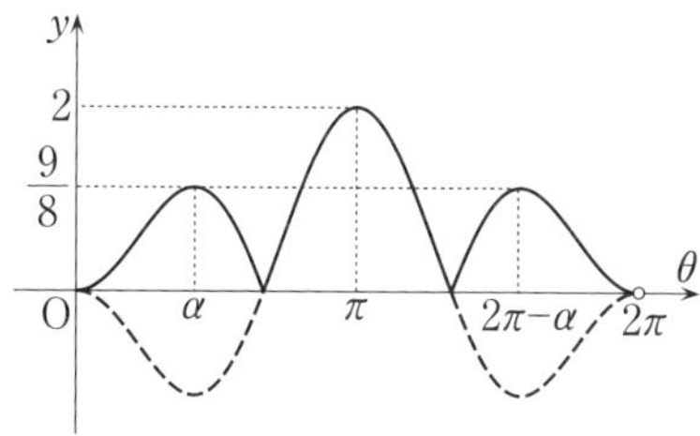

2.2 対称な連立方程式

$k>0$ とする。xy 平面上の二曲線

$$y=k(x-x^3),\quad x=k(y-y^3)$$

が第1象限に $\alpha\neq\beta$ なる交点 $(\alpha,\ \beta)$ をもつような k の範囲を求めよ。

〔1989年度理系第1問〕

アプローチ

$y=f(x)$ と $x=f(y)$ のグラフは直線 $y=x$ について対称だから，この直線と $y=f(x)$ の交点は2曲線上にあることがわかる。これら以外の2曲線の交点がある条件を求めよということである。3次関数のグラフはそれほどわかりやすいものでもないので，図ではなく連立方程式として考えるべきだろう。

連立方程式の扱いの原則は文字消去であるが，$y=f(x)$，$x=f(y)$ で y を消去すると，$x=f(f(x))$ となり次数があがる。たとえば本問では9次方程式がでてくることになり，この方法は避けたい。方程式の対称性を利用しよう。

$F(x,\ y)$ を多項式とする。対称な連立方程式について，対称性を利用するには

$$\begin{cases}F(x,\ y)=0\\ F(y,\ x)=0\end{cases}\iff\begin{cases}F(x,\ y)+F(y,\ x)=0 & \cdots\cdots ㋑\\ F(x,\ y)-F(y,\ x)=0 & \cdots\cdots ㋺\end{cases}$$

と変形する。㋑は $x,\ y$ の対称式である。㋺の左辺は $x=y$ とおくと0になるので，因数定理により $x-y$ で割り切れて，㋺：$(x-y)G(x,\ y)=0$（$G(x,\ y)$ は多項式）とかける。このとき $G(x,\ y)$ は対称式になる（〔Ⅲ〕）。したがって，$x=y$，$F(x,\ x)=0$ または $x\neq y$，$F(x,\ y)+F(y,\ x)=0$，$G(x,\ y)=0$ と場合を分けて，x，y の対称式の扱いに帰着させる。

解答

$$\begin{cases}y=k(x-x^3) & \cdots\cdots ①\\ x=k(y-y^3) & \cdots\cdots ②\end{cases}$$

$$x\neq y,\ x>0,\ y>0 \qquad \cdots\cdots ③$$

「①かつ②かつ③」をみたす x，y が存在するような k（>0）の範囲が求めるものである。

③のもとで

①＋② から　$x+y=k(x+y)\{1-(x^2-xy+y^2)\}$

$$\therefore\quad x^2-xy+y^2=1-\frac{1}{k} \qquad \cdots\cdots ④$$

①－② から　$y-x=k(x-y)\{1-(x^2+xy+y^2)\}$

$\therefore\quad x^2+xy+y^2=1+\dfrac{1}{k}$　……⑤

④＋⑤から　$x^2+y^2=1$　……⑥

④－⑤から　$xy=\dfrac{1}{k}$　……⑦

したがって，③のもとで「①かつ②」は「⑥かつ⑦」と同値で

「第1象限において，円⑥と双曲線⑦が $x\neq y$ となる共有点をもつ」

ことから，求める範囲は

「点 $\left(\dfrac{1}{\sqrt{k}},\ \dfrac{1}{\sqrt{k}}\right)$ が $x^2+y^2<1$ にある」

$\therefore\quad \dfrac{2}{k}<1\qquad \therefore\quad \boldsymbol{k>2}$　……(答)

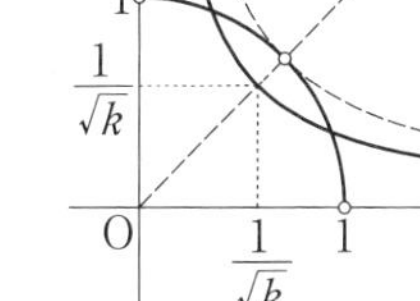

フォローアップ

〔Ⅰ〕　③のもとで

$$\begin{cases}①\\②\end{cases}\iff\begin{cases}④\\⑤\end{cases}\iff\begin{cases}⑥\\⑦\end{cases}$$

だから，「③かつ⑥かつ⑦」をみたす x，y が存在する条件を求めることになる。図がよくわかるものになるので，この条件を xy 平面において図で考えればよい。双曲線⑦の第1象限の部分で原点からもっとも近い点が $\left(\dfrac{1}{\sqrt{k}},\ \dfrac{1}{\sqrt{k}}\right)$ であり，これが単位円の内部にあればよい。

〔Ⅱ〕　⑥かつ⑦までもっていくと，次のように三角関数が利用できる。

③，⑥から

$(x,\ y)=(\cos\theta,\ \sin\theta)$，$0<\theta<\dfrac{\pi}{2}$，$\theta\neq\dfrac{\pi}{4}$

とおけて，このとき⑦から

$\cos\theta\sin\theta=\dfrac{1}{k}$

$\therefore\quad \sin 2\theta=\dfrac{2}{k}$

$0<2\theta<\pi$，$2\theta\neq\dfrac{\pi}{2}$

である。これをみたす θ が存在することから

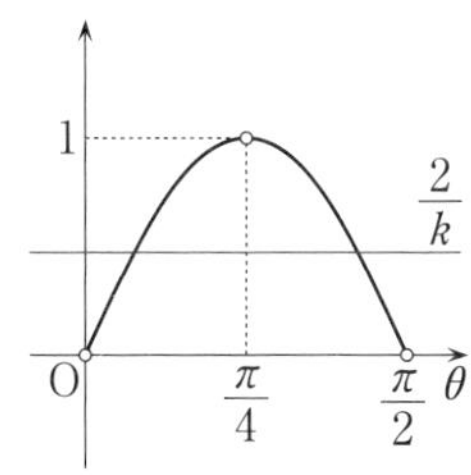

$$0<\frac{2}{k}=\sin 2\theta<1 \qquad \therefore \quad k>2$$

〔Ⅲ〕〔アプローチ〕において，㋺の左辺を $H(x,\ y)=F(x,\ y)-F(y,\ x)$ とおく。$H(x,\ y)=-H(y,\ x)$ が成り立つので $H(x,\ y)=(x-y)G(x,\ y)$ から

$$(x-y)G(x,\ y)=-(y-x)G(y,\ x) \qquad \therefore \quad G(x,\ y)=G(y,\ x)$$

であり，$G(x,\ y)$ は対称式になる。

一般に，2文字 $x,\ y$ の多項式 $H(x,\ y)$ で，$H(x,\ y)=-H(y,\ x)$（多項式としての等式）をみたすものを交代式という。交代式は上のように

$$H(x,\ y)=(x-y)G(x,\ y) \quad (G(x,\ y)\text{ は対称式})$$

と表せる。

〔Ⅳ〕$f(x)$ を多項式として

「方程式 $f(f(x))=x$ の解の個数を求める」

ような問題の場合にも本問の方法が使える。実際，$y=f(x)$ とおくと $f(y)=x$ だから

「連立方程式 $\begin{cases} y=f(x) \\ x=f(y) \end{cases}$ の解 $(x,\ y)$ の個数を求める」

ことに帰着される。こうすると，次数が下げられて，さらに対称性も利用できることになる。

2.3　最大値・最小値の候補

t の関数 $f(t)$ を

$$f(t)=1+2at+b(2t^2-1)$$

とおく。区間 $-1\leqq t\leqq 1$ のすべての t に対して $f(t)\geqq 0$ であるような a，b を座標とする点 $(a,\ b)$ の存在する範囲を図示せよ。

〔1987年度文系第3問〕

アプローチ

関数 $f(t)$ $(-1\leqq t\leqq 1)$ の最小値を求めることに帰着される。一般に，閉区間 $a\leqq x\leqq b$ での連続関数 $f(x)$ の最小値を m とすると

$$m=\min\{f(a),\ f(b),\ a<x<b \text{ での } f(x) \text{ の極小値}\}$$

である（極値が有限の範囲に無限個でてくるような関数はふつうは高校では考えない）。したがって，考えている範囲に極小値があるかどうかで場合を分ける。この考え方は，関数や区間に文字定数が含まれるときに，場合分けを減らすために行うものである。最大値のときは，上で min→max，小→大と置き換える。

解答

$$f(t)=2bt^2+2at-b+1$$

$$=2b\left(t+\frac{a}{2b}\right)^2-\frac{a^2}{2b}-b+1 \quad (b\neq 0)$$

$f(t)$ の区間 $-1\leqq t\leqq 1$ での最小値を m とおくと

$$m\geqq 0$$

となるような点 $(a,\ b)$ の範囲が求めるものである。

(i)　$f(t)$ が $-1<t<1$ に極小値をもつとき

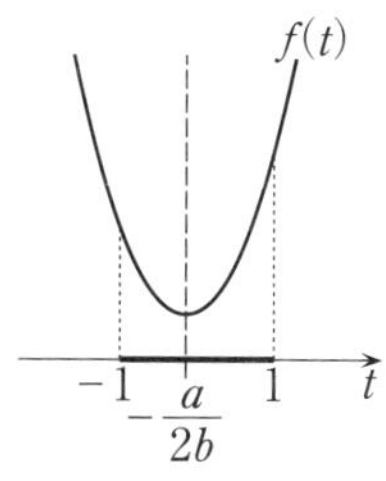

$$b>0,\quad -1<-\frac{a}{2b}<1$$

$$\therefore\quad b>0,\ b>\frac{a}{2},\ b>-\frac{a}{2} \qquad \cdots\cdots①$$

であり，このとき

$$m=f\left(-\frac{a}{2b}\right)=-\frac{a^2}{2b}-b+1$$

だから，$m\geqq 0$ により

$$\frac{a^2}{2b}+b\leqq 1 \qquad \therefore\quad \frac{a^2}{2}+b^2-b\leqq 0$$

$\therefore\ \dfrac{a^2}{2}+\left(b-\dfrac{1}{2}\right)^2 \leqq \dfrac{1}{4}\qquad \therefore\ 2a^2+4\left(b-\dfrac{1}{2}\right)^2 \leqq 1$ ……②

(ii) (i)でないとき，$\overline{①}$（①の否定）であり

$$m=\min\{f(-1),\ f(1)\}=\min\{1-2a+b,\ 1+2a+b\}$$

だから，$m \geqq 0$ により

$b \geqq 2a-1,\ b \geqq -2a-1$ ……③

以上から，求める範囲は

「①かつ②」または「$\overline{①}$ かつ③」

であり，右図の網かけ部分（境界を含む）。

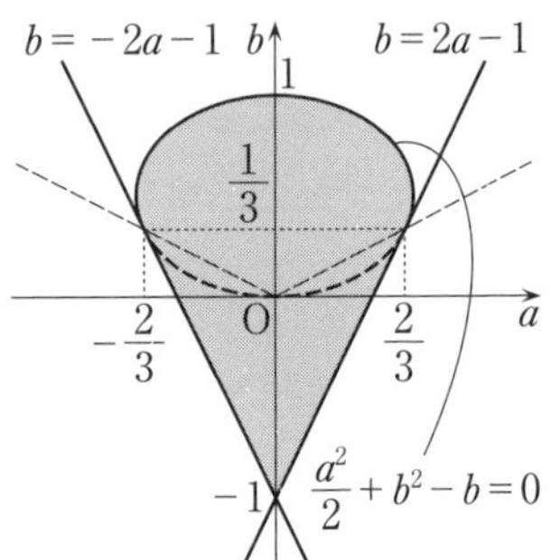

ここで，境界の共有点は次のようになる。

$$\begin{cases}\dfrac{a^2}{2}+b^2-b=0\\ b=\pm\dfrac{a}{2}\end{cases}\qquad \therefore\ \begin{cases}3b^2-b=0\\ a=\pm 2b\end{cases}$$

$$\therefore\ (a,\ b)=(0,\ 0),\ \left(\pm\frac{2}{3},\ \frac{1}{3}\right)$$

$$\begin{cases}\dfrac{a^2}{2}+b^2-b=0\\ b=\pm 2a-1\end{cases}\qquad \therefore\ \begin{cases}9b^2-6b+1=0\\ a=\pm\dfrac{b+1}{2}\end{cases}$$

$$\therefore\ (3b-1)^2=0\qquad \therefore\ (a,\ b)=\left(\pm\frac{2}{3},\ \frac{1}{3}\right)$$

フォローアップ

〔Ⅰ〕 教科書にはないが，数学において一般的に使われる記号の確認をしておく。実数全体の部分集合 S について，S の**最小元**（minimum；数の集合だから最小数とよんでもよいが，あまりいわれない）とは，

(i) すべての $x \in S$ に対して $m \leqq x$

(ii) $m \in S$

となる実数 m（m は x に依存しない）のことである。これを $\min S$ と表す。**最大元** $\max S$（maximum）は不等号を逆にしたものである。最小元，最大元は存在するかどうかはわからないが，存在すればそれぞれただ1つにきまる。また，S が空でない有限集合ならば存在する。とくに，$S=\{a,\ b\}$（a，b は実数）のとき，$\min\{a,\ b\}$ は $a \neq b$ のときは小さい方，$a=b$ のときはこの等しい数を表す（a，b の大きくない方ともいえる）。

関数の値域（とりうる値の集合）を S としたとき，$\min S$ が存在するならば，

これを関数の**最小値**という。**最大値**も同様である。また，高校数学では

「有界閉区間における連続関数は最大値・最小値をもつ」

ことは認めている。この場合，有界とは区間の端点が $\pm\infty$ でないことを意味する。

〔Ⅱ〕 $t=\cos\theta$ と置き換えると，与式は $1+2a\cos\theta+b\cos 2\theta\geqq 0$ となるが，これで問題が扱いやすくなるわけではない。むしろ逆で，問題がこのように三角関数で表現されているなら，$t=\cos\theta$ とおいて t の関数へもっていく。ふつうは三角関数より2次関数の方が簡単である。

〔Ⅲ〕 答の図形的な意味を考えてみる。$f(t)=0$ は ab 平面において直線

$$l_t : 2ta+(2t^2-1)b+1=0 \qquad \cdots\cdots ④$$

を表す。$l_{\pm 1}$ が上の答の境界の直線であり，これらが境界の楕円の接線になっている。この楕円は，$b\neq 0$ として $f(t)=0$ の（判別式）$=0$ から

$$a^2-2b(-b+1)=0 \qquad \therefore\ \frac{a^2}{2}+b^2-b=0 \qquad \cdots\cdots ⑤$$

から得られて，④と⑤の共有点を求めるとただ1つで（計算略），それをTとすると

$$\mathrm{T}(a,\ b)=\left(-\frac{2t}{2t^2+1},\ \frac{1}{2t^2+1}\right)$$

となり，l_t はTで楕円⑤に接する。接点Tの動きは

t	-1	$\cdots$	$-\frac{1}{\sqrt{2}}$	$\cdots$	0	$\cdots$	$\frac{1}{\sqrt{2}}$	$\cdots$	1
a	$\frac{2}{3}$	↗	$\frac{1}{\sqrt{2}}$	↘	0	↘	$-\frac{1}{\sqrt{2}}$	↗	$-\frac{2}{3}$
b	$\frac{1}{3}$	↗	$\frac{1}{2}$	↗	1	↘	$\frac{1}{2}$	↘	$\frac{1}{3}$

となる。$f(t)\geqq 0$ は

$$l_t^{+} : 2ta+(2t^2-1)b+1\geqq 0$$

で l_t の原点側の半平面（境界を含む）を表すので，求める範囲はすべての t $(-1\leqq t\leqq 1)$ について l_t の原点側の共通部分 $\bigcap_{-1\leqq t\leqq 1} l_t^{+}$ となり，図から同じ領域が得られる。

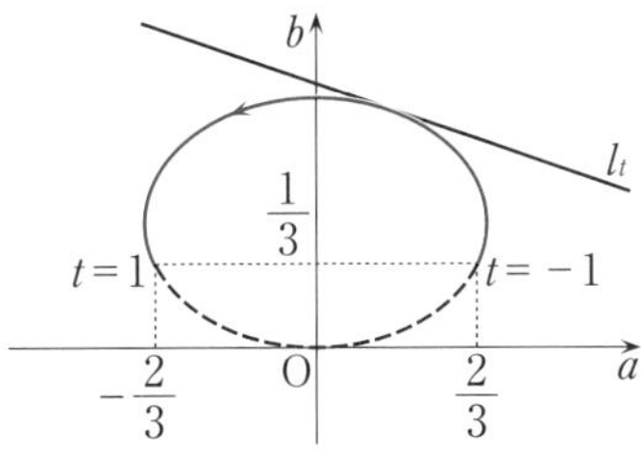

2.4　2次方程式の複素数解

xについての方程式

$$px^2+(p^2-q)x-(2p-q-1)=0$$

が解をもち，すべての解の実部が負となるような実数の組（p, q）の範囲をpq平面上に図示せよ。

（注）複素数$a+bi$（a, bは実数，iは虚数単位）に対し，aをこの複素数の実部という。

〔1992年度文系第1問〕

アプローチ

i▶ 実数係数の2次方程式の解についての条件を係数についての条件にいいかえる問題で，解の配置の問題といえるが，「解の実部」とあることからわかるように，解は複素数（実数と虚数）の範囲で考えている。

まずx^2の係数が0になる可能性があり，2次方程式でないかもしれない。実数係数の1次（以下の）方程式$bx+c=0$は，$b=0$, $c\neq 0$のときは解をもたず，$b=c=0$のときは解は任意であるが，これら以外の場合はただ1つの実数解をもち，「解」=「解の実部」である。

ii▶ 実数係数2次方程式$ax^2+bx+c=0$は判別式$D=b^2-4ac$として$x=\dfrac{-b\pm\sqrt{D}}{2a}$といつも解けるが，だからといって実数解と虚数解を同時に扱えるわけではない。実際，「解の実部」は実数解のときは解そのものだが，$D<0$のときは2解は$x=\dfrac{-b\pm\sqrt{-D}i}{2a}$だから，その実部は$-\dfrac{b}{2a}$である（解の実部は虚数解をもつときの方が簡単）。したがって，実数解をもつかどうか，すなわち判別式Dの符号で場合を分ける。$D\geqq 0$のとき，問題文に「すべての解」とあるので，2次方程式が負の2実数解をもつ条件となり，ふつうの「解の配置」の問題である。判別式は複雑だから，とりあえずそのままにしておき，先に進む。

iii▶ **i**，**ii**の作業を行えば条件は出そろう（**解答**の(ii)―2．まで）。あとはこれらを図示するだけであるが，境界としてあらわれるはずの$D=0$は

$$p^4-2p^2q+q^2+8p^2-4pq-4p=0$$

などという式（4次曲線）で，当然これでは図が描けない。ところが「図示せよ」という問題なのだから，答にはこんな複雑な曲線はでてこないはずである。上の場合**解答**の(ii)はDを用いずに表せないと困る。そこで(ii)をもう一度みると，(ii)―1．にある$\alpha\beta>0$は(ii)―2．にはない。しかし(ii)―2．の場合$\alpha\beta=\alpha\overline{\alpha}=|\alpha|^2>0$は成り立っている（虚数解なので$\alpha\neq 0$）。ゆえに(ii)―2．は

$D<0,\ \alpha+\beta<0,\ \alpha\beta>0$

とも表せて，これと(ii)―1．「$D\geqq 0,\ \alpha+\beta<0,\ \alpha\beta>0$」をまとめると

$\alpha+\beta<0,\ \alpha\beta>0$

だけとなり，D がなくなる。

解答

(i)　$p=0$ のとき，方程式は $-qx+q+1=0$ で，これは $q=0$ なら解をもたないので，$q\neq 0$。このとき解 $x=\dfrac{q+1}{q}$ は実数だから $\dfrac{q+1}{q}<0$ で，q と $q+1$ は異符号となり $-1<q<0$ である。［ここまで〔アプローチ〕**i**］

(ii)　$p\neq 0$ のとき，$D=(p^2-q)^2+4p(2p-q-1)$ とし，2解を $\alpha,\ \beta$ とおく。

(ii)―1．$D\geqq 0$ のとき，$\alpha<0,\ \beta<0$ となるのは

$$\alpha+\beta=-\frac{p^2-q}{p}<0,\quad \alpha\beta=-\frac{2p-q-1}{p}>0$$

$$\therefore\quad p(p^2-q)>0,\ p(2p-q-1)<0$$

のときである。

(ii)―2．$D<0$ のとき，2解は $\alpha,\ \beta=\overline{\alpha}$ で，2解の実部はともに $\dfrac{\alpha+\overline{\alpha}}{2}$ だから，これが負となるのは

$$\alpha+\beta=-\frac{p^2-q}{p}<0\qquad\therefore\quad p(p^2-q)>0$$

のときである。［ここまで〔アプローチ〕**ii**］

(ii)―2．のとき，$\alpha\beta=\alpha\overline{\alpha}=|\alpha|^2>0$ も成り立つので，結局(ii)は，$\alpha+\beta<0,\ \alpha\beta>0$ すなわち

$$p(p^2-q)>0,\ p(2p-q-1)<0$$

$$\therefore\quad p>0,\ 2p-1<q<p^2$$

とまとめられる。

以上(i)，(ii)から，求める範囲は右図の網かけ部分（境界は q 軸上の $-1<q<0$ の部分だけを含む）。

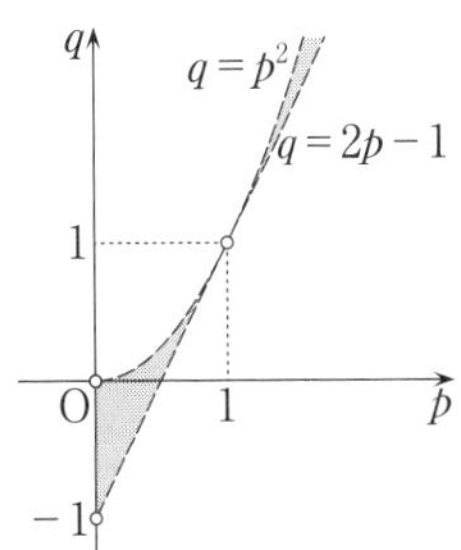

フォローアップ

〔Ⅰ〕　(ii)で条件をまとめるところで用いたことを集合で表すと

$$(A\cap B)\cup(\overline{A}\cap B)=(A\cup\overline{A})\cap B=B$$

となる。これにより，結果的に集合 A が関係なくなる。

数学において，あるわからないカタマリがでてきたときに，とりあえず文字

でおいて表し，先に議論を進めるというのはしばしば行われる。直接にそのカタマリをとらえるのではなく，他との関係においてとらえる，ともいえるかもしれない。

なお，領域を図示するところでは

$$p<0,\ p^2<q<2p-1$$

もでてくるが，これは

$$(2p-1)-p^2=-(p-1)^2 \leqq 0$$

によりおこりえない（空集合である）。

〔II〕 境界にあらわれる放物線と直線は点（1，1）で接するが，曲線 $D=0$ もこの接点を通り，次のようになる。

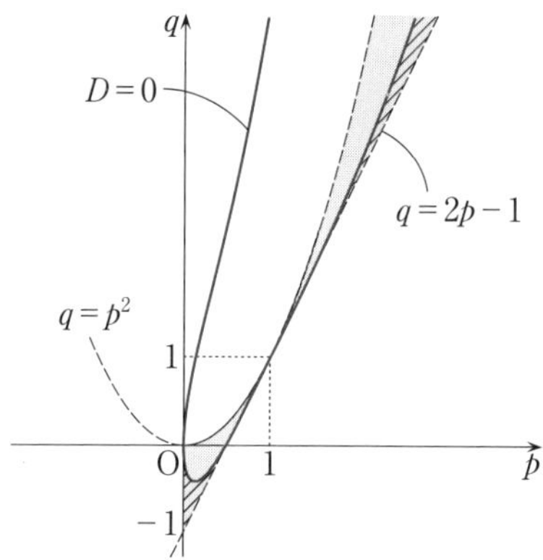

$D>0$ は図の $D=0$ の下側で，$D<0$ は上側であり，(ii)は $D=0$ で 2 つに分けられている。

2.5　2次不等式の表す領域

xy 平面において，不等式 $x^2 \leqq y$ の表す領域を D とし，不等式 $(x-4)^2 \leqq y$ の表す領域を E とする。

このとき，次の条件(＊)を満たす点 $\mathrm{P}(a,\ b)$ の全体の集合を求め，これを図示せよ。

(＊)　$\mathrm{P}(a,\ b)$ に関して D と対称な領域を U とするとき，

$$D \cap U \neq \emptyset,\ E \cap U \neq \emptyset,\ D \cap E \cap U = \emptyset$$

が同時に成り立つ。ただし，$\emptyset$ は空集合を表すものとする。

〔1984年度理系第6問〕

アプローチ

一般に，全体集合 U での条件 $p(x)$ をみたす x が U に存在するとは，U の部分集合 $P=\{x|p(x)\}$ について，$P \neq \emptyset$ が成り立つことである。このように，集合が空集合でないことは存在条件にいいかえられる。
領域 $D,\ E,\ U$ を図示して，$D \cap U,\ E \cap U,\ D \cap E \cap U$ を描くと，(＊)は，さらにこれらの領域の境界の曲線の共有点の存在／非存在の条件にいいかえられる。すると，条件は2次方程式の解の配置の問題に帰着される。

解答

以下，領域 S の境界を ∂S で表すことにする。

$D:y \geqq x^2,\qquad E:y \geqq (x-4)^2$

$\partial D:y=x^2$　……①

$\partial E:y=(x-4)^2$　……②

$D \cap E:y \geqq \max\{x^2,\ (x-4)^2\}$

$$\partial(D \cap E):y=\begin{cases}(x-4)^2 & (x \leqq 2)\\ x^2 & (2 \leqq x)\end{cases}$$

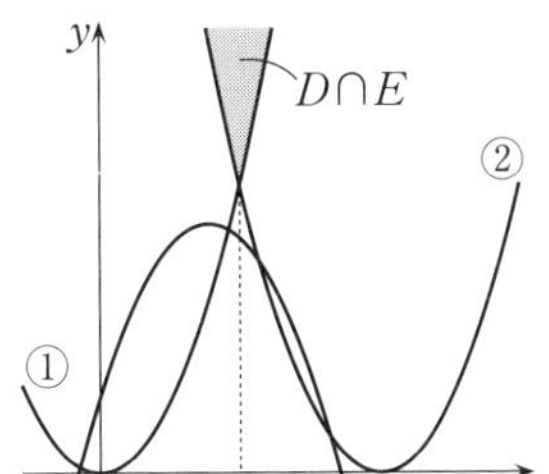

である。①の頂点Oの $\mathrm{P}(a,\ b)$ に関する対称点は $2\overrightarrow{\mathrm{OP}}=(2a,\ 2b)$ だから

$\partial U:y=-(x-2a)^2+2b$　……③

$U:y \leqq -(x-2a)^2+2b$

このとき

$D \cap U \neq \emptyset \iff$ ①と③が共有点をもつ

$E \cap U \neq \varnothing \quad \Longleftrightarrow$ ②と③が共有点をもつ

$D \cap E \cap U = \varnothing \Longleftrightarrow$ ③は①の $x \geqq 2$ の部分，②の $x \leqq 2$ の部分のいずれとも共有点をもたない

である。①，③から

$$2x^2-4ax+4a^2-2b=0 \qquad \therefore \quad x^2-2ax+2a^2-b=0 \qquad \cdots\cdots④$$

②，③から

$$2x^2-(8+4a)x+16+4a^2-2b=0$$

$$\therefore \quad x^2-2(a+2)x+2a^2-b+8=0 \qquad \cdots\cdots⑤$$

④の左辺を $f(x)$，⑤の左辺を $g(x)$ とおくと，(＊)は

(i) $f(x)=0$ は実数解をもつが，$x \geqq 2$ に解をもたない

かつ

(ii) $g(x)=0$ は実数解をもつが，$x \leqq 2$ に解をもたない

と同値である。

(i)は，$x<2$ に2解をもつ（重解を含む）ときで

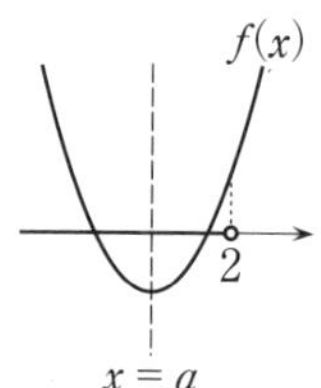

$$\begin{cases} f(2)=4-4a+2a^2-b>0 \\ a<2 \\ (\text{判別式})/4 : a^2-(2a^2-b) \geqq 0 \end{cases}$$

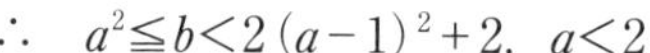

$$\therefore \quad a^2 \leqq b < 2(a-1)^2+2, \ a<2$$

(ii)は，$2<x$ に2解をもつ（重解を含む）ときで

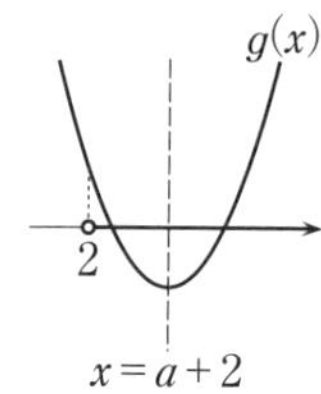

$$\begin{cases} g(2)=4-4(a+2)+2a^2-b+8>0 \\ a+2>2 \\ (\text{判別式})/4 : (a+2)^2-(2a^2-b+8) \geqq 0 \end{cases}$$

$$\therefore \quad (a-2)^2 \leqq b < 2(a-1)^2+2, \ a>0$$

以上から，求める範囲は「(i)かつ(ii)」で

$$\max\{a^2, \ (a-2)^2\} \leqq b < 2(a-1)^2+2, \ 0<a<2$$

となり，下図の網かけ部分（境界は $b=2(a-1)^2+2$ 上の点を除く）。

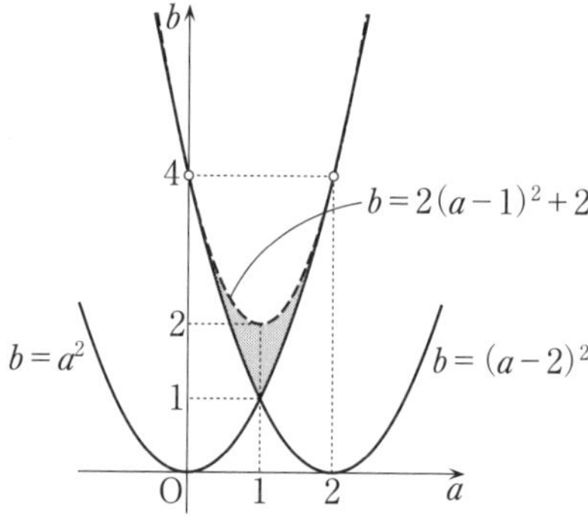

フォローアップ

放物線を描くとあきらかにわかることであるが，領域の性質をその境界の性質にいいかえている。そこで用いていることを一般的に表してみる。一般に関数 $F(x)$，$G(x)$ は実数の区間 I で連続とする。

領域 $S: y \geqq F(x)\ (x \in I)$，$T: y \leqq G(x)\ (x \in I)$ について

$S \cap T \neq \emptyset$

$\Longleftrightarrow F(x) \leqq y \leqq G(x)$ をみたす $x \in I$，実数 y が存在する

$\Longleftrightarrow F(x) \leqq G(x)$ をみたす $x \in I$ が存在する

（まず x を固定して y から考える：**4.10〔Ⅱ〕**）

$\Longleftrightarrow F(x) - G(x) \leqq 0$ をみたす $x \in I$ が存在する

だから，たとえば「$G(x) - F(x) > 0$ をみたす $x \in I$ が存在する」が成り立っているならば，中間値の定理から，$S \cap T \neq \emptyset$ は

「$G(x) - F(x) = 0$ すなわち $G(x) = F(x)$ をみたす $x \in I$ が存在する」

と同値である。

たとえば，**解答** では $D \cap U: x^2 \leqq y \leqq -(x-2a)^2 + 2b$ で

$D \cap U \neq \emptyset \Longleftrightarrow f(x) \leqq 0$ をみたす実数 x が存在する

となるが，$f(x)$ は下に凸な放物線だから，グラフから「$f(x) > 0$ をみたす実数 x が存在する」ことは $|x|$ を十分大きくとれば成り立っている。ゆえに，$f(x) = 0$ をみたす実数 x が存在する，つまり「①と③が共有点をもつ」と同値になる。

2.6 3次方程式の解の配置

C を $y=x^3-x$, $-1\leqq x\leqq 1$ で与えられる xy 平面上の図形とする。次の条件をみたす xy 平面上の点P全体の集合を図示せよ。

「C を平行移動した図形で，点Pを通り，かつもとの図形 C との共有点がただ1つであるようなものが，ちょうど3個存在する。」

〔1988年度理系第3問〕

アプローチ

i▶ 題意の条件がかなり複雑であり，一読してもピンとこないし，図を描いてもわかりにくい。C の平行移動を C' とすると，「『C と C' の共有点がただ1つである』ようなPを通る C' がちょうど3個存在する」となっている。このような複文とでもいうべき数学的文章は，一気に全体を考えるのではなく，部分的に処理していく。単文に分解するのである。まず，内側の括弧からいいかえていく（**4.10**〔**II**〕）。

1．まず，平行移動のベクトルを $(a,\ b)$ として，C と C' が共有点をただ1つもつ条件を考える。これは a, b の条件である。

2．ついで，このような C' が $\mathrm{P}(p,\ q)$ を通る条件を求め，そのような $(a,\ b)$ がちょうど3個ある p, q の条件を求める。

前半1．から考える。

ii▶ 後半2．を考える。解答の③をみたすベクトル $(a,\ b)$ だけ平行移動した C' は C とただ1点を共有している。このような C' でPを通るものがちょうど3個あるという。C' は $(a,\ b)$ により1つにきまるので，Pの座標を C' に代入したものをみたす $(a,\ b)$ がちょうど3組ある条件を考えればよい。a, b の連立方程式（3次）ができるが，③から b が消せることに着目する。

解答

$f(x)=x^3-x$ とおくと，$f(x)$ は奇関数で，$C：y=f(x)$, $-1\leqq x\leqq 1$ である。これをベクトル $(a,\ b)$ だけ平行移動した図形を

$$C'：y=f(x-a)+b,\quad a-1\leqq x\leqq a+1$$

とし

「C と C' がただ1つの共有点をもつ」 ……(＊)

ような a, b の条件を考える。共有点の x 座標は

$$f(x-a)+b=f(x)$$

$$\therefore\quad 3ax^2-3a^2x+a^3-a-b=0 \quad \cdots\cdots①$$

の解で

$$\max\{-1,\ a-1\}\leqq x\leqq \min\{1,\ a+1\} \qquad \cdots\cdots②$$

にあるものである。この範囲が存在する（$\varnothing$でない）ことから$-2\leqq a\leqq 2$であり，また$a=0$ならば①から$b=0$となり，(＊)をみたさないから$a\neq 0$である。したがって，２次方程式①の区間②での解がただ１つある。①の左辺を$g(x)$とすると，$y=g(x)$の軸は$x=\dfrac{a}{2}$である。

- $0<a\leqq 2$のとき，②：$a-1\leqq x\leqq 1$
- $-2\leqq a<0$のとき，②：$-1\leqq x\leqq a+1$

だから，区間②は軸に対して対称であり，$g(x)$のこの区間の両端での値（したがって符号）は等しい。ゆえに，①が重解$\left(x=\dfrac{a}{2}\right)$をもち

$$g\left(\frac{a}{2}\right)=0 \qquad \therefore\quad f\left(-\frac{a}{2}\right)+b=f\left(\frac{a}{2}\right)$$

したがって，(＊)は

$$b=2f\left(\frac{a}{2}\right),\ \ -2\leqq a\leqq 2,\ \ a\neq 0 \qquad \cdots\cdots③$$

となる。[ここまで〔アプローチ〕**i** 前半１.]

つぎに，C'がP$(p,\ q)$を通るとき

$$q=f(p-a)+b,\ \ a-1\leqq p\leqq a+1 \qquad \cdots\cdots④$$

だから

「③かつ④をみたす$(a,\ b)$がちょうど３組存在する」

ようなP$(p,\ q)$の範囲が求めるものである。bを消去すると

$$q=f(p-a)+2f\left(\frac{a}{2}\right)$$

$$\therefore\quad f(a-p)-2f\left(\frac{a}{2}\right)+q=0 \qquad \cdots\cdots⑤$$

$$\max\{p-1,\ -2\}\leqq a\leqq \min\{p+1,\ 2\},\ \ a\neq 0 \qquad \cdots\cdots⑥$$

となり，⑤の左辺をaの関数とみて$h(a)=f(a-p)-2f\left(\dfrac{a}{2}\right)+q$とおくと，３次方程式$h(a)=0$が区間⑥に３個の解をもつ。$a=0$が解ではないことから

$$h(0)=f(-p)+q\neq 0 \qquad \therefore\quad q\neq f(p)=p^3-p$$

であり，このもとで$h(a)=0$が

区間⑥$'$：$\max\{p-1,\ -2\}\leqq a\leqq \min\{p+1,\ 2\}$に異なる３解をもつ条件を求めればよい。

$$h'(a)=f'(a-p)-f'\left(\frac{a}{2}\right)=3(a-p)^2-1-3\left(\frac{a}{2}\right)^2+1$$

$$=3\left(\frac{3a}{2}-p\right)\left(\frac{a}{2}-p\right)=\frac{9}{4}\left(a-\frac{2p}{3}\right)(a-2p)$$

$h(a)$ は区間⑥′に異符号の極値をもつことから，まず $p\neq0$ で，このとき $h(a)$ は $a=\frac{2p}{3}$，$2p$ で極値をとる。これらが区間⑥′の内部にあることから，右図（網かけ部分が不等式⑥′の表す領域）により $-1<p<1$ で，⑥′は $p-1\leqq a\leqq p+1$ である。したがって，求める条件は $\left(3\text{次式}\ h(a)\ \text{の}\ a^3\ \text{の係数は}\ \frac{3}{4}>0\right)$

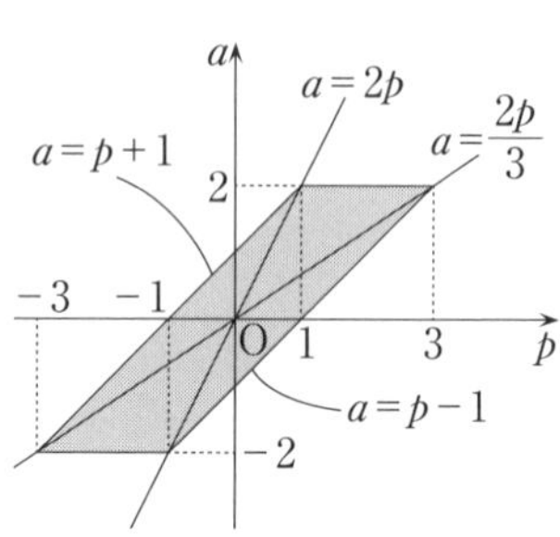

(i) $0<p<1$ のとき，$p-1<\frac{2p}{3}<2p<p+1$ だから

$$h(p-1)\leqq0<h\left(\frac{2p}{3}\right),\quad h(2p)<0\leqq h(p+1)$$

(ii) $-1<p<0$ のとき，$p-1<2p<\frac{2p}{3}<p+1$ だから

$$h(p-1)\leqq0<h(2p),\quad h\left(\frac{2p}{3}\right)<0\leqq h(p+1)$$

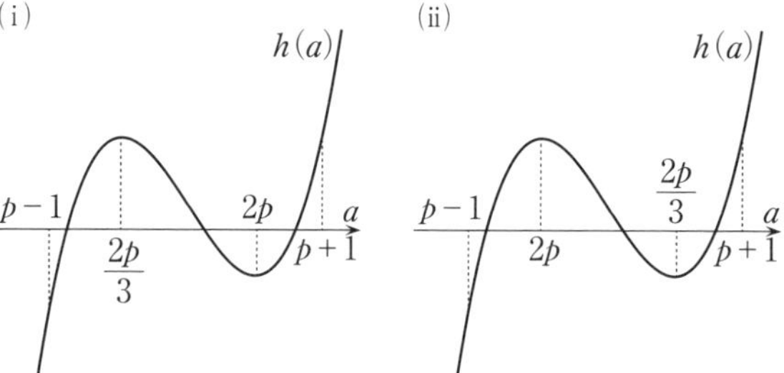

［ここまで〔アプローチ〕**ii**］

ここで，$f(x)=(x-1)x(x+1)$ だから

$$h(p-1)=f(-1)-2f\left(\frac{p-1}{2}\right)+q=q-\frac{1}{4}(p-3)(p-1)(p+1)$$

$$h(p+1)=f(1)-2f\left(\frac{p+1}{2}\right)+q=q-\frac{1}{4}(p-1)(p+1)(p+3)$$

$$h\left(\frac{2p}{3}\right)=f\left(-\frac{p}{3}\right)-2f\left(\frac{p}{3}\right)+q=q-3f\left(\frac{p}{3}\right)=q-\frac{p^3}{9}+p$$

$$h(2p)=f(p)-2f(p)+q=q-f(p)=q-p^3+p$$

これら＝0が表す曲線の関係を調べる。

$$\frac{1}{4}(p-1)(p+1)(p+3)-\left(\frac{p^3}{9}-p\right)=\frac{5}{36}(p+3)^2\left(p-\frac{3}{5}\right)$$

$$(p^3-p)-\frac{1}{4}(p-3)(p-1)(p+1)=\frac{3}{4}(p+1)^2(p-1)$$

$$(p^3-p)-\frac{1}{4}(p-1)(p+1)(p+3)=\frac{3}{4}(p-1)^2(p+1)$$

$$\frac{1}{4}(p-3)(p-1)(p+1)-\left(\frac{p^3}{9}-p\right)=\frac{5}{36}(p-3)^2\left(p+\frac{3}{5}\right)$$

以上から，求めるP$(p,\ q)$の範囲は次の図の網かけ部分（境界は実線部分だけを含む）。

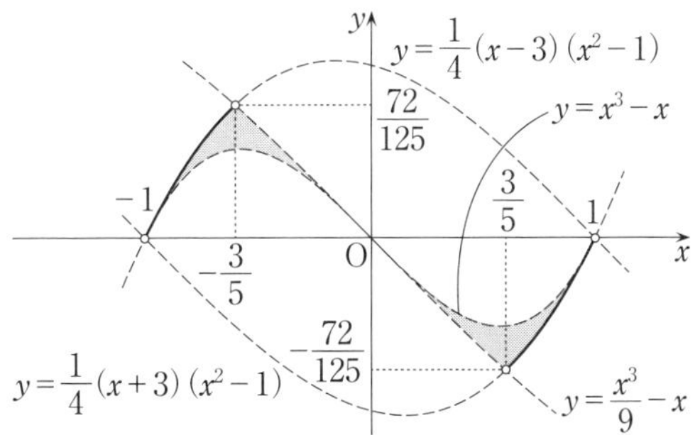

フォローアップ

〔Ⅰ〕 実数$a,\ b,\ c,\ d$について，$a\leqq b,\ c\leqq d$とする。2区間$I：a\leqq x\leqq b$，$J：c\leqq x\leqq d$の共通部分は

$$I\cap J：\max\{a,\ c\}\leqq x\leqq\min\{b,\ d\}$$

である。これが$\emptyset$にならないのは

$$\max\{a,\ c\}\leqq\min\{b,\ d\}\qquad\therefore\quad a\leqq b,\ a\leqq d,\ c\leqq b,\ c\leqq d$$

すなわち$a\leqq d$，$c\leqq b$のときである。

〔Ⅱ〕 本問の前半は2次方程式の解の配置になり，後半は3次方程式がある範囲に3解をもつ条件を求めること（3次方程式の解の配置）になる。ここで，3次式$P(x)=ax^3+bx^2+cx+d$ $(a>0)$について

「3次方程式$P(x)=0$が区間$p\leqq x\leqq q$ $(p<q)$に異なる3実数解をもつ」ための条件は

「2次方程式$P'(x)=0$が$p<x<q$に異なる2実数解をもち，それらを

α, β ($\alpha<\beta$) とおくと

$$P(p)\leqq 0<P(\alpha),\ P(\beta)<0\leqq P(q)$$

が成り立つ」

である。これは $y=P(x)$ のグラフを描けばわかるが，ちょうど2次方程式の場合に，区間の端点での関数値の符号，軸；極値の位置，頂点の y 座標；極値の符号，を調べていることに対応している。

〔Ⅲ〕 〔アプローチ〕**i** でいったことを，もうすこし一般的に表して，本問の論理構造をみてみよう。3つの変量 X, Y, Z があり，それらを含む条件 $P(X,\ Y,\ Z)$ がある。このとき

「$P(X,\ Y,\ Z)$ をみたす Z がただ1つであるような Y がちょうど3個存在する」

をみたす X 全体の集合を求めよ，といっているのである。これでは何のことかわかるはずもない。しかし，1文字ずつ処理していくことにすると

1. X, Y を任意に固定して,「$P(X,\ Y,\ Z)$ をみたす Z がただ1つ存在する」ための条件 $Q(X,\ Y)$ を求める
2. X を任意に固定して,「$Q(X,\ Y)$ をみたす Y がちょうど3個存在する」ための条件 $R(X)$ を求める

以上を順に行えば，求める集合は $\{X|R(X)\}$ である。本問では，X が点 $\mathrm{P}(p,\ q)$，Y が C の平行移動量 $(a,\ b)$，Z が C と C' の共有点 $(x,\ y)$ である。

〔Ⅳ〕 ふつうの入試数学の問題の2題分以上の作業が必要で，かなり大変である。現実的には，前半1．をまず解いて，あとは計算でできる他の問題を解答し，それでも時間が余れば後半2．をやるのがよさそうである。題意を正しくいいかえて，方針が明確に表現できていれば，途中で時間がなくなったとしても部分点はもらえるだろう。いずれにせよ，もっとも重要なのが，上でいったような，問題の大枠をとらえる考え方である。そうすることで，問題が2つに切り分けられる。

通常は問題を読めば，まず問題に近づき「虚数」とか「整数」などの細かいところに着目してしまいがちだが，他方，細部からできるだけ離れて「問題の構造をみる」という視点もよりいっそう重要である。細部には目をつぶらないと構造はみえない。対象の内部に入りこむのではなく，できるだけ遠く，高く（低く？）から全体をみる。本問のような問題演習を通して学ぶべきことは，このような見方，考える姿勢である。

第3章　軌跡・領域

3.1　軌跡 I

長さ l の線分が，その両端を放物線 $y=x^2$ の上にのせて動く。この線分の中点Mが x 軸にもっとも近い場合のMの座標を求めよ。ただし $l \geqq 1$ とする。

〔1974 年度理系第２問〕

アプローチ

条件をみたす線分が動くとき，その中点の軌跡を求める問題といえる。よく知っているだろうが，その考え方を整理しておく。

一般に，軌跡・領域の問題は，「はじめに動くものがあり，それに応じて動く点（ある図形）がきまるとき，対応して動く点（図形）が通過する範囲（集合）を求める」という形式をしていることが多い。まず，はじめに動くものを文字（パラメータとよぶ）で表し，つぎに着目する点（図形上の任意の点）を $(X,\ Y)$ とおいて，パラメータとの関係式を表す。最後にパラメータを「消去」して $X,\ Y$ の関係式を求める。また，$X,\ Y$ をパラメータの式で表し，消去せず直接に軌跡を考えることもある。ここで「消去」とはパラメータのもつ条件をすべて $X,\ Y$ にいいかえることで，正確には「存在条件を求めること」である。そのためには，消去する文字（パラメータ）を残す文字 $(X,\ Y)$ で表せればよい（いつもできるわけではないが）。これを図式にまとめるとつぎのようになる。

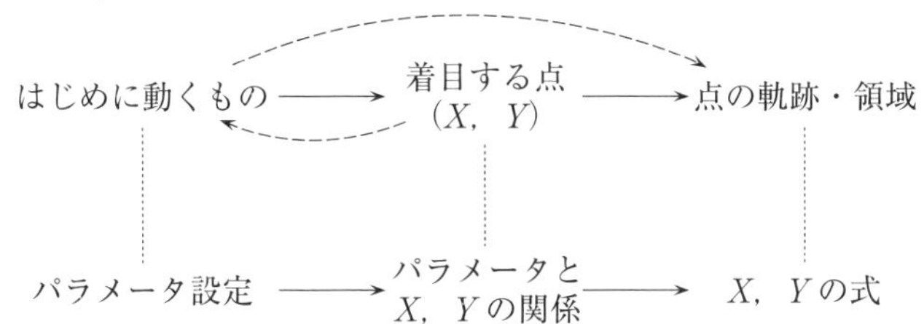

なお，文字 $X,\ Y$ は数学的には意味はなく，$x,\ y$ でもよいが，図形の方程式で使う座標を表す文字 $x,\ y$ と混同しないように変えているだけである。

本問でも動く線分の両端を文字（パラメータ）でおくところから始める。

解答

線分の両端を $\mathrm{P}(p,\ p^2)$，$\mathrm{Q}(q,\ q^2)$ とおくと，$\mathrm{PQ}=l$ だから

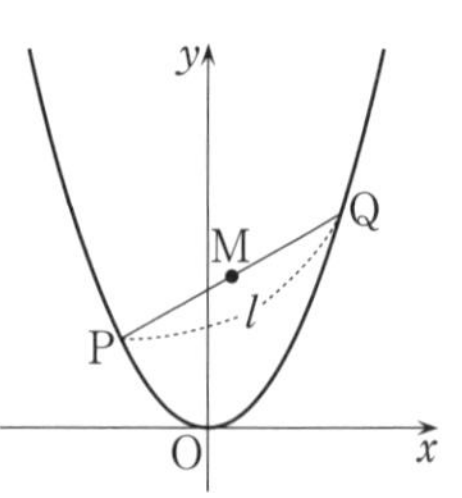

$$(p-q)^2+(p^2-q^2)^2=l^2$$
$$\therefore\quad (p-q)^2\{1+(p+q)^2\}=l^2 \qquad \cdots\cdots①$$

M$(X,\ Y)$ とおくと

$$X=\frac{p+q}{2},\quad Y=\frac{p^2+q^2}{2}$$
$$\therefore\quad p+q=2X,\quad p^2+q^2=2Y$$
$$(p-q)^2=2(p^2+q^2)-(p+q)^2=4Y-(2X)^2$$
$$=4(Y-X^2)$$

これらと①から

$$4(Y-X^2)(1+4X^2)=l^2 \qquad \therefore\quad Y=X^2+\frac{l^2}{4(4X^2+1)}$$

このとき $(p-q)^2=4(Y-X^2)=\dfrac{l^2}{4X^2+1}\geqq 0$ は成り立つ（〔Ⅰ〕）。

$$\frac{dY}{dX}=2X+\frac{l^2}{4}\cdot(-1)\frac{8X}{(4X^2+1)^2}=\frac{2X}{(4X^2+1)^2}\{(4X^2+1)^2-l^2\}$$
$$=\frac{2X}{(4X^2+1)^2}(4X^2+1+l)(4X^2+1-l)$$

$\dfrac{dY}{dX}=0$ のとき，$X=0,\ \pm\dfrac{\sqrt{l-1}}{2}$ $(l\geqq 1)$ だから，Y の最小値は

(i)　$l>1$ のとき

X	$\cdots$	$-\dfrac{\sqrt{l-1}}{2}$	$\cdots$	0	$\cdots$	$\dfrac{\sqrt{l-1}}{2}$	$\cdots$
$\dfrac{dY}{dX}$	$-$	0	$+$	0	$-$	0	$+$
Y	↘		↗		↘		↗

$$Y\Big|_{X=\pm\frac{\sqrt{l-1}}{2}}=\frac{l-1}{4}+\frac{l^2}{4l}=\frac{l}{2}-\frac{1}{4}$$

(ii)　$l=1$ のとき

X	$\cdots$	0	$\cdots$
$\dfrac{dY}{dX}$	$-$	0	$+$
Y	↘		↗

$$Y\Big|_{X=0}=\frac{l^2}{4}=\frac{1}{4}$$

以上(i)，(ii)いずれの場合も，Y が最小になるときMの座標は

$$\left(\pm\frac{\sqrt{l-1}}{2},\ \frac{l}{2}-\frac{1}{4}\right) \qquad \cdots\cdots(\text{答})$$

である。

フォローアップ

〔Ⅰ〕 上で $(p-q)^2 \geqq 0$ を確認しているのは，これ（を X，Y で表したもの）が p，q の実数条件であるからである。実際，いま $p+q=2X$ は実数であり，これと $(p-q)^2=4(Y-X^2)$ から，p，$q=\frac{p+q}{2}\pm\frac{p-q}{2}$ が実数である条件は $4(Y-X^2)\geqq 0$ となる。

この条件は，p，q を2解にもつ2次方程式 $t^2-2Xt+2X^2-Y=0$ の実数解条件から

$$(\text{判別式})=4(Y-X^2)\geqq 0 \qquad \therefore \quad Y\geqq X^2$$

としてとらえることが多く，それでかまわないが，自分が何をやっているのかわかったうえでやってほしい。

〔Ⅱ〕 Mの軌跡の方程式が $Y=X^2+\frac{l^2}{4(4X^2+1)}$ であり，分数関数なので Y の最小を微分で求めたが，すこし工夫すると相加平均と相乗平均の関係もつかえなくはない（薦めているわけでは決してない）。

$$Y=\frac{1}{4}\left(4X^2+1+\frac{l^2}{4X^2+1}-1\right)$$

$$\geqq\frac{1}{4}\left(2\sqrt{(4X^2+1)\cdot\frac{l^2}{4X^2+1}}-1\right)=\frac{l}{2}-\frac{1}{4}$$

等号成立は $4X^2+1=l$ のときであるが，$l\geqq 1$ により $X=\pm\frac{\sqrt{l-1}}{2}$ のとき成り立つ。

参考までに，$l=2$，3のときの点Mの軌跡は右図のようになる。

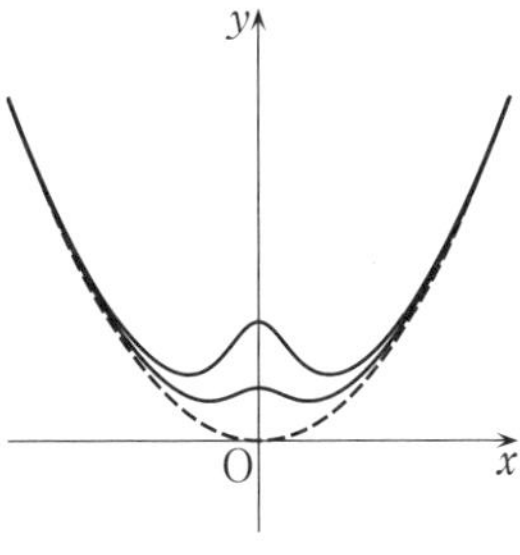

また，文字 x を含む式 y について，y に $x=a$ を代入したものを $y|_{x=a}$ と表す。$y=f(x)$ のときの $f(a)$ のことである。

3.2 点の存在領域

時刻 $t=0$ に原点を出発し，xy 平面上で次の条件(i)，(ii)に従って運動する動点Pがある。

(i) $t=0$ におけるPの速度を表わすベクトルの成分は $(1,\ \sqrt{3})$ である。

(ii) $0<t<1$ において，Pは何回か（1回以上有限回）直角に左折するが，そのときを除けばPは一定の速さ2で直進する。（ただし，左折するのに要する時間は0とする）

このとき，時刻 $t=1$ においてPが到達する点をQとして，Qの存在しうる範囲を図示せよ。

〔1976年度理系第2問〕

アプローチ

条件をみたす点の存在範囲を決定して，図示する問題である。「図形的な意味」から考えるか，「座標で成分を式で表現」するかであるが，よほどはっきり目にみえる状況でないと，図形的には存在範囲を厳密に扱うのは難しい。軌跡などと同じで，必要性（十分性）がいえても，十分（必要）かといわれると説得力に欠ける解答になってしまう。速度は4種類だけだから，その速度で進む時間をつかって，Qの位置（座標）を表す方針をとる。
前問**3.1**と同様にいえば，はじめに動くもの（時間＝time interval）が4個ある。それらを文字（パラメータ）でおいて，Qの座標の動く範囲を求めたい。パラメータを消去したいが，4個もあるので，まず文字を減らすことを考える。

解答

$\vec{a}=(1,\ \sqrt{3})$，$\vec{b}=(-\sqrt{3},\ 1)$ とおく。Pの速度ベクトルは

$$\vec{a},\ \vec{b},\ -\vec{a},\ -\vec{b}$$

のいずれかであり，それぞれの速度で進む時間（の和）を t_1，t_2，t_3，t_4 とおくと

$$t_1+t_2+t_3+t_4=1 \quad \cdots\cdots①$$

$$t_1>0,\ t_2>0,\ t_3\geqq 0,\ t_4\geqq 0 \quad \cdots\cdots②$$

このとき

$$\overrightarrow{\mathrm{OQ}}=t_1\vec{a}+t_2\vec{b}+t_3(-\vec{a})+t_4(-\vec{b})=(t_1-t_3)\vec{a}+(t_2-t_4)\vec{b}$$

である。$X=t_1-t_3$，$Y=t_2-t_4$ とおくと，$\overrightarrow{\mathrm{OQ}}=X\vec{a}+Y\vec{b}$ で，①，②のとき点 $(X,\ Y)$ のとりうる範囲を求める。

$t_3=t_1-X,\ \ t_4=t_2-Y$

を①，②に代入して

$2t_1+2t_2=X+Y+1$　　……③

$0<t_1,\ \ 0<t_2,\ \ X\leqq t_1,\ \ Y\leqq t_2$　　……④

t_1t_2 平面で，直線③が領域④と共有点をもつような $(X,\ Y)$ の集合が求めるものである。④は右下の各図の網かけ部分で，境界となる座標軸上の点は除く。

(i)　$X>0,\ \ Y>0$ のとき，④：$t_1\geqq X,\ \ t_2\geqq Y$ だから，

[$(X,\ Y)$ が③の下側（境界を含む）]

$2X+2Y\leqq X+Y+1$

$\therefore\ \ X+Y\leqq 1$

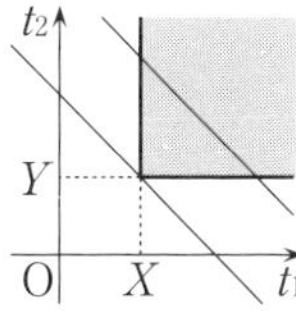

(ii)　$X\leqq 0,\ \ Y>0$ のとき，④：$t_1>0,\ \ t_2\geqq Y$ だから，

[$(0,\ Y)$ が③の下側]

$2Y<X+Y+1$

$\therefore\ \ Y<X+1$

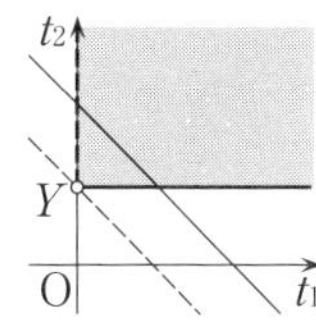

(iii)　$X\leqq 0,\ \ Y\leqq 0$ のとき，④：$t_1>0,\ \ t_2>0$ だから，

[$(0,\ 0)$ が③の下側]

$0<X+Y+1$

$\therefore\ \ Y>-X-1$

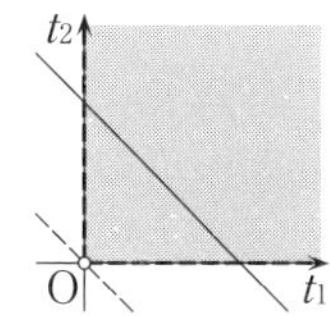

(iv)　$X>0,\ \ Y\leqq 0$ のとき，④：$t_1\geqq X,\ \ t_2>0$ だから，

[$(X,\ 0)$ が③の下側]

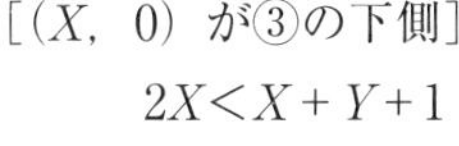

$2X<X+Y+1$

$\therefore\ \ Y>X-1$

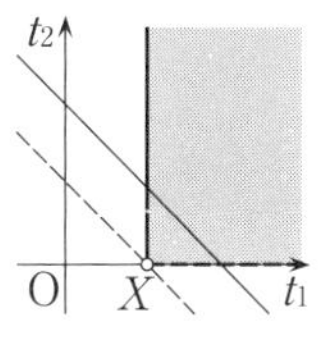

以上(i)〜(iv)から，点 $(X,\ Y)$ の範囲は次の左図のようになり，$\overrightarrow{\mathrm{OQ}}=X\vec{a}+Y\vec{b}$ から，この範囲を原点を中心に $\dfrac{\pi}{3}$ だけ回転し，2倍に拡大して，求めるQの範囲は次の右図の網かけ部分（境界は実線部分だけを含む）。

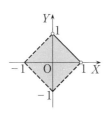

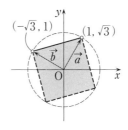

フォローアップ

〔Ⅰ〕 何回左折するかわからないので，t_1～t_4 は，それぞれベクトルで進む時間（時刻の区間の長さ）の和である。また，「1回以上有限回」左折することから，$\vec{a}$ と $\vec{b}$ で進む時間は存在するので $t_1>0$，$t_2>0$ だが，t_3 と t_4 はない可能性もあるので0以上である。

③，④は t_1，t_2，X，Y を含む条件で，ここから X，Y の範囲を求めるために，t_1，t_2 の存在条件を求めている。

「ある文字のとりうる値の範囲」=「他の文字の存在条件」

の適用である（**6.6〔Ⅱ〕**）。

〔Ⅱ〕 $\alpha=1+\sqrt{3}i$，$\beta=-\sqrt{3}+i$ とおくと，点Qを表す複素数は

$$X\alpha+Y\beta=(X-\sqrt{3}Y)+(\sqrt{3}X+Y)i$$

$$=(1+\sqrt{3}i)(X+Yi)=2\left(\cos\frac{\pi}{3}+i\sin\frac{\pi}{3}\right)(X+Yi)$$

だから，Qは点（X，Y）を「原点を中心に $\frac{\pi}{3}$ だけ回転し，2倍に拡大」したものである。（X，Y）の範囲をこのように回転拡大することでQの範囲がわかる。

〔Ⅲ〕 直観的にわかることはもちろん大切だが，人間の直観などそう信じられるものではない。図に依存して解答する問題もあるが，それが論理的に表現できる（実際に数式でかくと面倒になることも多いので，つねにかかなければならないわけではないが）という背景をもって，はじめて数学の論証になりうる。本問はかなりすっきり数式化できるので，はじめからそのように表現するのがよいだろう。

同じ年度に出題されていても，問題によって要求されている論理のレベルが違うことがよくある。計算，論理，直観など，数学にもいろんな側面がある。直観的な図形の把握からある量を計算することが要求されている問題に，厳密な論証は時間的にいっても無理である。過去問などの演習から経験を積んで「出題者の意図」を読みとってほしい。

3.3　軌跡Ⅱ

放物線 $y=x^2$ を C で表す。C 上の点Qを通り，Qにおける C の接線に垂直な直線を，Qにおける C の法線という。$0 \leqq t \leqq 1$ とし，つぎの3条件をみたす点Pを考える。

(イ)　C 上の点 $\mathrm{Q}(t,\ t^2)$ における C の法線の上にある。

(ロ)　領域 $y \geqq x^2$ に含まれる。

(ハ)　PとQの距離は $(t-t^2)\sqrt{1+4t^2}$ である。

t が0から1まで変化するとき，Pのえがく曲線を C' とする。このとき，C と C' とで囲まれた部分の面積を求めよ。

〔1981年度理系第3問〕

アプローチ

Pの軌跡 C' を求める問題である。パラメータ t が与えられているので，t でPの座標を表せばよい。PQの大きさと有向線分PQの向きがわかっているのでベクトルを利用する。

(ベクトル)＝(大きさ)(単位ベクトル)

だから，たとえば $\vec{a}$ と同じ向きで大きさが r のベクトルは $r\left(\dfrac{\vec{a}}{|\vec{a}|}\right)$ である。また，傾き m の直線の方向ベクトルとして $(1,\ m)$ がとれるが，これを $\dfrac{\pi}{2}$ だけ回転したものは $(-m,\ 1)$ である（**5.2〔Ⅰ〕**）。

解答

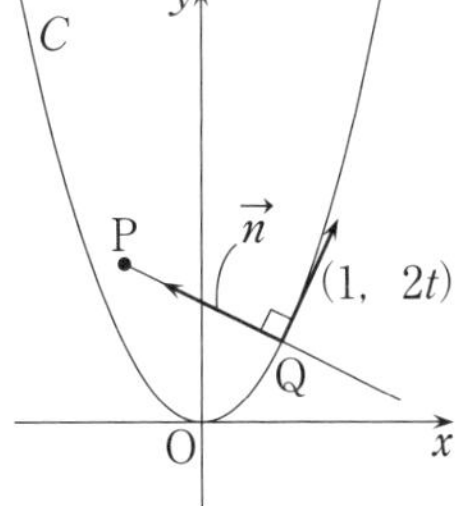

$\mathrm{Q}(t,\ t^2)$ における C の上向きの法線ベクトルとして $\vec{n}=(-2t,\ 1)$ がとれる。$\overrightarrow{\mathrm{QP}}$ は，(ロ)から $\vec{n}$ と同じ向きで，(ハ)から大きさが $(t-t^2)\sqrt{1+4t^2}$ だから

$$\overrightarrow{\mathrm{QP}}=(t-t^2)\sqrt{1+4t^2}\,\frac{\vec{n}}{|\vec{n}|}=(t-t^2)\begin{pmatrix}-2t\\1\end{pmatrix}$$

$$\therefore\quad \overrightarrow{\mathrm{OP}}=\overrightarrow{\mathrm{OQ}}+\overrightarrow{\mathrm{QP}}$$

$\mathrm{P}(x,\ y)$ とおくと

$$\begin{pmatrix} x \\ y \end{pmatrix} = \begin{pmatrix} t \\ t^2 \end{pmatrix} + (t-t^2)\begin{pmatrix} -2t \\ 1 \end{pmatrix} = \begin{pmatrix} t-2t^2+2t^3 \\ t \end{pmatrix} \quad (0 \leqq t \leqq 1)$$

したがって，C' は

$$x=2y^3-2y^2+y,\ 0 \leqq y \leqq 1$$

と表される。ここで

$$\frac{dx}{dy}=6y^2-4y+1=6\left(y-\frac{1}{3}\right)^2+\frac{1}{3}>0$$

だから，C' は右図のようになり，求める面積は

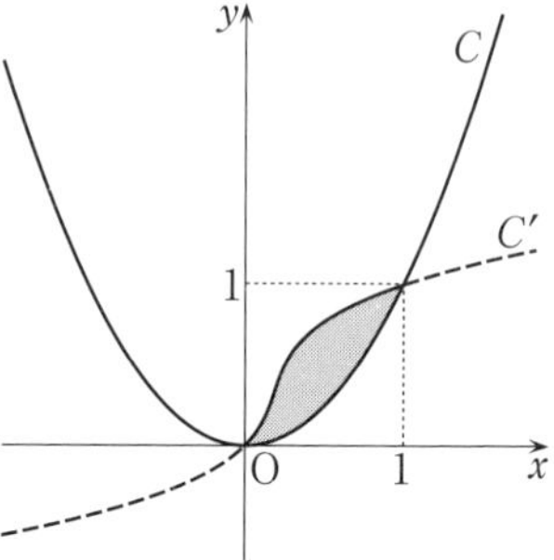

$$1-\left\{\int_0^1 x^2dx+\int_0^1 (2y^3-2y^2+y)\,dy\right\}$$

$$=1-\left(\frac{1}{3}+\frac{2}{4}-\frac{2}{3}+\frac{1}{2}\right)=\mathbf{\frac{1}{3}} \qquad \cdots\cdots(\text{答})$$

フォローアップ

C' のつくり方から，C と C' の上下関係は図形的にあきらかにみえるが，きちんと確認してみよう。

C' 上の点 P$(x,\ y)$ は $x=t-2t^2+2t^3$，$y=t$ $(0 \leqq t \leqq 1)$ と表せるので

$$y-x^2=t-t^2(2t^2-2t+1)^2=t\{1-t(2t^2-2t+1)^2\}$$

ここで，$0 \leqq t \leqq 1$ において

$$2t^2-2t+1=2\left(t-\frac{1}{2}\right)^2+\frac{1}{2} \leqq 1$$

$$\therefore \quad t(2t^2-2t+1)^2 \leqq t \leqq 1$$

だから

$$y-x^2 \geqq 0 \quad (\text{等号は } t=0,\ 1 \text{ のとき})$$

である。ゆえに，P は領域 $y \geqq x^2$ にあり，C' は C の上方にあり，**解答** の図が得られる。また，これから Q を始点とした $\overrightarrow{\mathrm{QP}}$ が C の $x<0$ の部分をつきぬけていないこともわかる。

3.4　軌跡Ⅲ

定数pに対して，3次方程式

$$x^3-3x-p=0$$

の実数解の中で最大のものと最小のものとの積を$f(p)$とする。ただし，実数解がただひとつのときには，その2乗を$f(p)$とする。

(1)　pがすべての実数を動くとき，$f(p)$の最小値を求めよ。

(2)　pの関数$f(p)$のグラフの概形をえがけ。

〔1991年度理系第3問〕

アプローチ

与えられた3次方程式は文字定数pを含んでいるので，その解はpの関数といえる。3次方程式は「解ける」=「解が係数の関数として具体的に表現できる」わけではないので，それらをpの式で具体的に表すことはできないが，その変化の様子は

文字定数の分離

により，3次関数のグラフの考察からわかる。ここで，実数解の個数で場合が分かれる。

$f(p)$はpの式としては求められないが，解の式としては表現できる。解と係数の関係に着目し，1解を主役の変数にとり，これをパラメータとして点$(p,\ f(p))$の軌跡を考える。

解答

$$x^3-3x-p=0 \quad \cdots\cdots①$$

(1)　①の実数解は，$y=x^3-3x$と$y=p$のグラフの共有点のx座標である。

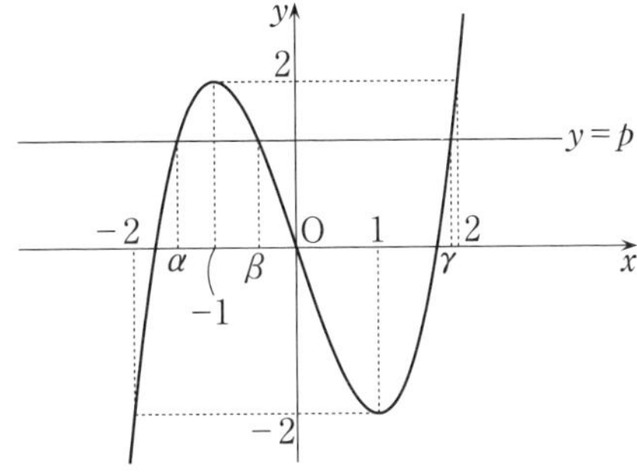

(i) $-2 \leqq p \leqq 2$ のとき，①の3解を α, β, γ $(\alpha \leqq \beta \leqq \gamma)$ とおくと

$$f(p) = \alpha\gamma$$

であり，解と係数の関係から

$$\begin{cases} \alpha + \beta + \gamma = 0 \\ \alpha\beta + \beta\gamma + \gamma\alpha = -3 \end{cases}$$

$$\therefore \quad f(p) = \alpha\gamma = -3 - (\alpha + \gamma)\beta = -3 + \beta^2$$

グラフから β のとる値の範囲は $-1 \leqq \beta \leqq 1$ だから，$f(p)$ の範囲は

$$-3 \leqq f(p) \leqq -2$$

(ii) $|p| > 2$ のとき，①はただ1つの実数解をもち，それを δ とおくと

$$f(p) = \delta^2$$

グラフから，δ の範囲は $-\infty < \delta < -2$, $2 < \delta < \infty$ だから，$f(p) = \delta^2$ の範囲は

$$4 = 2^2 < f(p) < \infty$$

(i), (ii)から，$f(p)$ の最小値は**−3** である。 ……**(答)**

(2) (i) $-2 \leqq p \leqq 2$ のとき，$-1 \leqq \beta \leqq 1$ で $f(p) = \beta^2 - 3$。また β は①の解だから $p = \beta^3 - 3\beta$。したがって，$(x, y) = (p, f(p))$ とおくと

$$x = \beta^3 - 3\beta, \quad y = \beta^2 - 3 \quad (-1 \leqq \beta \leqq 1)$$

$$\frac{dx}{d\beta} = 3(\beta^2 - 1) \leqq 0$$

$$\frac{dy}{d\beta} = 2\beta$$

β	-1	$\cdots$	0	$\cdots$	1
x	2	↘	0	↘	-2
y	-2	↘	-3	↗	-2

(ii) $|p| > 2$ のとき，$(x, y) = (p, f(p))$ とおくと

$$x = p = \delta^3 - 3\delta, \quad y = f(p) = \delta^2 \quad (|\delta| > 2)$$

$$\frac{dx}{d\delta} = 3(\delta^2 - 1) > 0$$

$$\frac{dy}{d\delta} = 2\delta$$

δ	$\cdots$	(-2)	$\cdots$	(2)	$\cdots$
x	↗	(-2)		(2)	↗
y	↘	(4)		(4)	↗

以上から求めるグラフは次図のようになる。

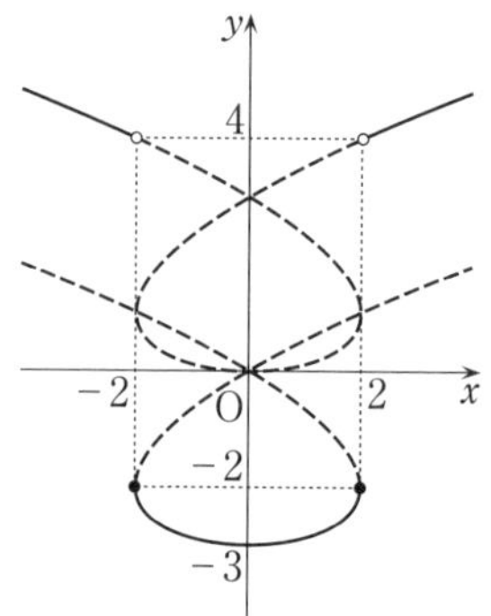

フォローアップ

〔Ⅰ〕　関数 f のグラフとは点 $(p,\ f(p))$ の軌跡，すなわち集合

$$C=\{(p,\ f(p))\mid p\in(f\text{の定義域})\}$$

のことである。関数 $y=f(x)$ のグラフともいうが，本来は f が関数で，関数には定義域が含まれている。x も y も不要である。曲線 $y=f(x)$ といっても同じことだが，これは集合

$$\{(x,\ y)\mid y=f(x)\}=\{(x,\ f(x))\mid x\in(f\text{の定義域})\}$$

のことである。

〔Ⅱ〕　軌跡 C のパラメータとして何をとるかが要点である。p も $f(p)$ も与えられた方程式の1つの解で簡単に表現できることに着目する。

(i)のときは，中央の解 β がパラメータにとれて

$$C_1=\{(\beta^3-3\beta,\ \beta^2-3)\mid -1\leqq\beta\leqq 1\}$$

(ii)のときは

$$C_2=\{(\delta^3-3\delta,\ \delta^2)\mid |\delta|>2\}$$

$\beta \to p$，$\beta \to f(p)$，$p \dashrightarrow f(p)$

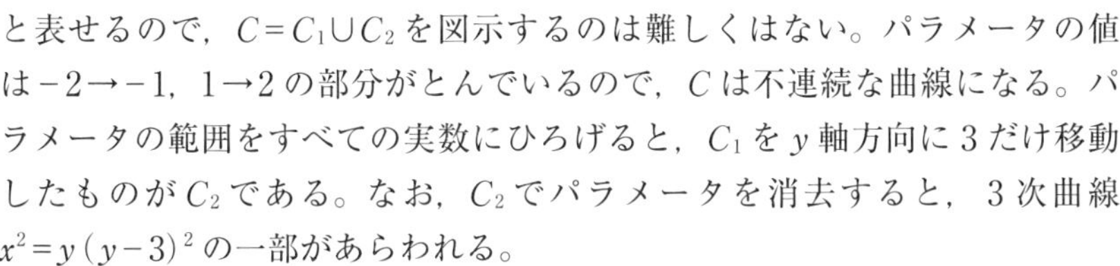

と表せるので，$C=C_1\cup C_2$ を図示するのは難しくはない。パラメータの値は $-2\to-1$，$1\to 2$ の部分がとんでいるので，C は不連続な曲線になる。パラメータの範囲をすべての実数にひろげると，C_1 を y 軸方向に3だけ移動したものが C_2 である。なお，C_2 でパラメータを消去すると，3次曲線 $x^2=y(y-3)^2$ の一部があらわれる。

〔Ⅲ〕　$g(x)=x^3-3x$ とおくと，①：$g(x)=p$ である。区間 $-1\leqq x\leqq 1$ で $g(x)$ は減少だから，逆関数があり，それを h とおくと

$$g(x)=p \Longleftrightarrow x=h(p)\quad (x\in[-1,\ 1],\ p\in[-2,\ 2])$$

であり，$\beta=h(p)$ である。すなわち，解 β とは関数 g の逆関数のことである（ただし，範囲を限定している）。方程式の解（の公式）を求めることは，このようにある意味で逆関数を式で表現することである。存在は単調性からわかるが，式で具体的に表せるかというのはそれとは別の問題である。

3.5 軌跡Ⅳ

点 $(x,\ y)$ を点 $(x+a,\ y+b)$ にうつす平行移動によって曲線 $y=x^2$ を移動して得られる曲線を C とする。C と曲線 $y=\dfrac{1}{x}$，$x>0$ が接するような a，b を座標とする点 $(a,\ b)$ の存在する範囲の概形を図示せよ。

また，この二曲線が接する点以外に共有点を持たないような a，b の値を求めよ。ただし，二曲線がある点で接するとは，その点で共通の接線を持つことである。

〔1987 年度理系第 2 問〕

アプローチ

2 曲線の接点の x 座標をおくと，接点の条件式が 2 つでるので，a，b のパラメータ表示がわかる。これから点 $(a,\ b)$ の存在範囲；軌跡が求められる。「図示せよ」だから，ある程度正確に図を描きたいので，軌跡の接線の傾きにも気をつける。

解答

$$C:y=(x-a)^2+b,\ \ D:y=\frac{1}{x}\quad (x>0)$$

とする。C，D の接点の x 座標を $t\,(>0)$ とおくと

$$\begin{cases}(t-a)^2+b=\dfrac{1}{t}\\[2mm] 2(t-a)=-\dfrac{1}{t^2}\end{cases}\qquad \therefore\quad \begin{cases}a=t+\dfrac{1}{2t^2}\\[2mm] b=\dfrac{1}{t}-\dfrac{1}{4t^4}\end{cases}\qquad\cdots\cdots①$$

点 $(a,\ b)$ の存在する範囲は，t が $t>0$ を動くとき①が描く曲線である。

$$\frac{da}{dt}=1-\frac{1}{t^3}=\frac{t^3-1}{t^3}$$

$$\frac{db}{dt}=-\frac{1}{t^2}+\frac{1}{t^5}=-\frac{t^3-1}{t^5}$$

$$\left(\frac{da}{dt},\ \frac{db}{dt}\right)=\frac{t^3-1}{t^5}(t^2,\ -1)$$

$$=\vec{v}\ (\text{とおく})$$

t	(0)	$\cdots$	1	$\cdots$	(∞)
a	(∞)	↘	$\dfrac{3}{2}$	↗	(∞)
b	$(-\infty)$	↗	$\dfrac{3}{4}$	↘	(0)

$t\neq1$ のとき

$$\frac{\vec{v}}{|\vec{v}|}=(t-1\text{ の符号})\left(\frac{t^2}{\sqrt{t^4+1}},\ \frac{-1}{\sqrt{t^4+1}}\right)$$

$$\xrightarrow[t\to 1]{}\begin{cases}\dfrac{1}{\sqrt{2}}(1,\ -1) & (t\to 1+0)\\[2ex] \dfrac{1}{\sqrt{2}}(-1,\ 1) & (t\to 1-0)\end{cases}$$

以上から，求める範囲の概形は右図。

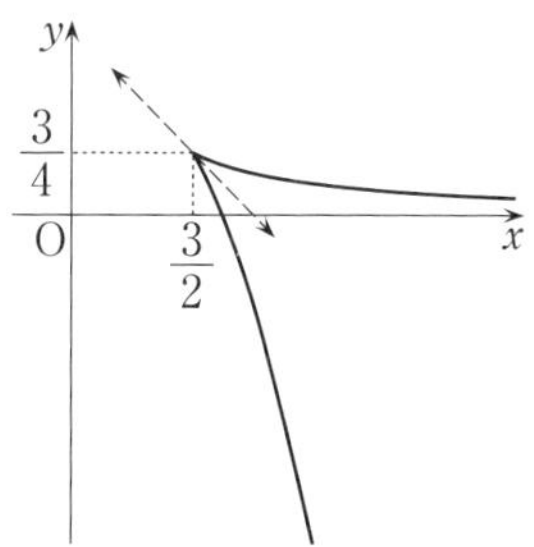

①のとき，C，D の共有点の x 座標は

$$(x-a)^2+b=\frac{1}{x}$$

$$\therefore\quad \left(x-t-\frac{1}{2t^2}\right)^2+\frac{1}{t}-\frac{1}{4t^4}=\frac{1}{x}$$

$$\therefore\quad x^3-\left(2t+\frac{1}{t^2}\right)x^2+\left(t^2+\frac{2}{t}\right)x-1=0$$

$$\therefore\quad (x-t)^2\left(x-\frac{1}{t^2}\right)=0 \qquad \therefore\quad x=t,\ \frac{1}{t^2}$$

であり，これらが一致するのは

$$t=\frac{1}{t^2} \qquad \therefore\quad t=1$$

$$\therefore\quad a=\mathbf{\frac{3}{2}},\ b=\mathbf{\frac{3}{4}} \qquad \cdots\cdots(\textbf{答})$$

のときである。

フォローアップ

〔I〕 パラメータ表示曲線の概形を図示することが要求されている問題では，ふつうは不連続な点やとがった点がでてこない。そのような点があらわれても定義域の端になり，このときは考えなくてよい。ところが，前問 **3.4** では不連続点があらわれ，本問では定義されている範囲の真ん中にとがった点があらわれる。

一般に，曲線 $C:x=f(t)$，$y=g(t)$（関数 f，g は必要な回数だけ微分可能とする）について，$\vec{v}=(f'(t),\ g'(t))$ を C の**接ベクトル**という。これは t を時刻と考えたときの動点 $\mathrm{P}(t)=(f(t),\ g(t))$ の速度である。$\vec{v}\neq\vec{0}$ となる点では曲線 C は‘なめらか’であり，この点での接線の方向ベクトルが $\vec{v}$ である。$\vec{v}=\vec{0}$ となる点は**特異点**とよばれ，接線がきまらなかったり，本問のようにとがることもある。

特異点での曲線の様子をみるために，単位接ベクトル（運動の向き）の極限を考える。すなわち $t=t_0$ で $\vec{v}=\vec{0}$ とするとき

$$\lim_{t\to t_0\pm 0}\frac{\vec{v}}{|\vec{v}|}$$

を調べる。これらが収束するとき，$t=t_0$ から出発するとき曲線が出ていく向き（$t\to t_0+0$）と，$t=t_0$ に到着するとき曲線が入りこんでいく向き（$t\to t_0-0$）がわかる。本問では $t=1$ の点 $\left(\frac{3}{2},\ \frac{3}{4}\right)$ が特異点で，曲線はこの点にベクトル（-1，1）向きに入りこみ，180°向きを変え（ひきかえし）てベクトル（1，-1）向きに出ていく。このような特異点は尖点（センテン）（cusp）とよばれている。

〔Ⅱ〕 軌跡の問題では，はじめはパラメータを消去すること，つぎには存在条件を求めることを学習する（**3.1**〔アプローチ〕）。しかし，それは消去してでてくる式が2次曲線や，消去する文字の方程式が2次方程式になる，など簡単になるときだけである。たとえば，本問では①から t を消去するのは困難だろう。試みる人はいないと思うが，相当に面倒な計算をすると

$$4a^4b+8a^2b^2-4a^3+4b^3-36ab+27=0$$

などという5次式になり，これではもちろん図が描けない。また，t の存在条件を求めようとすると，①から

$$\begin{cases} 2t^3-2at^2+1=0 \\ t^3-2at^2+(a^2+b)t-1=0 \end{cases}$$

となり，この2つの3次方程式をともにみたす $t>0$ が存在する条件を求めることになる。これも同じくできそうにない（上の5次式がでてくることになる）。

〔Ⅲ〕 $a=\frac{3}{2}$，$b=\frac{3}{4}$ のとき

$$C：y=x^2-3x+3,\quad D：y=\frac{1}{x}$$

$$(x^2-3x+3)-\frac{1}{x}=\frac{(x-1)^3}{x}$$

となり，C と D は点（1，1）で接するが，この点で右図のように上下がいれかわる。

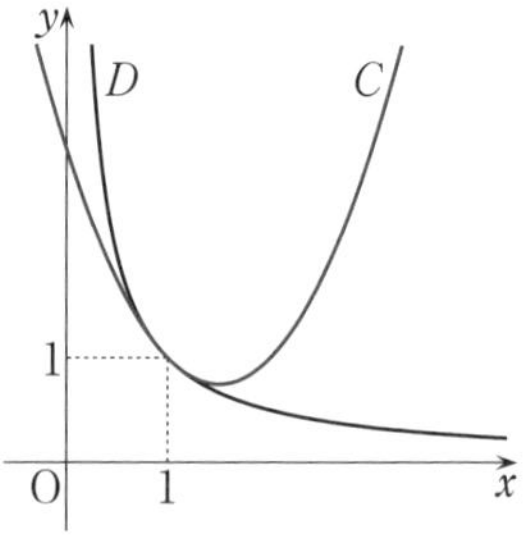

第4章 平面座標／最大・最小

4.1 楕円 I

長軸，短軸の長さがそれぞれ4，2である楕(だ)円に囲まれた領域をAとし，この楕円の短軸の方向に，Aを $\frac{1}{2}(\sqrt{6}-\sqrt{2})$ だけ平行移動してできる領域をBとする。このときAとBの共通部分C＝A∩Bの面積 M を求めよ。ただし $\frac{1}{4}(\sqrt{6}+\sqrt{2})=\cos\frac{\pi}{12}$ である。

注　方程式 $\frac{x^2}{a^2}+\frac{y^2}{b^2}=1$ $(a>0,\ b>0)$ で表される楕円において，$2a$，$2b$ の内大きい方を長軸の長さといい，他方を短軸の長さという。

〔1986年度理系第2問〕

アプローチ

2次曲線の問題だから，まず座標軸を設定する。Aの長軸，短軸が座標軸に重なるようにする。面積を積分で表すと次の式の左辺の形の積分になるが，これは

$$\int_p^q \sqrt{r^2-x^2}\,dx=(\text{半径 } r \text{ の円盤の一部分の面積})\quad(-r\leqq p<q\leqq r)$$

とみなせるので，扇形と三角形に分割して図から求める。$x=r\sin\theta$ などと置換して積分するより，はやいし計算間違いも少ないだろう。

解答

$a=\frac{1}{2}(\sqrt{6}-\sqrt{2})$ とおく。

$$(\text{Aの境界})：\frac{x^2}{2^2}+y^2=1 \quad \cdots\cdots①$$

$$(\text{Bの境界})：\frac{x^2}{2^2}+(y-a)^2=1 \quad \cdots\cdots②$$

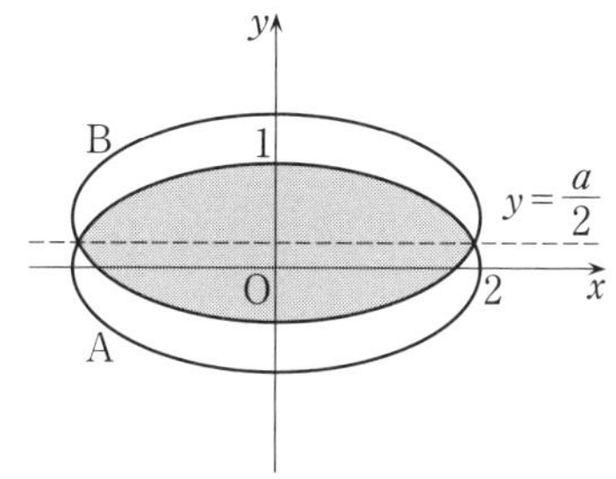

となるように座標軸がとれる。①，②の共有点の y 座標は

$$y^2=(y-a)^2 \qquad \therefore \quad 2ay-a^2=0 \qquad \therefore \quad y=\frac{a}{2}$$

である。C＝A∩B は y 軸と直線 $y=\dfrac{a}{2}$ について対称だから

$$M=4\int_{\frac{a}{2}}^{1} x\,dy \quad (①：x^2=4(1-y^2))$$

$$=4\int_{\frac{a}{2}}^{1} 2\sqrt{1-y^2}\,dy=8\int_{\frac{a}{2}}^{1}\sqrt{1-y^2}\,dy$$

ここで

$$\cos\frac{5}{12}\pi=\cos\left(\frac{\pi}{4}+\frac{\pi}{6}\right)=\frac{1}{4}(\sqrt{6}-\sqrt{2})=\frac{a}{2}$$

だから

$$M=8\times(\text{右図の網かけ部分の面積})$$

$$=8\left(\frac{1}{2}\cdot 1^2\cdot\frac{5}{12}\pi-\frac{1}{2}\sin\frac{5}{12}\pi\cos\frac{5}{12}\pi\right)$$

$$=\frac{5}{3}\pi-4\cdot\frac{1}{2}\sin\frac{5}{6}\pi=\boldsymbol{\frac{5}{3}\pi-1} \qquad \cdots\cdots(\text{答})$$

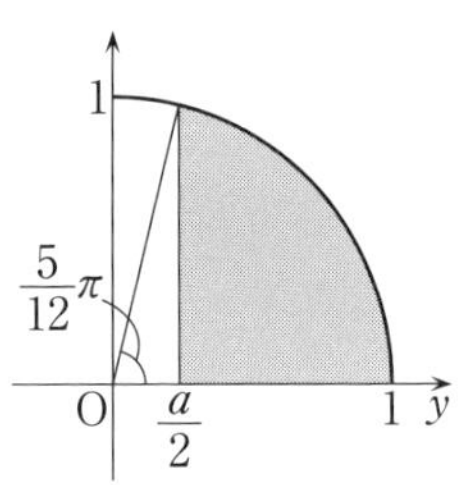

フォローアップ

〔Ⅰ〕 はじめに $a=\dfrac{1}{2}(\sqrt{6}-\sqrt{2})$ と，数値を文字にしている。これは表記を簡単にするためであるが，そもそも具体的な数値の計算は最後にまとめて行うべきものである。それまでは文字式で計算するのが数学（≠算数）である。数値の文字化は高校ではあまり経験しないだろうが，入試ではしばしば行われる（**5.7**）。

〔Ⅱ〕 積分の計算を扇形と三角形に分割したところで，扇形の中心角を求めるために，$\cos\theta=\dfrac{a}{2}$ となる鋭角 θ が必要になるが

$$\frac{a}{2}=\frac{\sqrt{2}}{2}\cdot\frac{\sqrt{3}}{2}-\frac{\sqrt{2}}{2}\cdot\frac{1}{2}$$

と分解すればみえてくる。問題文にある $\cos\dfrac{\pi}{12}$ の値は，このためのヒントである。

〔Ⅲ〕 曲線 $C:F(x,\ y)=0$ を直線 $y=k$ について対称移動すると，$C':F(x,\ 2k-y)=0$ となる。さらに C が x 軸対称：$F(x,\ y)=F(x,\ -y)$

であれば，C'：$F(x,\ y-2k)=0$ となり，C を y 軸方向に $2k$ だけ平行移動したものになる。したがって，本問ではAとBは直線 $y=\dfrac{a}{2}$ について対称で，A∩B も対称である。

〔Ⅳ〕　楕円 $\dfrac{x^2}{2^2}+y^2=1$ は，$y=\pm\dfrac{1}{2}\sqrt{4-x^2}$ と変形できることからわかるように，y 軸方向に2倍に拡大すると，円 $x^2+y^2=4$ になる。このとき，AとBは2円盤 A′ と B′ になり，C′＝A′∩B′ の面積を M' とする。

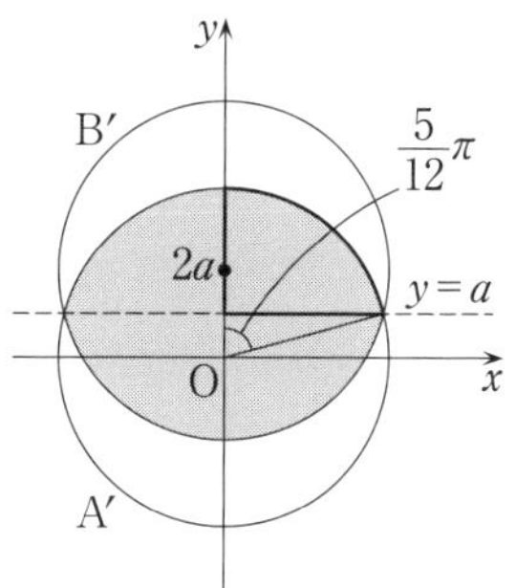

(A′ の境界)：$x^2+y^2=2^2$　……①′

(B′ の境界)：$x^2+(y-2a)^2=2^2$　……②′

$M'=4\cdot$(A′∩($x\geqq 0,\ y\geqq a$) の面積)

ここで，$2\cos\theta=a$ となる鋭角 θ を上と同様にして求めると，$\theta=\dfrac{5}{12}\pi$ だから

$$M'=4\left(\frac{1}{2}\cdot 2^2\cdot\frac{5}{12}\pi-\frac{1}{2}\cdot 2^2\sin\frac{5}{12}\pi\cos\frac{5}{12}\pi\right)$$

$$=\frac{10}{3}\pi-4\sin\frac{5}{6}\pi$$

$$\therefore\quad M=\frac{1}{2}M'=\frac{5}{3}\pi-1$$

このように円だけで考えて積分なしですますことができるが，解答の方が説明が不要ではやいだろう。図形的意味を考えるのがつねに得策であるというわけでもない。

4.2 楕円Ⅱ

円 $x^2+y^2=1$ を C_0，だ円 $\dfrac{x^2}{a^2}+\dfrac{y^2}{b^2}=1$ $(a>0,\ b>0)$ を C_1 とする。C_1 上のどんな点Pに対しても，Pを頂点にもち C_0 に外接して C_1 に内接する平行四辺形が存在するための必要十分条件を a，b で表せ。

〔1990 年度理系第 5 問〕

アプローチ

i▶ まず図を描いてみる。円に外接する平行四辺形の頂点を通る楕円なら描きやすい。ここで平行四辺形がひし形になることに気づくだろう。題意をそのまま数式化するのは相当に困難なので，とりあえず，わかっている部分を明確に記述しよう。

ii▶ C_1 上の任意の点Pから出発して，左回りに C_0 に接線をひき C_1 との交点Qをとり，Qからまた左回りに C_0 に接線をひいて C_1 との交点Rをとる。これをくりかえすと4回目に出発点Pにもどるという。どう数式化するか途方に暮れるが，こういうときは，都合のよい特別な点をとって実験してみることだろう。そこから a，b の必要条件がひきだせれば，十分性の証明もみえてくることを期待しよう。たとえばP$(a,\ 0)$ととると，解答 の(＊)から△OPQは直角三角形でQ$(0,\ b)$だから，PQは $\dfrac{x}{a}+\dfrac{y}{b}=1$ である。これが C_0 に接するので（〔Ⅱ〕の図参照）

$$\frac{1}{\sqrt{\dfrac{1}{a^2}+\dfrac{1}{b^2}}}=1 \qquad \therefore \quad \frac{1}{a^2}+\frac{1}{b^2}=1$$

さて，これは十分条件だろうか？　はっきりはしないが，この実験から次がわかる。任意の点Pから出発しても，(＊)とひし形の対角線は直交することから，次の点Qは偏角が $\dfrac{\pi}{2}$ だけ進んだ点である。そこでPの偏角を θ とおくと，OPとOQの長さをきめれば，P，Qの座標がわかり，これらは C_1 上であり，かつPQが C_0 に接する。これらからPから出発したときの a，b の条件がでてくるはずである。

解答

まず

「円 C_0 に外接する平行四辺形はOを対角線の交点とするひし形である」　……(＊)

ことを示す。

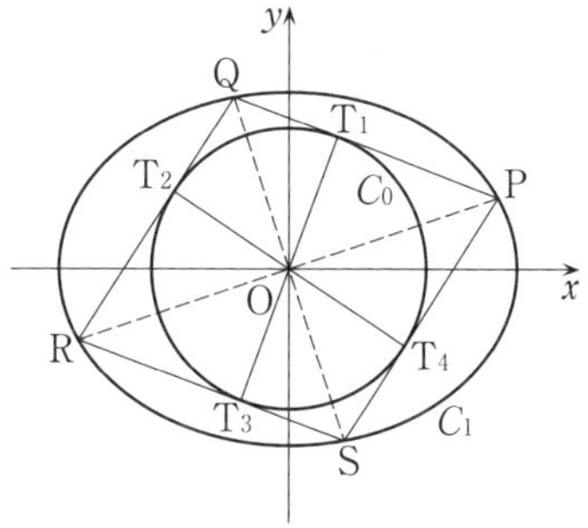

実際，平行四辺形だから向かい合う辺の長さは等しく，四辺形が円に外接することから，向かい合う2組の2辺の長さの和が等しい。ゆえに，4辺の長さが等しく，ひし形である。ひし形の対角線は頂角を二等分するので，その交点が内接円の中心である。

（(＊)の証明終わり）

［ここまで〔アプローチ〕 **i** ］

Pを頂点にもつ題意の平行四辺形はひし形で，その4頂点は C_1 上にある。それらを正の向きに順にP，Q，R，Sとする。$p=\mathrm{OP}$，$q=\mathrm{OQ}$（$p>0$，$q>0$）とおくと，$\angle\mathrm{POQ}=\dfrac{\pi}{2}$ だから

$$\mathrm{P}(p\cos\theta,\ p\sin\theta)$$

$$\mathrm{Q}\left(q\cos\left(\theta+\frac{\pi}{2}\right),\ q\sin\left(\theta+\frac{\pi}{2}\right)\right)=(-q\sin\theta,\ q\cos\theta)$$

と表せる。P，Qは C_1 上の点だから

$$\frac{p^2\cos^2\theta}{a^2}+\frac{p^2\sin^2\theta}{b^2}=1$$

$$\therefore\quad \frac{1}{p^2}=\frac{\cos^2\theta}{a^2}+\frac{\sin^2\theta}{b^2} \qquad \cdots\cdots①$$

同様にして

$$\frac{1}{q^2}=\frac{\sin^2\theta}{a^2}+\frac{\cos^2\theta}{b^2} \qquad \cdots\cdots②$$

また，辺PQと C_0 の接点を T_1 とすると，$\mathrm{OP}\cdot\mathrm{OQ}=2\triangle\mathrm{OPQ}=\mathrm{OT}_1\cdot\mathrm{PQ}$ だから

$$\mathrm{OT}_1=\frac{\mathrm{OP}\cdot\mathrm{OQ}}{\mathrm{PQ}}=\frac{pq}{\sqrt{p^2+q^2}}$$

したがって，PQが C_0 に接する条件は $\mathrm{OT}_1=1$ より

$$p^2q^2=p^2+q^2 \qquad \therefore\quad \frac{1}{p^2}+\frac{1}{q^2}=1$$

であり，これと①，②から

$$\frac{\cos^2\theta}{a^2}+\frac{\sin^2\theta}{b^2}+\frac{\sin^2\theta}{a^2}+\frac{\cos^2\theta}{b^2}=1$$

$$\therefore\quad \frac{1}{a^2}+\frac{1}{b^2}=1 \qquad \cdots\cdots③$$

以上から，題意の必要十分条件は，C_1 上の偏角 θ の点Pに対して偏角が $\theta+\dfrac{\pi}{2}$ の C_1 上の点をQとするとき

「任意の θ に対して直線PQが C_0 に接する」

ことであり，③は θ によらないので，これが求める条件である。

$$\frac{1}{a^2}+\frac{1}{b^2}=1 \qquad \cdots\cdots(\text{答})$$

フォローアップ

〔Ⅰ〕　(＊)で用いているのは，教科書にもある有名な定理

「四辺形ABCDが円に外接するならば，AB＋CD＝BC＋DAである」

で，これは円の接線の性質からあきらかである。実はこの命題の逆も（あきらかとはいえないが）成り立ち，四辺形が円に外接する（内接円をもつ）ための必要十分条件は2組の向かい合う2辺の長さの和が等しいことである。

〔Ⅱ〕　③が必要であることは，右図のような辺が軸に平行な C_0 の外接正方形を通る C_1 を考えてもわかる。

後半の要点は

「任意の点から出発して1つの辺が接する」　……(★)

ことから，偏角 $\dfrac{\pi}{2}$ ずつ進んでいった点から出発しても辺は接し，したがってひし形は閉じる；さらに「ある点から出発して1つの辺が接する」ことから(★)がでる，ということである。

〔Ⅲ〕　①は C_1 の極方程式になっている。実際，Oを極，x 軸の正の部分を始線とする極座標 $(r,\ \theta)$ を考え，$x=r\cos\theta$，$y=r\sin\theta$ を C_1 に代入すると

$$\frac{1}{r^2}=\frac{\cos^2\theta}{a^2}+\frac{\sin^2\theta}{b^2}$$

である。

〔Ⅳ〕　C_0 に外接し，C_1 に内接する右図のような三角形が存在するための条件は

$$\frac{1}{a}+\frac{1}{b}=1$$

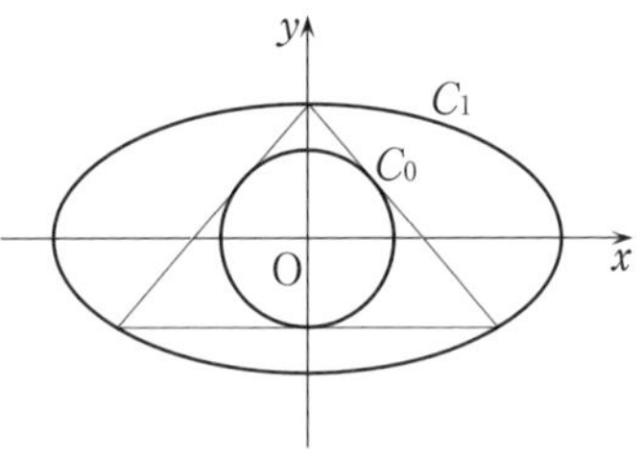

である（京都大1990年度前期理系第6問；各自試みよ）。このとき

「C_1上の任意の点を通り，C_0に外接し，C_1に内接する三角形が存在する」

ことが成立するのである。にわかには信じ難いような話だが，図をいろいろと描いてみると，なんとなく成り立ちそうな気がしてくる。これは難しいので考えなくてよい（ふつうの受験生は考えない方がよい）。本問の場合でも十分に難しいが，外接する四辺形がひし形になることからなんとか解けたのである。

三角形でも四角形でも同じことが成り立つのだから，一般的に同じようなことが成り立つのではないかと予想される。

「楕円C_0を内部に含む楕円C_1について，C_1上のある1点を通り，C_0に外接し，C_1に内接するn角形があるとする。このとき，C_1上の任意の点を通り，C_0に外接し，C_1に内接するn角形が存在する（$n\geqq 3$）」

実はこれは成り立ち，さらに楕円でなくても，もっと一般に2つの2次曲線で成り立ち，ポンスレ（Poncelet：18―19世紀のフランスの数学者）の閉形定理とよばれている。たとえば，C_0が単位円で，C_1がy軸を軸とする下に凸な放物線（その上側の領域にC_0を含む）のときには，なんとか座標で計算できる。一般的には，座標で計算するような方法での証明は難しいので，直線，2次曲線，接線などが意味をもつ，自由度の高い変換をゆるす枠組み（射影幾何学）で示すことが多い。

4.3 双曲線

xy 平面の第1象限にある点Aを頂点とし，原点Oと x 軸上の点Bを結ぶ線分OBを底辺とする二等辺三角形（AO＝AB）の面積を s とする。この三角形と不等式 $xy \leqq 1$ で表される領域との共通部分の面積を求め，これを s の関数として表せ。

〔1980年度理系第6問〕

アプローチ

図を描けばわかるように，点Aが曲線 $y=\dfrac{1}{x}$ $(x>0)$ の上側にあるか／下側にあるかで，場合を分けて計算すればよい。

解答

$\mathrm{A}(a,\ b)$ $(a>0,\ b>0)$ とおくと，$\mathrm{B}(2a,\ 0)$ で $s=\triangle\mathrm{OAB}=ab$ である。着目する部分の面積を S とおく。

(i) $s=ab>1$ のとき，Aは領域 $y>\dfrac{1}{x}$ にある。

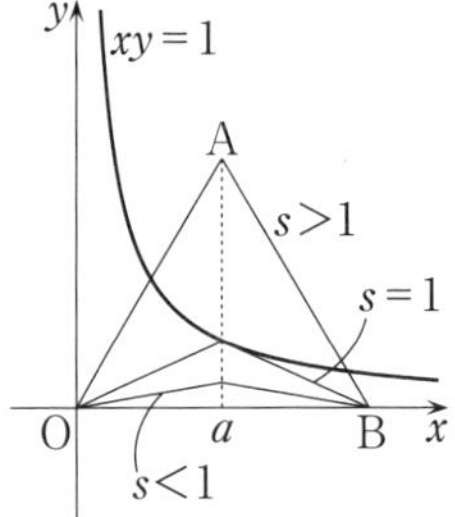

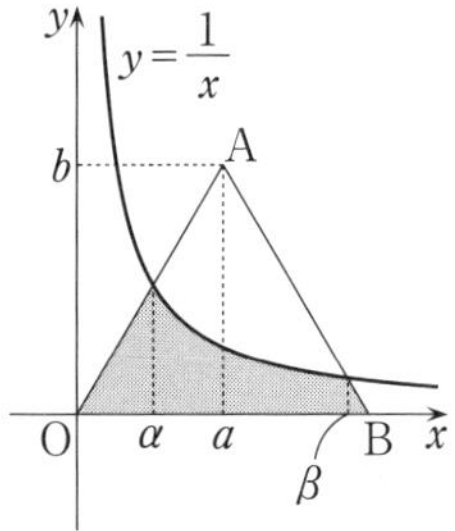

第1象限で曲線 $xy=1$ と線分OA，ABの共有点について

$$\begin{cases} y=\dfrac{1}{x} \\ y=\dfrac{b}{a}x \end{cases} \quad (x>0) \qquad \therefore \quad x=\sqrt{\dfrac{a}{b}}=\alpha \ (\text{とおく})$$

$$0<\alpha=\frac{a}{\sqrt{ab}}<a$$

$$\begin{cases} y=\dfrac{1}{x} \\ y=-\dfrac{b}{a}(x-2a) \end{cases} \quad (x>a) \qquad \therefore \quad a=-bx(x-2a)$$

$$\therefore\quad bx^2-2abx+a=0 \qquad \cdots\cdots①$$

$s=ab>1$ だから

$$x=\frac{ab+\sqrt{a^2b^2-ab}}{b}=\frac{s+\sqrt{s^2-s}}{b}=\beta\ (\text{とおく},\ \beta>a)$$

着目する部分は前頁の図の網かけ部分のようになり

$$S=\frac{1}{2}\alpha\cdot\frac{1}{\alpha}+\int_\alpha^\beta\frac{1}{x}dx+\frac{1}{2}(2a-\beta)\cdot\frac{1}{\beta}$$

$$=\frac{1}{2}+\Big[\log x\Big]_\alpha^\beta+\frac{a}{\beta}-\frac{1}{2}=\log\frac{\beta}{\alpha}+\frac{a}{\beta}$$

$$=\log\left(\frac{s+\sqrt{s^2-s}}{b}\cdot\frac{\sqrt{b}}{\sqrt{a}}\right)+\frac{ab}{s+\sqrt{s^2-s}}$$

$$=\log\frac{s+\sqrt{s^2-s}}{\sqrt{s}}+\frac{s}{s+\sqrt{s^2-s}}$$

$$=\mathbf{\log(\sqrt{s}+\sqrt{s-1})+s-\sqrt{s^2-s}}\quad(\mathbf{1<s}) \qquad \cdots\cdots(\text{答})$$

(ii)　$0<s=ab\leqq1$ のとき，線分 OA は $xy\leqq1$ にある $\left(a\leqq\frac{a}{\sqrt{ab}}=\alpha\right)$。①について

$$(\text{判別式})/4：ab(ab-1)=s(s-1)$$

だから，$s=1$ ならば直線 AB は A で曲線 $xy=1$ に接し，$s<1$ ならば直線 AB は領域 $xy<1$ にある。したがって

$$\triangle\mathrm{OAB}\subset\{(x,\ y)\mid xy\leqq1\}$$

$$\therefore\quad S=\triangle\mathrm{OAB}=\mathbf{s}\quad(\mathbf{0<s\leqq1}) \qquad \cdots\cdots(\text{答})$$

フォローアップ

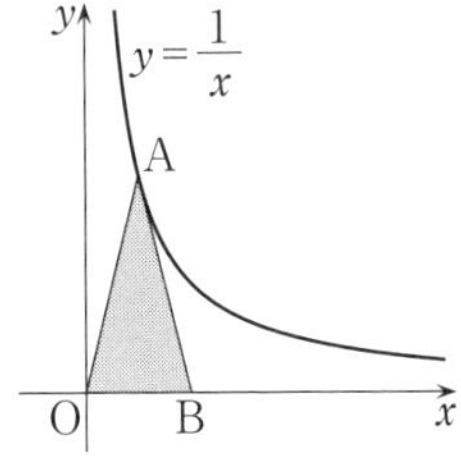

〔I〕　$s=1$ のとき，直線 AB は点Aで双曲線 $xy=1$ に接するので，右図のようになる。

(ii)：$s\leqq1$ のとき，△OAB と曲線 $y=\frac{1}{x}$ $(x>0)$ の上下関係を式で確認すると次のようになる。

$$\frac{1}{x}-\frac{b}{a}x=\frac{a-bx^2}{ax}=\frac{1}{ax}\{a-a^2b+b(a^2-x^2)\}$$

$$=\frac{1-s}{x}+\frac{b}{ax}(a^2-x^2)\geqq0\quad(0<x\leqq a)$$

$$\frac{1}{x}-\left\{-\frac{b}{a}(x-2a)\right\}=\frac{1}{ax}(bx^2-2abx+a)$$

$$=\frac{b}{ax}\left\{(x-a)^2+\frac{a}{b}(1-ab)\right\}$$
$$=\frac{b}{ax}(x-a)^2+\frac{1-s}{x}\geqq 0 \quad (x>0)$$

ゆえに，線分 OA，AB は領域 $xy\leqq 1$ にあり，線分 AB と曲線 $xy=1$ は 2 点で交わることはない。

〔II〕 問題が途中で終わっているような印象である。この後を想像すると「S が s の増加関数であることを示せ」かもしれない。

$0<s\leqq 1$ のとき，$S=s$ は増加関数である。

$s>1$ のとき，やや計算が面倒だが，きれいにまとめられ（各自試みよ）

$$\frac{dS}{ds}=1-\frac{\sqrt{s-1}}{\sqrt{s}}>0$$

となり，S は s の増加関数である。

さらに，$s\to 1+0$ のとき

$$\frac{dS}{ds}\to 1 \qquad \therefore \quad \frac{S-1}{s-1}\to 1$$

もわかる（後者は直接計算してもできるが，平均値の定理を用いて前者を使う方がはやい）。ゆえに，$s>0$ の関数 S のグラフは $s=1$ で滑らかにつながり，右図のようになる。

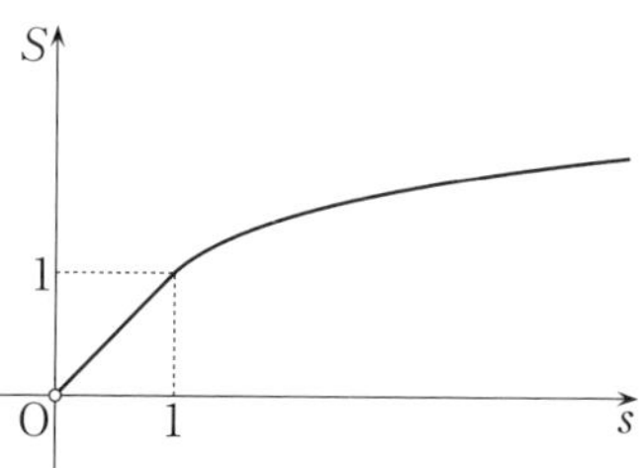

4.4　複素数の1次分数変換

虚部が正の複素数の全体を H とする。すなわち，

$$H=\{z=x+iy \mid x,\ y\text{ は実数で }y>0\}$$

とする。以下 z を H に属する複素数とする。q を正の実数とし，

$$f(z)=\frac{z+1-q}{z+1}$$

とおく。

(1)　$f(z)$ もまた H に属することを示せ。

(2)　$f_1(z)=f(z)$ と書き，以下 $n=2,\ 3,\ 4,\ \cdots$ に対して

$$f_2(z)=f(f_1(z)),\ f_3(z)=f(f_2(z)),\ \cdots,\ f_n(z)=f(f_{n-1}(z)),\ \cdots$$

とおく。このとき，H のすべての元 z に対して $f_{10}(z)=f_5(z)$ が成立するような q の値を求めよ。

〔1989年度理系第3問〕

アプローチ

(1)　$f(z)$ $(z\in H)$ の虚部 $\mathrm{Im}f(z)$ を計算するだけである。

(2)　$f_{10}(z)$ をどう扱うか？　真面目に計算すると大変なことになるので，工夫が必要である。1次分数変換 $f(z)$ は逆変換をもつ：$w=f(z)\iff z=f^{-1}(w)$ となる1次分数変換 f^{-1} があり，$f^{-1}(f(z))=z$ が成り立つ。この z に $f(z)$ を代入すると，$f^{-1}(f_2(z))=f_1(z)$，同様にして $f^{-1}(f_n(z))=f_{n-1}(z)$ だから，$f_{10}(z)=f_5(z)$ の添字が下げられることに着目する。

解答

(1)

$$f(z)=\frac{z+1-q}{z+1}=1-\frac{q}{z+1}=1-\frac{q(\bar{z}+1)}{|z+1|^2}$$

$z=x+yi\in H$ のとき $y>0$ で，また $q>0$ だから

$$\mathrm{Im}f(z)=\frac{qy}{|z+1|^2}>0\qquad\therefore\quad f(z)\in H$$

（証明終わり）

(2)　$w=f(z)=1-\dfrac{q}{z+1}$ $(z\in H)$ を z について解くと

$$z=\frac{q}{1-w}-1=\frac{w+q-1}{-w+1}$$

そこで$f^{-1}(w)=\dfrac{w+q-1}{-w+1}$ $(w\in H)$ とおくと，$f^{-1}(f(z))=z$がすべての$z\in H$で成り立つので

$$f^{-1}(f_n(z))=f^{-1}(f(f_{n-1}(z)))=f_{n-1}(z)\quad(n\geqq 2)$$

が成り立ち，$f_{10}(z)=f_5(z)$ は

$$f^{-1}(f_{10}(z))=f^{-1}(f_5(z))\qquad\therefore\quad f_9(z)=f_4(z)\qquad\cdots\cdots①$$

となる。これをくり返すと，①から

$$f_5(z)=z\qquad\therefore\quad f_4(z)=f^{-1}(z)\qquad\cdots\cdots②$$

$p=1-q$とおくと　$f(z)=\dfrac{z+p}{z+1}$

$$f^{-1}(z)=\frac{z-p}{-z+1}=\frac{-z+p}{z-1}\qquad\cdots\cdots③$$

であり

$$f_2(z)=f(f(z))=\frac{f(z)+p}{f(z)+1}=\frac{z+p+p(z+1)}{z+p+(z+1)}$$

$$=\frac{(p+1)z+2p}{2z+p+1}$$

$$f_4(z)=f_2(f_2(z))=\frac{(p+1)f_2(z)+2p}{2f_2(z)+p+1}$$

$$=\frac{(p+1)\{(p+1)z+2p\}+2p(2z+p+1)}{2\{(p+1)z+2p\}+(p+1)(2z+p+1)}$$

$$=\frac{\{(p+1)^2+4p\}z+4p(p+1)}{4(p+1)z+\{(p+1)^2+4p\}}\qquad\cdots\cdots④$$

したがって，②が成り立つのは③＝④ のときで，分母を払うと

$$[\{(p+1)^2+4p\}z+4p(p+1)](z-1)$$
$$=[4(p+1)z+\{(p+1)^2+4p\}](-z+p)$$

$$\therefore\quad \{(p+1)^2+4p\}z^2-4p(p+1)$$
$$=-4(p+1)z^2+p\{(p+1)^2+4p\}\qquad\cdots\cdots⑤$$

以上から，「任意の$z\in H$について⑤が成り立つ」ようなqが求めるものであり，それは⑤がzの恒等式になるときだから

$$(p+1)^2+4p=-4(p+1)\qquad\therefore\quad p^2+10p+5=0$$

$$\therefore\quad p=-5\pm2\sqrt{5}\qquad\therefore\quad q=1-p=\mathbf{6\pm2\sqrt{5}}\qquad\cdots\cdots(答)$$

フォローアップ

〔Ⅰ〕 (1)から$f:H\to H$だから，$f^{-1}:H\to H$で，fとf^{-1}はHからHの上へ

の1対1の変換で，互いに逆である：すべての $z \in H$ について $f^{-1}(f(z))=z$，$f(f^{-1}(z))=z$ である。

一般に，1次分数変換

$$f(z)=\frac{az+b}{cz+d} \quad (a,\ b,\ c,\ d \text{ は複素数で } ad-bc \neq 0)$$

は，簡単な計算により，逆変換 $f^{-1}(w)=\dfrac{dw-b}{-cw+a}$ をもつことがわかる。

複素数全体の集合を $\mathbb{C}$ と表すと，f は一般には $\mathbb{C} \to \mathbb{C}$ の対応ではない。実際，$c \neq 0$ のとき $z=-\dfrac{d}{c}$ では定義されていないし，さらに $\dfrac{a}{c}$ も値にならない。したがって，「$\mathbb{C}$ から $-\dfrac{d}{c}$ を除いた集合」から「$\mathbb{C}$ から $\dfrac{a}{c}$ を除いた集合」への1対1の対応であり，変換を合成するときは定義域に注意する必要がある。

本問の f は H 全体で定義されて値も H に属するので，つねに H 全体で合成が考えられる。そのための確認が(1)の内容であり，(2)の前提である。

〔Ⅱ〕 一般に，集合 S で定義され，S に値をもつ関数（変換）f，g，h について，$f \circ g(x)=f(g(x))$ により，合成関数（変換）$f \circ g : S \to S$ を定義する。このとき

$$(f \circ g)(h(x))=f(g \circ h(x))$$

が成り立つ。

これは，両辺ともに $f(g(h(x)))$ となることからあきらかで，これから本問の f_n について $f_m(f_n(z))=f_{m+n}(z)$（$m \geqq 1$，$n \geqq 1$）が成り立つ。ここで

$$f_0(z)=z,\ f_{-1}(z)=f^{-1}(z),\ f_{-2}(z)=f^{-1}(f_{-1}(z)),\ \cdots$$

と定義すると，m，n は0以下でもよく，すべての整数 m，n について $f_m(f_n(z))=f_{m+n}(z)$ が成り立つ。本問では，$f_{10}(z)=f_5(z)$ から $f_5(z)=z$，さらに $f_4(z)=f_{-1}(z)$ が成り立つ。

なお，$f_5(z)=f(f_4(z))$ を計算してもよい。このとき

$$f_5(z)=\frac{(5p^2+10p+1)z+p(p^2+10p+5)}{(p^2+10p+5)z+(5p^2+10p+1)}$$

となり，$f_5(z)=z$ から分母を払うと $p^2+10p+5=0$ となり同じ答が得られる。

〔Ⅲ〕「⑤が任意の $z \in H$ について成り立つ」ことから，恒等式（＝多項式としての等式）になるのは，⑤の両辺が2次以下で，H の要素が3個以上（無限個）あるからである。

一般に，n 次以下の x の多項式 $A(x)$，$B(x)$ について

> $A(x)=B(x)$ が $n+1$ 個の異なる値で成り立つならば $A(x)=B(x)$ は恒等式である（**一致の原理**）

これは，多項式として $A(x)=B(x)$ でないなら，x の方程式 $A(x)=B(x)$ の解が n 個以下であることからわかる。

〔IV〕　$f_1(z)$，$f_2(z)$，$f_4(z)$ などの結果をみると

$$f_n(z)=\frac{a_nz+pb_n}{b_nz+a_n}\quad (a_n,\ b_n \text{ は } z \text{ によらない})\qquad\cdots\cdots(*)$$

の形で表せるのではないか，と予想される。これを仮定して次に進んでみると

$$f_{n+1}(z)=f(f_n(z))=\frac{f_n(z)+p}{f_n(z)+1}=\frac{(a_nz+pb_n)+p(b_nz+a_n)}{(a_nz+pb_n)+(b_nz+a_n)}$$
$$=\frac{(a_n+pb_n)z+p(a_n+b_n)}{(a_n+b_n)z+(a_n+pb_n)}$$

これから

$$\begin{cases} a_{n+1}=a_n+pb_n \\ b_{n+1}=a_n+b_n \end{cases}\qquad\cdots\cdots㋑$$

により，a_{n+1}，b_{n+1} をきめると，$(*)$ は $n+1$ のときも成り立つ。したがって，$f_1(z)$ から $a_1=b_1=1$ として㋑ $(n\geqq 1)$ により $\{a_n\}$，$\{b_n\}$ をきめると $f_n(z)\,(n\geqq 1)$ がわかる。具体的に計算すると $(a_n,\ b_n)$ $(n=1,\ 2,\ 3,\ 4)$ は

$$\begin{pmatrix}1\\1\end{pmatrix}\to\begin{pmatrix}p+1\\2\end{pmatrix}\to\begin{pmatrix}3p+1\\p+3\end{pmatrix}\to\begin{pmatrix}p^2+6p+1\\4(p+1)\end{pmatrix}$$

となり，$f_4(z)$ が求められる。

この方法は一般化できて，2×2 行列 $\begin{pmatrix}1 & p\\1 & 1\end{pmatrix}$ の n 乗の計算になる。

4.5　図形量の最大・最小 I

平面上の点Oを中心とする半径1の円周上の点Pをとり，円の内部または周上に2点Q，Rを，△PQRが1辺の長さ$\frac{2}{\sqrt{3}}$の正三角形になるようにとる。このとき，OQ^2+OR^2の最大値および最小値を求めよ。

〔1979年度理系第4問〕

アプローチ

図形量の最大・最小問題では，着目する量をある変数の関数として表し，その関数の増減を調べる。ここで変数が問題に与えられていればそれにしたがえばよいが，そうでないときは何を変数にとるかがモンダイである。問題の図形的な状況を決定する自然な変数をとるのがよい。本問では，1点Pが固定されて△PQRが動く。これはPを中心に三角形が円からはみでない範囲で回転するといえる。この動きを表す変数は，もちろん「角」である。動く範囲はかなり限定されているので，注意して図を描くこと。あとは三角関数の値域である。

解答

$\theta=\angle QPO$とおく。点Qが円周上のときのQをQ′とし，$\alpha=\angle Q'PO$とおくと，対称性から$\frac{\pi}{6}\leqq\theta\leqq\alpha$で考えればよい。

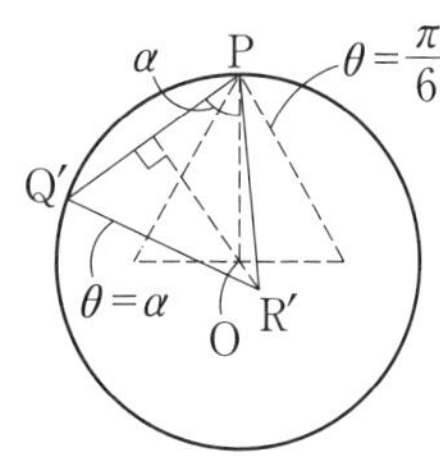

△OPQで余弦定理から

$$OQ^2=PQ^2+PO^2-2PQ\cdot PO\cos\theta$$
$$=\frac{4}{3}+1-2\cdot\frac{2}{\sqrt{3}}\cdot 1\cos\theta=\frac{7}{3}-\frac{4}{\sqrt{3}}\cos\theta$$

△OPRで$\angle RPO=\frac{\pi}{3}-\theta$だから，余弦定理により

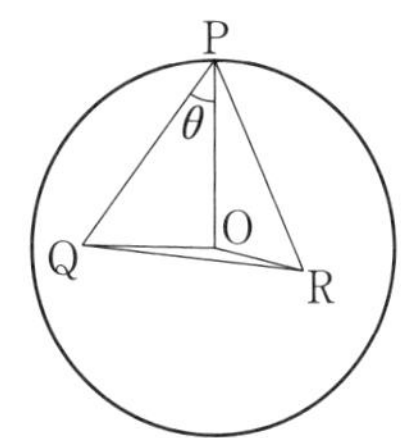

$$OR^2=PR^2+PO^2-2PR\cdot PO\cos\left(\frac{\pi}{3}-\theta\right)$$
$$=\frac{4}{3}+1-2\cdot\frac{2}{\sqrt{3}}\cdot 1\cos\left(\frac{\pi}{3}-\theta\right)$$
$$=\frac{7}{3}-\frac{4}{\sqrt{3}}\cos\left(\frac{\pi}{3}-\theta\right)$$

したがって

$$\mathrm{OQ}^2+\mathrm{OR}^2=\frac{14}{3}-\frac{4}{\sqrt{3}}\left\{\cos\theta+\cos\left(\frac{\pi}{3}-\theta\right)\right\}$$
$$=\frac{14}{3}-\frac{4}{\sqrt{3}}\cdot 2\cos\frac{\pi}{6}\cos\left(\theta-\frac{\pi}{6}\right)=\frac{14}{3}-4\cos\left(\theta-\frac{\pi}{6}\right)$$

であり，$\theta-\dfrac{\pi}{6}$ のとる値の範囲は $0\leqq\theta-\dfrac{\pi}{6}\leqq\alpha-\dfrac{\pi}{6}\ \left(<\dfrac{\pi}{2}\right)$ だから，

$\mathrm{OQ}^2+\mathrm{OR}^2$ は $\theta=\dfrac{\pi}{6}$ のとき最小値

$$\frac{14}{3}-4=\mathbf{\frac{2}{3}} \quad \cdots\cdots(答)$$

をとる。また $\theta=\alpha$ のとき，最大値

$$\frac{14}{3}-4\cos\left(\alpha-\frac{\pi}{6}\right)$$
$$=\frac{14}{3}-4\left(\cos\alpha\cdot\frac{\sqrt{3}}{2}+\sin\alpha\cdot\frac{1}{2}\right)$$
$$=\frac{14}{3}-4\left(\frac{1}{\sqrt{3}}\cdot\frac{\sqrt{3}}{2}+\frac{\sqrt{2}}{\sqrt{3}}\cdot\frac{1}{2}\right)=\mathbf{\frac{8-2\sqrt{6}}{3}} \quad \cdots\cdots(答)$$

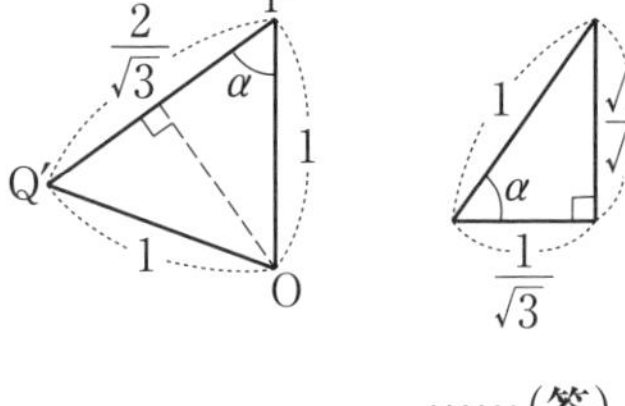

をとる。

フォローアップ

〔Ⅰ〕 $\cos\theta+\cos\left(\dfrac{\pi}{3}-\theta\right)$ 変形の部分は，加法定理で展開してから合成でもかまわないが，ここでは2つの角 θ，$\dfrac{\pi}{3}-\theta$ の和が一定であることに着目して，和・差→積の公式を用いている。積→和・差の公式もそうであるが，**2つの角の和あるいは差が一定**のときに用いると，2か所にある変数が1つに減り，より簡単な場合に帰着される。

〔Ⅱ〕 中線定理

> 3点A，B，CとBCの中点Mについて
> $$\mathbf{AB^2+AC^2=2(AM^2+BM^2)}$$
> が成り立つ

を知っていれば，これを利用する方法もある。3点O，Q，Rについて，QRの中点をMとおくと

$$\mathrm{OQ}^2+\mathrm{OR}^2=2(\mathrm{OM}^2+\mathrm{MQ}^2)=2\left(\mathrm{OM}^2+\frac{1}{3}\right)$$

これから，最小は $\mathrm{M}=\mathrm{O}$ のときである。MはPを中心とする半径1の円周上（の一部）を動くので，図の Q′，R′ のときの中点Mで最大になることはわかる（反対側に回転したときも同じ）。このとき余弦定理で OQ′，OR′ を求めることになる。

なお，中線定理は三角形がつぶれていても正しい（上で三角形 ABC とはいっていない点に注意）。同様に，余弦定理 $a^2=b^2+c^2-2bc\cos A$ も $0\leqq A\leqq\pi$ で成り立つ（$b=\mathrm{CA}>0$，$c=\mathrm{AB}>0$，$A=\angle\mathrm{BAC}$）。

4.6 束縛運動の加速度

xy 平面上の曲線 $y=\sin x$ に沿って，図のように左から右へすすむ動点Pがある。Pの速さが一定 V $(V>0)$ であるとき，Pの加速度ベクトル $\vec{\alpha}$ の大きさの最大値を求めよ。ただし，Pの速さとは速度ベクトル $\vec{v}=(v_1,\ v_2)$ の大きさであり，また t を時間として $\vec{\alpha}=\left(\dfrac{dv_1}{dt},\ \dfrac{dv_2}{dt}\right)$ である。

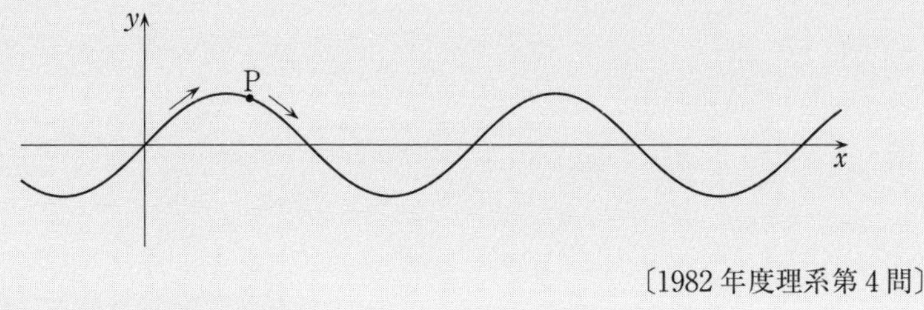

〔1982年度理系第4問〕

アプローチ

座標平面での運動の問題である。数学での速度（ベクトル）の定義は教科書にもある通りで，動点の位置（座標）が時刻の関数で，位置の時刻による微分が速度である。Pの速度の大きさが定数 V であることを立式すると $\dfrac{dx}{dt}$ が x の式で表せる。これを用いて加速度（＝速度の時刻による微分）を計算する。

解答

時刻 t でのPの座標を $(x,\ y)=(x,\ \sin x)$ とする。x，y は t の関数で，$\vec{v}=\left(\dfrac{dx}{dt},\ \dfrac{dy}{dt}\right)=\dfrac{dx}{dt}(1,\ \cos x)$ だから，$|\vec{v}|=V$ により

$$\left|\frac{dx}{dt}\right|\sqrt{1+\cos^2 x}=V$$

Pが左から右へ進むことから $\dfrac{dx}{dt}>0$ で

$$\frac{dx}{dt}=\frac{V}{\sqrt{1+\cos^2 x}}=V(1+\cos^2 x)^{-\frac{1}{2}} \qquad \cdots\cdots①$$

$\vec{\alpha}=(\alpha_1,\ \alpha_2)$ とおくと

$$\alpha_1=\frac{d^2x}{dt^2}=\frac{d}{dt}\left(\frac{dx}{dt}\right)$$

$$=V\cdot\left(-\frac{1}{2}\right)(1+\cos^2x)^{-\frac{3}{2}}\cdot 2\cos x(-\sin x)\cdot\frac{dx}{dt}\quad (①を\ t\ で微分)$$

$$=\frac{V^2\sin x\cos x}{(1+\cos^2x)^2}\qquad\cdots\cdots②$$

$$\alpha_2=\frac{d^2y}{dt^2}=\frac{d}{dt}\left(\frac{dx}{dt}\cos x\right)=\frac{d^2x}{dt^2}\cos x+\frac{dx}{dt}(-\sin x)\cdot\frac{dx}{dt}$$

$$=\alpha_1\cos x-\sin x\left(\frac{dx}{dt}\right)^2$$

$$=\frac{V^2\sin x}{(1+\cos^2x)^2}\{\cos^2x-(1+\cos^2x)\}\quad (①,\ ②)$$

$$=-\frac{V^2\sin x}{(1+\cos^2x)^2}$$

$$\vec{\alpha}=\frac{V^2\sin x}{(1+\cos^2x)^2}(\cos x,\ -1)$$

だから

$$|\vec{\alpha}|^2=\frac{V^4\sin^2x}{(1+\cos^2x)^3}=\frac{V^4\sin^2x}{(2-\sin^2x)^3}$$

$\sin^2x$ のとりうる値の範囲は $0\leqq\sin^2x\leqq1$ で，上式は $\sin^2x$ の増加関数だから，$\sin^2x=1$ のとき最大値 V^4 をとる。したがって，$|\vec{\alpha}|$ の最大値は V^2 である。

……**(答)**

フォローアップ

〔Ⅰ〕 ①により，$\dfrac{dx}{dt}$ が x で表せることから，x，y の t による２次導関数も x で表せることが要点である。

また①により，$\dfrac{dx}{dt}\geqq\dfrac{V}{\sqrt{2}}$（正の定数）だから，$t$ がすべての実数値をとるならば（問題文には範囲がないので，そう考える），x もすべての実数値をとり，曲線 $y=\sin x$ 上をくまなく動く。とくに，$\sin x=\pm1$ となる x は存在（無限個）する。

〔Ⅱ〕 本問の解答に直接に関係ないが，上の計算から

$$\vec{v}=\frac{V}{\sqrt{1+\cos^2x}}(1,\ \cos x),\quad \vec{\alpha}=\frac{V^2\sin x}{(1+\cos^2x)^2}(\cos x,\ -1)$$

$$\therefore\quad \vec{v}\cdot\vec{\alpha}=0$$

となる。これは「等速運動の加速度は速度に直交する」ということで，物理的にいえば当然の結果である。加速度を速度の方向とそれに垂直な方向に分解すれば，速度の大きさが一定なのだから，速度方向の成分は消え，それに垂直な方向の成分だけがのこる。したがって，等速運動の加速度は運動が曲がる向きである。運動方程式 $\vec{F}=m\vec{\alpha}$ によれば，加速度と力は平行だから，等速運動には運動を曲げる向きに力がはたらいている（向心力）。

これを数学の言葉でいえば次のようになる。

パラメータ表示曲線 C：$x=x(t)$，$y=y(t)$ について

$$\vec{v}=\left(\frac{dx}{dt},\ \frac{dy}{dt}\right),\ \vec{\alpha}=\frac{d}{dt}\vec{v}=\left(\frac{d^2x}{dt^2},\ \frac{d^2y}{dt^2}\right)$$

とおく。つねに $|\vec{v}|=1$ であるようなパラメータ表示を考えると

$$\left(\frac{dx}{dt}\right)^2+\left(\frac{dy}{dt}\right)^2=|\vec{v}|^2=1$$

この両辺を t で微分して

$$2\left(\frac{dx}{dt}\cdot\frac{d^2x}{dt^2}+\frac{dy}{dt}\cdot\frac{d^2y}{dt^2}\right)=0\qquad\therefore\quad \vec{v}\cdot\vec{\alpha}=0$$

である。したがって，$|\vec{\alpha}|$ は曲線の曲がる度合を表すと考えられて，これを曲率という。すると本問は，曲線 $y=\sin x$ の曲がり方がもっとも大きいのはどこか，ということである。結果として $\sin x=\pm 1$ となる点，すなわち関数 $\sin x$ が極値をとる点がでるが，これは図形的にも納得できるだろう。

4.7　曲線の囲む面積の最大・最小

$a \geqq 1$ とする。xy 平面において，不等式

$$0 \leqq x \leqq \frac{\pi}{2},\ 1 \leqq y \leqq a\sin x$$

によって定められる領域の面積を S_1，不等式

$$0 \leqq x \leqq \frac{\pi}{2},\ 0 \leqq y \leqq a\sin x,\ 0 \leqq y \leqq 1$$

によって定められる領域の面積を S_2 とする。$S_2 - S_1$ を最大にするような a の値と，$S_2 - S_1$ の最大値を求めよ。

〔1985 年度理系第 1 問〕

アプローチ

最大・最小問題だが，変数 a が与えられている。面積を求めるために $y = a\sin x$ と $y = 1$ のグラフの交点の x 座標を文字でおいて，その関係式を表す。$S_2 - S_1$ を計算すると，これは a だけの関数としては具体的に表せないが，交点と a の関係式に着目し，交点の x 座標を主役の変数とみて増減を調べる。

解答

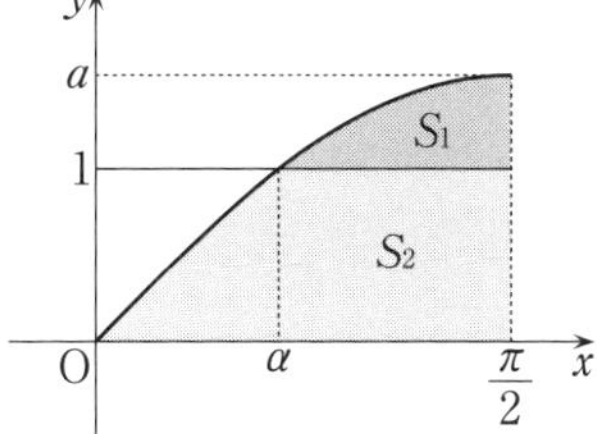

$a \geqq 1$ だから

$$\sin\alpha = \frac{1}{a} \quad \left(0 < \alpha \leqq \frac{\pi}{2}\right) \qquad \cdots\cdots ①$$

をみたす α があり

$$S_1 = \int_{\alpha}^{\frac{\pi}{2}} a\sin x dx - \left(\frac{\pi}{2} - \alpha\right) \cdot 1$$

$$= a\Big[-\cos x\Big]_{\alpha}^{\frac{\pi}{2}} - \frac{\pi}{2} + \alpha$$

$$= a\cos\alpha + \alpha - \frac{\pi}{2}$$

$$S_1 + S_2 = \int_{0}^{\frac{\pi}{2}} a\sin x dx = a$$

$S = S_2 - S_1$ とおくと

$$S = (S_1 + S_2) - 2S_1 = a - 2\left(a\cos\alpha + \alpha - \frac{\pi}{2}\right)$$

$$=a(1-2\cos\alpha)-2\alpha+\pi=\frac{1-2\cos\alpha}{\sin\alpha}-2\alpha+\pi \quad (①)$$

$$\frac{dS}{d\alpha}=\frac{2\sin\alpha\cdot\sin\alpha-(1-2\cos\alpha)\cos\alpha}{\sin^2\alpha}-2=\frac{\cos\alpha(2\cos\alpha-1)}{\sin^2\alpha}$$

$\frac{dS}{d\alpha}=0$，$0<\alpha\leqq\frac{\pi}{2}$ のとき $\alpha=\frac{\pi}{3}$ であり，下表からこのとき S は最大である。

したがって，求める a と最大値は

α	(0)	…	$\frac{\pi}{3}$	…	$\frac{\pi}{2}$
$\frac{dS}{d\alpha}$		+	0	−	
S		↗		↘	1

$$a=\frac{1}{\sin\frac{\pi}{3}}=\boldsymbol{\frac{2}{\sqrt{3}}}$$ ……**(答)**

$$S|_{\alpha=\frac{\pi}{3}}=\frac{1-2\cos\frac{\pi}{3}}{\sin\frac{\pi}{3}}-2\cdot\frac{\pi}{3}+\pi$$

$$=\boldsymbol{\frac{\pi}{3}}$$ ……**(答)**

である。

フォローアップ

あえて積分を計算せずに，α は a の関数であることに注意して，直接に S を a で微分することができる。まず被積分項に含まれる a を $\int$ の外にだす。

$$S=\int_0^{\frac{\pi}{2}}a\sin x\,dx-2\int_\alpha^{\frac{\pi}{2}}(a\sin x-1)\,dx$$

$$=a\int_0^{\frac{\pi}{2}}\sin x\,dx-2a\int_\alpha^{\frac{\pi}{2}}\sin x\,dx+2\int_\alpha^{\frac{\pi}{2}}1\,dx$$

$$\frac{dS}{da}=\int_0^{\frac{\pi}{2}}\sin x\,dx-2\int_\alpha^{\frac{\pi}{2}}\sin x\,dx+2a\sin\alpha\cdot\frac{d\alpha}{da}-2\cdot\frac{d\alpha}{da}$$

$$=1-2\cos\alpha+2(a\sin\alpha-1)\frac{d\alpha}{da}=1-2\cos\alpha \quad (①)$$

$\frac{dS}{da}=0$ のとき，$\cos\alpha=\frac{1}{2}$ だから

$$\alpha=\frac{\pi}{3},\ a=\frac{1}{\sin\alpha}=\frac{2}{\sqrt{3}}$$

a	1	…	$\frac{2}{\sqrt{3}}$	…
$\frac{dS}{da}$		+	0	−
S	1	↗		↘

であり，①により a が増加すると α は減少するので，$\cos\alpha$ は増加，$\frac{dS}{da}$ は減少して，S の a の関数と

しての増減は上の表のようになり，同じ答が得られる。ここで，導関数の計算で次のことを用いた。

α，β が a の微分可能な関数のとき

$$\frac{d}{da}\left(\int_{\alpha}^{\beta} f(x)\,dx\right)=f(\beta)\frac{d\beta}{da}-f(\alpha)\frac{d\alpha}{da}$$

ただし，関数 $f(x)$ は a によらないとする

4.8　図形量の最大・最小Ⅱ

xy 平面において，座標 $(x,\ y)$ が不等式

$$x \geqq 0,\ \ y \geqq 0,\ \ xy \leqq 1$$

をみたすような点 $\mathrm{P}(x,\ y)$ の作る集合を D とする。三点 $\mathrm{A}(a,\ 0)$，$\mathrm{B}(0,\ b)$，$\mathrm{C}\left(c,\ \dfrac{1}{c}\right)$ を頂点とし，D に含まれる三角形 ABC はどのような場合に面積が最大となるか。また面積の最大値を求めよ。ただし $a \geqq 0$，$b \geqq 0$，$c>0$ とする。

〔1986 年度理系第 1 問〕

アプローチ

△ABC の面積は a，b，c で表せる。ここで，a，b，c の範囲は△ABC⊂D となることから求めることはできるだろうが，3 頂点だけではなく辺も考慮する必要があるので，「式」だけでやると面倒そうである。さらに，この範囲で 3 変数関数の最大値を求めることになり，かなりやっかいである。そこで，図の状況はそれほど複雑ではないので，「目」でも考えることにする。そもそも，多変数関数の最大・最小は 1 文字ずつ扱っていくのが原則だから，図で考えるときも，まず A，B，C のいずれかを固定することを考える。なお，記号△ABC は集合（図形）と面積の 2 つの意味で用いる。

解答

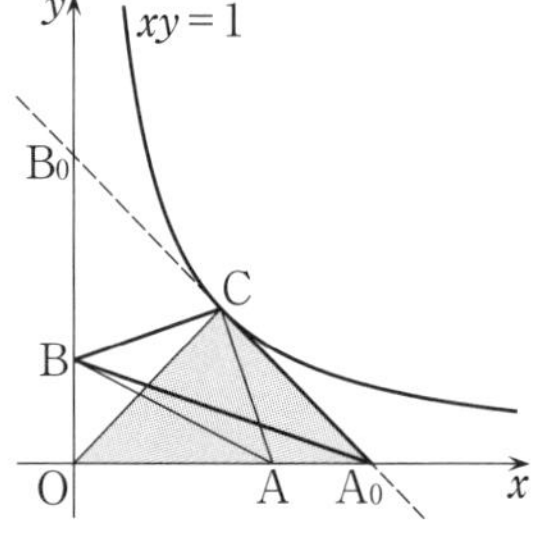

まず，$c>0$ を固定する。領域 $xy \leqq 1$ の第 1 象限での境界 $y=\dfrac{1}{x}$ $(x>0)$ について，$y'=-\dfrac{1}{x^2}$ だから，点 C での接線の方程式は

$$y=-\frac{1}{c^2}(x-c)+\frac{1}{c} \qquad \therefore \quad y=-\frac{x}{c^2}+\frac{2}{c}$$

で，これと x 軸，y 軸との交点をそれぞれ $\mathrm{A_0}(2c,\ 0)$，$\mathrm{B_0}\left(0,\ \dfrac{2}{c}\right)$ とおく。△ABC⊂D により，線分 AC，BC は D に含まれていることから，A の動く範囲は線分 $\mathrm{OA_0}$，B の動く範囲は線分 $\mathrm{OB_0}$ である（ただし，A＝B＝O のときは△ABC＝0 とする）。

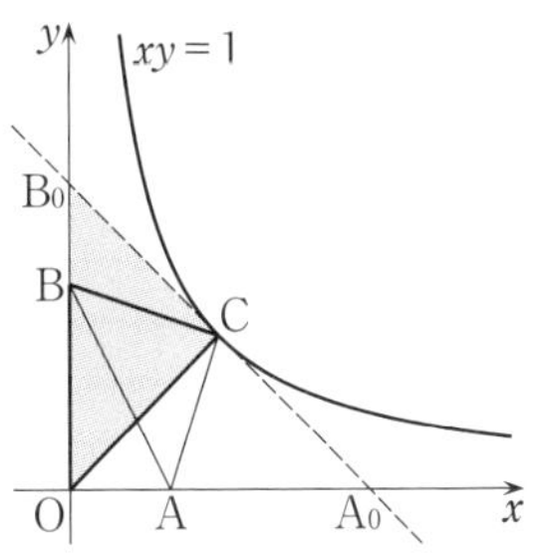

ついでBを固定してAを動かし，そのあとでBを動かすとき

- （BCの傾き）≧0 ならば（前頁の図）

$$\triangle ABC \leqq \triangle A_0BC \leqq \triangle A_0OC = \frac{1}{2}\cdot 2c\cdot\frac{1}{c} = 1$$

- （BCの傾き）≦0 ならば（右の図）

$$\triangle ABC \leqq \triangle OBC \leqq \triangle OB_0C = \frac{1}{2}\cdot\frac{2}{c}\cdot c = 1$$

ゆえに△ABC≦1であり，等号が成立する場合は存在する（$\triangle A_0OC$，$\triangle OB_0C$）。以上から，△ABC が最大となるのは

$$\mathbf{A\,(2c,\ 0),\ B\,(0,\ 0),\ C\left(c,\ \frac{1}{c}\right)}\ \textbf{または}\ \mathbf{A\,(0,\ 0),\ B\left(0,\ \frac{2}{c}\right),\ C\left(c,\ \frac{1}{c}\right)}$$

（$c>0$ は任意）のときで，**最大値は 1** である。　……（答）

フォローアップ

〔Ⅰ〕　△ABC⊂D であるための条件は3頂点がDに属することではない。実際，たとえば右上の図でAが A_0 の右側にくると線分 AC がC以外に $xy=1$ と交点をもち，条件をみたさない。

〔Ⅱ〕　一般に，多変数関数の最大・最小を扱うには，まず，ある1変数以外の変数を固定して，1変数の関数として考えるのが原則である。このとき，やりやすい変数から考える。すなわち，**まず扱いにくい文字を固定**する。これはさらに一般的な考え方でもあって，問題は都合のよいところから考えて，制限された場合にどんどん追い込んでいく。

面積を a，b，c で表すと，$\overrightarrow{BA}=(a,\ -b)$，$\overrightarrow{BC}=\left(c,\ \frac{1}{c}-b\right)$ を用いて

$$\triangle ABC = \frac{1}{2}\left|a\left(\frac{1}{c}-b\right)+bc\right| = \frac{1}{2}\left|-ab+bc+\frac{a}{c}\right|$$

となり，あまり簡単とはいえない。ただし，絶対値の中身は a，b の1次式だが，c の分数式だから，まず c を固定することはこの式からもわかる。そのときの a，b の範囲は上で求めたように，$0\leqq a\leqq 2c$，$0\leqq b\leqq \frac{2}{c}$ となるが，これも図を利用しないと面倒だろう。

はじめに a，b を固定して，c の動く範囲を求めることも考えられるが，A，Bは座標軸（直線）上を動くので，曲線上の動点Cを固定するのが自然である。

4.9 図形量の最大・最小Ⅲ

xy 平面上に，不等式で表される3つの領域

$$A : x \geqq 0$$
$$B : y \geqq 0$$
$$C : \sqrt{3}x + y \leqq \sqrt{3}$$

をとる。いま任意の点Pに対し，Pを中心として A, B, C のどれか少くとも1つに含まれる円を考える。

このような円の半径の最大値は点Pによって定まるから，これを $r(\mathrm{P})$ で表すことにする。

i） 点Pが $A \cap C$ から $(A \cap C) \cap B$ を除いた部分を動くとき，$r(\mathrm{P})$ の動く範囲を求めよ。

ii） 点Pが平面全体を動くとき，$r(\mathrm{P})$ の動く範囲を求めよ。

〔1977年度理系第3問〕

アプローチ

図形量の値の範囲を求める問題で，変数Pの関数 $r(\mathrm{P})$ をきめ，その値域を求めることが目標である。まず，図形的に考える。$r(\mathrm{P})$ は，Pと A, B, C の境界の3直線のいずれかへの距離である。どの直線への距離になるかを場合を分けて考えればよい。$r(\mathrm{P})$ は全平面で定義されるが，この3つの距離の定義域が一致していないのが面倒である。求めるのは3つの距離の最大だから，定義域を全平面に拡張することは簡単にできる。そうしておくと，3つの2変数1次関数の最大を求めることに帰着される。

解答

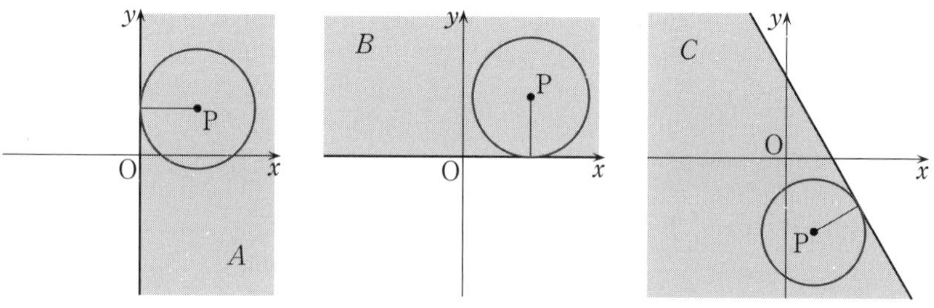

1点Pは中心P，半径0の円とみなすことにする。$A \cup B \cup C$ は全平面だから，平面の任意の点 $\mathrm{P}(x,\ y)$ について，Pを中心とする円で A, B, C の

どれか少なくとも1つには含まれるものがある。そのような円を E とする。

(I)　$x \geqq 0$ のとき，$E \subset A$ となる円の半径の最大値を r_1 とおくと，$r_1 = x$ である。$x<0$ のときも $r_1 = x$ とすると　$r_1 < 0$

(II)　$y \geqq 0$ のとき，$E \subset B$ となる円の半径の最大値を r_2 とおくと，$r_2 = y$ である。$y<0$ のときも $r_2 = y$ とすると　$r_2 < 0$

(III)　$\sqrt{3}x + y \leqq \sqrt{3}$ のとき，$E \subset C$ となる円の半径の最大値を r_3 とおくと

$$r_3 = (\text{Pと直線 } \sqrt{3}x + y = \sqrt{3} \text{ の距離})$$

$$= \frac{|\sqrt{3}x + y - \sqrt{3}|}{2} = \frac{1}{2}(\sqrt{3} - \sqrt{3}x - y)$$

である。$\sqrt{3}x + y > \sqrt{3}$ のときも上のように r_3 をきめると　$r_3 < 0$

以上のようにP$(x,\ y)$ の関数 $r_1,\ r_2,\ r_3$ を全平面で定義しておく。領域 $(x>0) \cup (y>0) \cup (\sqrt{3} - \sqrt{3}x - y > 0)$ は全平面だから，つねに「$r_1 > 0$, $r_2 > 0$, $r_3 > 0$ のいずれかが成り立つ」ので，すべてのPで円 E（半径は正）は存在して

$$r(\mathrm{P}) = \max\{r_1,\ r_2,\ r_3\}$$

である。

i）　$\mathrm{P} \in (A \cap C) \cap \overline{B}$ のとき，$x \geqq 0$, $\sqrt{3}x + y \leqq \sqrt{3}$, $y<0$ だから $r_2 < 0$ ゆえ $r(\mathrm{P}) = \max\{r_1,\ r_3\}$ である。したがって，$r(\mathrm{P}) \geqq r_1 = x$ であり，$(A \cap C) \cap \overline{B}$ では x 座標はいくらでも大きな値となりうるので，$r(\mathrm{P})$ も同様である。また

$$r_1 - r_3 = x - \frac{1}{2}(\sqrt{3} - \sqrt{3}x - y) = \frac{1}{2}\{(2+\sqrt{3})x + y - \sqrt{3}\} \qquad \cdots\cdots①$$

①$=0$ のとき，$(2+\sqrt{3})x + y = \sqrt{3}$ で，これが表す直線を L_1 とおく。領域 $(A \cap C) \cap \overline{B}$ のうち

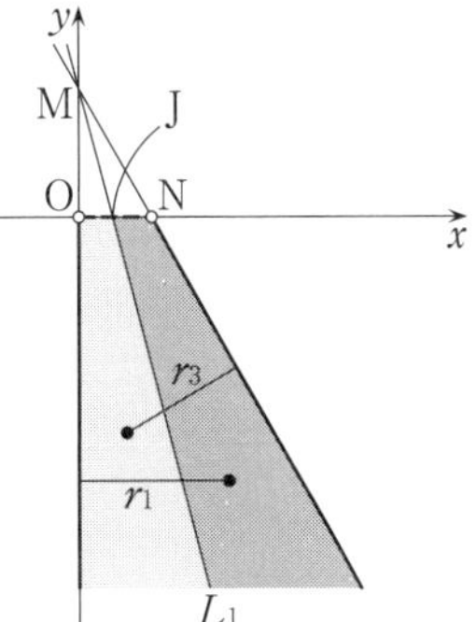

- L_1 以下（境界を含む下側）の範囲では $r_1 \leqq r_3$ で $r(\mathrm{P}) = r_3$ だから，これはPと直線 $\sqrt{3}x + y = \sqrt{3}$ との距離である。L_1 と x 軸との交点を $\mathrm{J}\left(\dfrac{\sqrt{3}}{2+\sqrt{3}},\ 0\right) = (2\sqrt{3} - 3,\ 0)$ とおくと，J は $(A \cap C) \cap \overline{B}$ に属さない（その境界上にある）ので，$r(\mathrm{P})$ のとりうる値の範囲は $r(\mathrm{P}) > r(\mathrm{J})$ である。
- L_1 以上（境界を含む上側）の範囲では $r_1 \geqq r_3$ で，$r(\mathrm{P}) = r_1 = x$ だから，$r(\mathrm{P})$ のとりうる値の

範囲は上と同様にして $r(\mathrm{P})>r(\mathrm{J})$ である。
以上と $r(\mathrm{J})=2\sqrt{3}-3$ から，求める範囲は

$$\boldsymbol{r(\mathrm{P})>2\sqrt{3}-3} \quad \cdots\cdots(\textbf{答})$$

である。

ii) $r_1-r_2=x-y \quad \cdots\cdots②$

$$r_2-r_3=y-\frac{1}{2}(\sqrt{3}-\sqrt{3}x-y)=\frac{\sqrt{3}}{2}(x+\sqrt{3}y-1) \quad \cdots\cdots③$$

3直線 L_1：①$=0$，L_2：②$=0$，L_3：③$=0$ は1点 $\mathrm{I}\left(\dfrac{\sqrt{3}-1}{2},\ \dfrac{\sqrt{3}-1}{2}\right)$ で交わる。

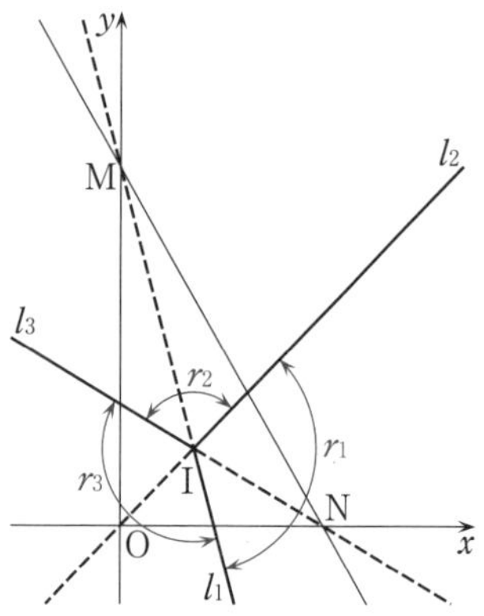

$\mathrm{M}(0,\ \sqrt{3})$，$\mathrm{N}(1,\ 0)$ とおくと，I を端点とする L_1，L_2，L_3 上の3半直線（△OMN の頂点を通らない方）l_1，l_2，l_3 により，平面が3個に分けられて，それぞれの角領域（境界を含む）で $r(\mathrm{P})$ が右図のようにきまる。

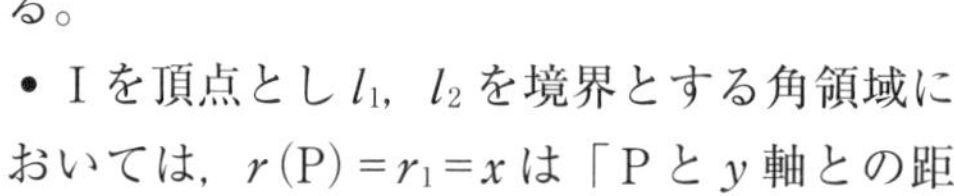

• I を頂点とし l_1，l_2 を境界とする角領域においては，$r(\mathrm{P})=r_1=x$ は「P と y 軸との距離」だから，$r(\mathrm{P})$ の最小値は x 座標が最小である点 I においてとる。

• I を頂点とし l_2，l_3 を境界とする角領域においては，$r(\mathrm{P})=r_2=y$ は「P と x 軸との距離」だから，$r(\mathrm{P})$ の最小値は y 座標が最小である点 I においてとる。

• I を頂点とし l_3，l_1 を境界とする角領域においては，$r(\mathrm{P})=r_3$ は「P と直線 MN との距離」だから，$r(\mathrm{P})$ の最小値は直線 MN への距離が最小である点 I においてとる。

以上から，いずれの角領域でも $r(\mathrm{P})$ の最小値は $r(\mathrm{I})=\dfrac{\sqrt{3}-1}{2}$ で，それぞれの角領域で I から遠ざかれば $r(\mathrm{P})$ はいくらでも大きい値（$>r(\mathrm{I})$）をとるので，求める範囲は

$$\boldsymbol{r(\mathrm{P})\geqq\frac{\sqrt{3}-1}{2}} \quad \cdots\cdots(\textbf{答})$$

である。

フォローアップ

〔Ⅰ〕「A，B，C のどれにも」含まれる円なら三角形の内接円を考えればよいが，「A，B，C のどれか少くとも1つ」であるところがモンダイである。すなわち，A，B，C のそれぞれに含まれる最大円の半径の最大を考えている。本来は $x \leqq 0$ のときは A に含まれる円は存在しないので，r_1 は $x>0$ でのみ定義されて $r_1=x$ である。しかし，半径の最大を考えるのだから，0以下の値を最大値の候補に含めても，最大値には影響しない。r_2，r_3 についても同様である。

ⅰ)のPが L_1 以下にある場合，Pから直線MNに下ろした垂線の足をHとおくと，$r(\mathrm{P})=r_3=\mathrm{PH}$ で，これはPがJのときに下の限界値（下限という）をとることは図からわかる（ただし，JはPの範囲内にないので，この値はとりえない)。

〔Ⅱ〕L_1 は直線MO（y 軸）と直線MNへの距離が等しい点の軌跡だから，∠OMNの二等分線である。L_2，L_3 についても同様で，Ｉは3頂角の二等分線の交点で△OMNの内心である。全平面での $r(\mathrm{P})$ はP＝Ｉのとき最小値 $r(\mathrm{I})=$(△OMNの内接円の半径）をとることは直観的にわかるだろう。

図に依存して考えればよいが，正確に表現するにはある程度は数式による表現が必要である。$r(\mathrm{P})$ は $\mathrm{P}(x,\ y)$ の関数であり，具体的にかくと

$$r(\mathrm{P})=\begin{cases} x & (y\leqq x,\ (2+\sqrt{3})x+y\geqq\sqrt{3}) \\ y & (y\geqq x,\ x+\sqrt{3}y\geqq 1) \\ \dfrac{1}{2}(\sqrt{3}-\sqrt{3}x-y) & (x+\sqrt{3}y\leqq 1,\ (2+\sqrt{3})x+y\leqq\sqrt{3}) \end{cases}$$

となり，3つの x，y の1次関数をつないで定義される。

なお，ⅰ)はⅱ)の一部だが，直接の誘導にはなっていない。おそらくⅱ)だけの出題だと，直観的な議論で内心をみつけ，論証はいいかげんだが，答の数値だけは正解という解答がかなりでるだろうと予想されたためだと思われる。

〔Ⅲ〕$r(\mathrm{P})$ は全平面で定義された独立2変数 x，y の関数であるが，その値域を，$r(\mathrm{P})$ が距離を表すことから求めている。1文字を固定するのではなくて，本問のように，関数の図形的意味がわかる場合は図から関数値がとらえられることがある。図形的意味とは「距離」や「傾き」などである。

4.10 格子点・円・直線

xy 平面上，x 座標，y 座標がともに整数であるような点 $(m,\ n)$ を格子点とよぶ。

各格子点を中心として半径 r の円がえがかれており，傾き $\dfrac{2}{5}$ の任意の直線はこれらの円のどれかと共有点をもつという。このような性質をもつ実数 r の最小値を求めよ。

〔1991 年度理系第 5 問〕

アプローチ

原点の近くで，半径一定の円をたとえば格子点 (0, 0)，(1, 0)，(1, 1) を中心に描き，傾き $\dfrac{2}{5}$ の直線がそれらに接しているような図を描けば答らしきもの（正しいか？）がでてくるかもしれない。しかし，直線の y 切片は任意の実数であり，しかも円は無数にある。原点の近くの円ではなくて，遠くの円と共有点をもつかもしれない。図に依存しすぎて考えるのは，数学的とはいえない。
この状況を論理的に数式化する。

「傾き $\dfrac{2}{5}$ の任意の直線が，ある格子点を中心とする半径 $r>0$ の円と共有点をもつ」

この命題の「任意の」，「ある」の部分で文字をおいて数式で表し，それを内側から順にいいかえていく。

解答

傾き $\dfrac{2}{5}$ の直線は $2x-5y+k=0$（k は実数）と表せて，これが点 $(m,\ n)$ を中心とする半径 r の円と共有点をもつ条件は

$$\frac{|2m-5n+k|}{\sqrt{2^2+(-5)^2}}\leqq r \qquad \therefore\quad |2m-5n+k|\leqq\sqrt{29}\,r \qquad \cdots\cdots①$$

である。したがって

「任意の実数 k について，①が成り立つような整数 m，n が存在する」 ……(＊)

ような正の実数 r の範囲を求める。
k を固定し，$(m,\ n)$ が格子点を動くとき，$|2m-5n+k|$ の最小値を $f(k)$

とおくと，「①が成り立つような整数 m，n が存在する」のは

$$f(k) \leqq \sqrt{29}\,r \qquad \cdots\cdots②$$

のときである。$2m-5n$ はすべての整数値をとりうるので（実際，どんな整数 l についても $2(3l)-5l=l$ だから），k にもっとも近い整数との距離を考えると

$$f(k)=\min\{\langle k\rangle,\ 1-\langle k\rangle\}$$

である（実数 k の小数部分を $\langle k\rangle=k-[k]$ で表す）。ゆえに，(＊)は

「任意の実数 k について $f(k) \leqq \sqrt{29}\,r$」

であり，k が実数の範囲を動くとき $f(k)$ の最大値を M とおくと

$$M \leqq \sqrt{29}\,r$$

となる。ここで $M=f\left(\dfrac{1}{2}\right)=\dfrac{1}{2}$ だから

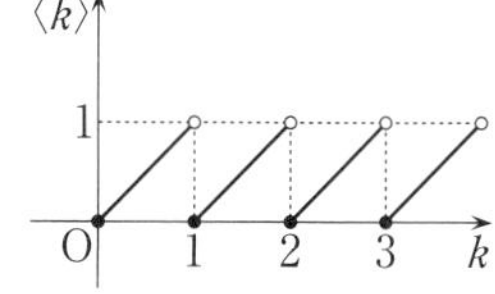

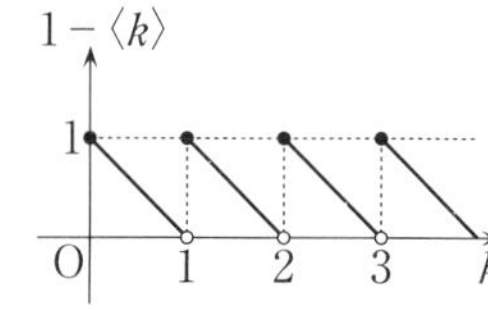

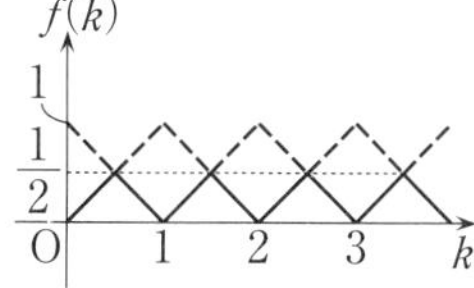

(＊)は

$$\frac{1}{2} \leqq \sqrt{29}\,r \qquad \therefore\quad r \geqq \frac{1}{2\sqrt{29}}$$

である。したがって，このような r の最小値は $\dfrac{1}{2\sqrt{29}}$ である。　……**(答)**

フォローアップ

〔Ⅰ〕 $P(x)$ を文字 x についての条件とする。すなわち，考えている範囲（全体集合 U）の各要素 x について真偽が定まるものとする。

「任意の $\boxed{\quad x\quad}$ について $\boxed{P(x)}$ が成り立つ」　……(A)

「どれかの $\boxed{\quad x\quad}$ について $\boxed{P(x)}$ が成り立つ」　……(B)

は数学において，頻出する文（命題）の形である。(A)の「任意の」は「すべての」「どの」，(B)の「どれかの」は「ある」「いずれかの」に変えても同じ命題である。また，(B)は

「$\boxed{P(x)}$ をみたす $\boxed{\quad x\quad}$ が存在する」

ともいえる。集合の記号では

(A)：$\{x \mid P(x)\}=U$，(B)：$\{x \mid P(x)\} \neq \varnothing$

とあっさり表せる。これらの命題は関数の最大・最小に帰着されることがある。

> 関数 $f(x)$ の定義域において，最大値，最小値が存在するとき
> 任意の x について $f(x) \leqq A \Longleftrightarrow (f(x)$ の最大値$) \leqq A$
> $f(x) \leqq A$ をみたす x が存在する $\Longleftrightarrow (f(x)$ の最小値$) \leqq A$

〔Ⅱ〕「任意」と「存在」のまじった命題は，複文の命題ともいえて，これは内側からいいかえていく（**2.6**）。$P(x,\ y)$ を 2 文字 $x,\ y$ の条件とする（全体集合はきまっていて，その中で考える）。

「任意の x について，$P(x,\ y)$ をみたす y が存在する」　……(C)

については，まず，x を固定して「$P(x,\ y)$ をみたす y が存在する」をいいかえる。するとこれは x の条件になるので $Q(x)$ と表すと

「$P(x,\ y)$ をみたす y が存在する」$\Longleftrightarrow Q(x)$

だから

(C) $\Longleftrightarrow$「任意の x について $Q(x)$」

となり，この右辺の命題を考えればよい。
このように，1 文字ずつ処理していけば，本問の(＊)も確実に（まったく図を使わずに，直観的でなく）考えられる。結局，本問は円と直線が共有点をもつ条件（点と直線の距離）以外は，論理（図ではない）だけの問題ともいえる。直観的に理解したいというのもわからないではないが，たとえば「任意」と「ある」が3つ以上まじりあった命題ならどうなるか？　さっぱりわからない，直観的に理解できないのはあたりまえである。しかし，1 文字ずつなら処理できるのであり，それを積み重ねていけばよい。
〔Ⅲ〕 $2m-5n$ がすべての整数値をとりうることは，2 と 5 が互いに素であることによる。一般に，整数 $a,\ b$ について

> $a,\ b$ が互いに素 $\Longleftrightarrow ax+by=1$ をみたす整数 $x,\ y$ が存在する

は知っておいてほしい（証明までこめて）。

第5章　極　限

5.1　三角関数の極限

xy 平面上に $y=-1$ を準線，点 F$(0,\ 1)$ を焦点とする放物線がある。この放物線上の点 P$(a,\ b)$ を中心として，準線に接する円 C を描き，接点をHとする。$a>2$ とし，円 C と y 軸との交点のうちFと異なるものをGとする。扇形 PFH（中心角の小さい方）の面積を $S(a)$，三角形 PGF の面積を $T(a)$ とするとき，$a\to\infty$ としたときの極限値 $\displaystyle\lim_{a\to\infty}\frac{T(a)}{S(a)}$ を求めよ。

〔1989 年度理系第 2 問〕

アプローチ

扇形の面積を表すために中心角 θ をおく。焦点と準線の意味がわかっていれば放物線の方程式は簡単にわかるので，b は消去できて，$S(a)$，$T(a)$ は a と θ で表せる。a と θ のみたす関係式を三角関数で表して，それを利用して極限を求める。

解答

H$(a,\ -1)$ で，PF＝PH だから

$$a^2+(b-1)^2=(b+1)^2$$

$$\therefore\quad b=\frac{1}{4}a^2 \qquad \cdots\cdots①$$

$a>2$ と①から $b>1$ だから，$\theta=\angle\text{FPH}=\angle\text{PFG}$ とおくと，$0<\theta<\dfrac{\pi}{2}$ で

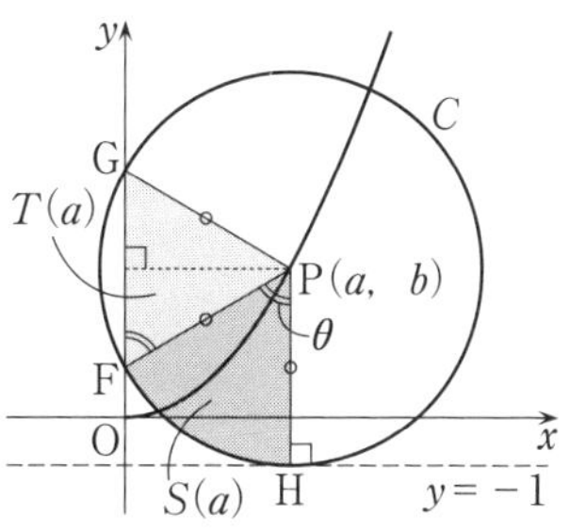

$$\sin\theta=\frac{a}{b+1}=\frac{a}{\dfrac{a^2}{4}+1}$$

$$=\frac{\dfrac{1}{a}}{\dfrac{1}{4}+\dfrac{1}{a^2}}\to 0$$

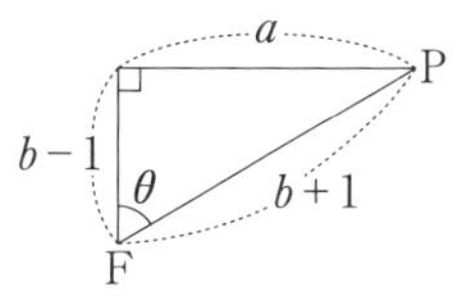

$\therefore\quad \theta\to 0\quad (a\to\infty)$

$$S(a)=\frac{1}{2}(b+1)^2\theta=\frac{1}{2}(b+1)^2\sin\theta\cdot\frac{\theta}{\sin\theta}=\frac{1}{2}a(b+1)\cdot\frac{\theta}{\sin\theta}$$

$$T(a)=\frac{1}{2}\cdot 2(b-1)a=a(b-1)$$

$a\to\infty$ のとき $b=\dfrac{a^2}{4}\to\infty$，$\theta\to 0$ だから

$$\frac{T(a)}{S(a)}=\frac{a(b-1)}{\frac{1}{2}a(b+1)}\cdot\frac{\sin\theta}{\theta}=2\cdot\frac{1-\frac{1}{b}}{1+\frac{1}{b}}\cdot\frac{\sin\theta}{\theta}\to\mathbf{2}\qquad\cdots\cdots(\text{答})$$

フォローアップ

〔Ⅰ〕 放物線（parabola）とは，平面において，1定点とそれを通らない定直線への距離が等しい点の軌跡である。この定点を焦点，定直線を準線という。焦点 F$(0,\ p)$，準線 $l：y=-p$ の放物線の方程式が $x^2=4py$ であることは，P$(x,\ y)$，H$(x,\ -p)$ とおくと PF＝PH からただちにわかる。

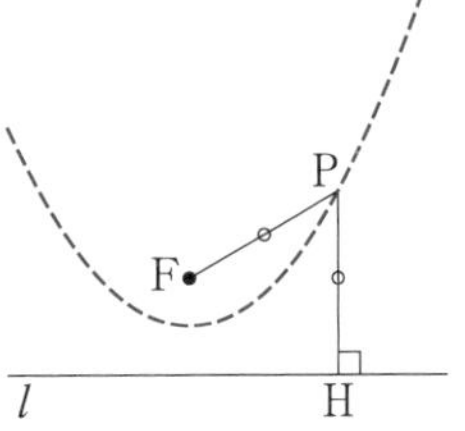

〔Ⅱ〕 有名な公式 $\displaystyle\lim_{\theta\to 0}\frac{\sin\theta}{\theta}=1$ から，θ が 0 に近いとき $\sin\theta\fallingdotseq\theta$ である。これは 1 次近似式であり，これを用いて概算しよう。a が十分大きいとき，$b=\dfrac{a^2}{4}$ から $\sin\theta\fallingdotseq 0$ で θ は 0 に近いので

$$\theta\fallingdotseq\sin\theta=\frac{a}{b+1}\qquad\therefore\quad S(a)=\frac{1}{2}(b+1)^2\theta\fallingdotseq\frac{1}{2}a(b+1)$$

$$\therefore\quad\frac{T(a)}{S(a)}\fallingdotseq\frac{a(b-1)}{\frac{a(b+1)}{2}}=\frac{2(b-1)}{b+1}\to 2$$

ただし，ここで用いた記号≒は教科書にもあり概算を表現するのに便利だが，正確な数学的定義は与えられていないので，入試の解答に用いることは避けるべきである。このような概算を正当化するように解答をかいていけばよい。

5.2　対数関数の極限

xy 平面において，直線 $x=0$ を L とし，曲線 $y=\log x$ を C とする。さらに，L 上，または C 上，または L と C との間にはさまれた部分にある点全体の集合を A とする。A に含まれ，直線 L に接し，かつ曲線 C と点 $(t,\ \log t)$ $(0<t)$ において共通の接線をもつ円の中心を P_t とする。

P_t の x 座標，y 座標を t の関数として $x=f(t)$，$y=g(t)$ と表したとき，次の極限値はどのような数となるか。

i）$\displaystyle\lim_{t\to 0}\frac{f(t)}{g(t)}$

ii）$\displaystyle\lim_{t\to +\infty}\frac{f(t)}{g(t)}$

〔1984 年度理系第 2 問〕

アプローチ

接点を T とすると，T での C の接線の傾きは微分によりわかるが，この接線が T での円の接線にもなっているので，TP_t がこの接線に垂直である。また，円は y 軸にも接するので，P_t の x 座標が半径 TP_t になる。このような状況を数式化するにはベクトルを用いるのがよい（**3.3**〔アプローチ〕：
(ベクトル)＝(大きさ)(単位ベクトル)）。

解答

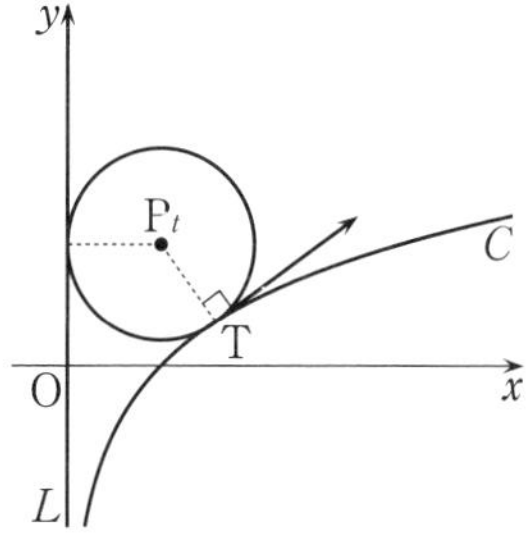

$(\log x)'=\dfrac{1}{x}$ により $\mathrm{T}(t,\ \log t)$ での接線は，ベクトル $\left(1,\ \dfrac{1}{t}\right)/\!/(t,\ 1)$ と平行で，これを $\dfrac{\pi}{2}$ 回転したベクトル $(-1,\ t)$ と $\overrightarrow{\mathrm{TP}_t}$ は同じ向きである。また円 P_t は $L：x=0$ に $x>0$ から接するので，その半径は $\mathrm{TP}_t=(\mathrm{P}_t$ の x 座標$)=f(t)$ だから

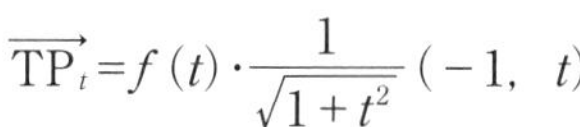

$$\overrightarrow{\mathrm{TP}_t}=f(t)\cdot\frac{1}{\sqrt{1+t^2}}(-1,\ t)$$

$$\therefore\quad \overrightarrow{\mathrm{OP}_t}=\overrightarrow{\mathrm{OT}}+\overrightarrow{\mathrm{TP}_t}$$

$$\therefore\quad \begin{pmatrix} f(t) \\ g(t) \end{pmatrix}=\begin{pmatrix} t \\ \log t \end{pmatrix}+\frac{f(t)}{\sqrt{1+t^2}}\begin{pmatrix} -1 \\ t \end{pmatrix}$$

$$\therefore\quad f(t)=t-\frac{f(t)}{\sqrt{1+t^2}},\quad g(t)=\log t+\frac{t}{\sqrt{1+t^2}}f(t)$$

$$\therefore\quad f(t)=\frac{t}{1+\dfrac{1}{\sqrt{1+t^2}}}=\frac{t\sqrt{1+t^2}}{\sqrt{1+t^2}+1}$$

$$g(t)=\log t+\frac{t^2}{\sqrt{1+t^2}+1}$$

i）　$t\to+0$ のとき，$f(t)\to\left.\dfrac{t\sqrt{1+t^2}}{\sqrt{1+t^2}+1}\right|_{t=0}=0$，$g(t)\to-\infty$ だから

$$\lim_{t\to+0}\frac{f(t)}{g(t)}=\mathbf{0}$$ ……(答)

ii）　$t\to+\infty$ のとき，$\dfrac{\log t}{t}\to0$ だから

$$\frac{f(t)}{t}=\frac{\sqrt{\dfrac{1}{t^2}+1}}{\sqrt{\dfrac{1}{t^2}+1}+\dfrac{1}{t}}\to1,\quad \frac{g(t)}{t}=\frac{\log t}{t}+\frac{1}{\sqrt{\dfrac{1}{t^2}+1}+\dfrac{1}{t}}\to1$$

$$\therefore\quad \lim_{t\to+\infty}\frac{f(t)}{g(t)}=\lim_{t\to+\infty}\frac{\dfrac{f(t)}{t}}{\dfrac{g(t)}{t}}=\mathbf{1}$$ ……(答)

フォローアップ

〔Ⅰ〕　傾きの定義から，傾き m の直線はベクトル $\vec{v}=(1,\ m)$ に平行である（$\vec{v}$ は直線の方向ベクトルの１つ）。座標平面でベクトル $(a,\ b)$ を，その始点を中心に $\dfrac{\pi}{2}$ だけ回転すると $(-b,\ a)$ になる。これは

$$\left(\cos\left(\theta+\frac{\pi}{2}\right),\ \sin\left(\theta+\frac{\pi}{2}\right)\right)=(-\sin\theta,\ \cos\theta)$$

からわかる。これを複素数で表現したものが
$i(a+bi)=-b+ai$ である。

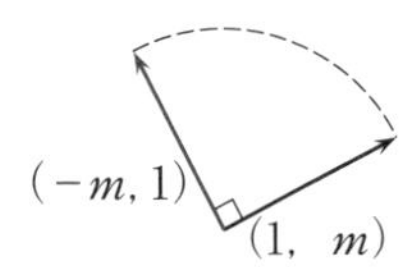

したがって，$\vec{v}=(1,\ m)$ を $\dfrac{\pi}{2}$ 回転したものは
$(-m,\ 1)$ になる（**3.3**〔アプローチ〕）。

〔Ⅱ〕　A は領域 $y>\log x$ に境界をつけたもので，$A=(y\geqq\log x)\cup(x=0)$，さらに正確には

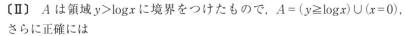

$$A=\{(x,\ y)\mid y\geqq\log x\ (x>0)\}\cup\{(0,\ y)\mid y\text{は実数}\}$$

のことである。

〔Ⅲ〕「$x\to\infty$ のとき $\dfrac{\log x}{x}\to 0$」は教科書にはないが，証明が要求されているとき以外は，使ってもよい。証明は，たとえば，まず微分を用いて $e^x>\dfrac{x^2}{2}$（$x>0$）を示すと，はさみうちで $\dfrac{x}{e^x}\to 0$ がわかる。つぎに $t=e^x$ とおくと，$t\to\infty$ のとき $x=\log t\to\infty$ で $\dfrac{\log t}{t}=\dfrac{x}{e^x}\to 0$ がわかる。さらに α を正の実数の定数として

$$\frac{\log x^\alpha}{x}=\frac{\alpha\log x}{x}\to 0\quad (x\to\infty)$$

だから，$t=\log x^\alpha$ と置き換えると，$t\to\infty$ のとき $x=e^{\frac{t}{\alpha}}\to\infty$ で

$$\frac{t}{e^{\frac{t}{\alpha}}}\to 0\qquad \therefore\quad \frac{t^\alpha}{e^t}=\left(\frac{t}{e^{\frac{t}{\alpha}}}\right)^\alpha\to 0\quad (t\to\infty,\ \alpha>0)$$

もわかる。すなわち「$x\to\infty$ のとき $\dfrac{x^\alpha}{e^x}\to 0$（$\alpha>0$）」。

$\log x$，x^α，e^x はいずれも $x\to\infty$ のとき無限大であるが，無限大にもある種の‘大きさ’がある。$f(x)$，$g(x)$ が $x\to\infty$ でいずれも ∞ のとき，$\dfrac{f(x)}{g(x)}\to 0$，同じことだが $\dfrac{g(x)}{f(x)}\to\infty$ のとき，$f(x)\ll g(x)$ と表すことにすると，上のことは次のようにまとめることができる：

α を正の実数とするとき　$\log x\ll x^\alpha\ll e^x\quad (x\to\infty)$

本問の関数を概算してみよう。$t>0$ で十分小のとき，$\sqrt{1+t^2}\fallingdotseq 1$ だから

$$f(t)\fallingdotseq\frac{t}{2},\ \ g(t)\fallingdotseq\log t\qquad \therefore\quad \frac{f(t)}{g(t)}\fallingdotseq\frac{t}{2\log t}\to 0\ \ (t\to +0)$$

t が十分大のとき，$\sqrt{1+t^2}\fallingdotseq t$，$\log t+t\fallingdotseq t$（$\log t\ll t$）だから

$$f(t)\fallingdotseq\frac{t^2}{t+1}\fallingdotseq t,\ \ g(t)\fallingdotseq\log t+\frac{t^2}{t+1}\fallingdotseq t\qquad \therefore\quad \frac{f(t)}{g(t)}\fallingdotseq 1\to 1\ \ (t\to\infty)$$

なお，本問で $+\infty$ とあるのは教科書では ∞ のことである。番号 n（自然数＝正の整数）については ∞ だが，実数には符号があるので $\pm\infty$ をはっきり区別してかくこともある（実数の場合はそのように表すのが本来である）。また，ここでの無限大は関数の属性であり，無限集合の無限とは違うものである（関係なくはないが）。

5.3 極限の主要部

a は1より大きい定数とし，xy 平面上の点 $(a,\ 0)$ をA，点 $(a,\ \log a)$ をB，曲線 $y=\log x$ と x 軸の交点をCとする。さらに x 軸，線分 BA および曲線 $y=\log x$ で囲まれた部分の面積を S_1 とする。

(1) $1 \leqq b \leqq a$ となる b に対し点 $(b,\ \log b)$ をDとする。四辺形 ABDC の面積が S_1 にもっとも近くなるような b の値と，そのときの四辺形 ABDC の面積 S_2 を求めよ。

(2) $a \to \infty$ のときの $\dfrac{S_2}{S_1}$ の極限値を求めよ。

〔1992 年度理系第 1 問〕

アプローチ

(1)の四辺形の面積は三角形２つに分割すれば求められるので，これを b の関数として微分すればよい。(2)は S_2 がやや複雑な式なので，直接に $\dfrac{S_2}{S_1}$ を考えるのは大変である。変形するまえに，まず分子・分母を**概算**してみることである。すると，分子・分母の主要部がわかり，主要部の比較から極限はわかる。

解答

(1) 四辺形 ABDC の面積を T とおく。曲線 $y=\log x$ は上に凸で，$1 \leqq b \leqq a$ だから，線分 BD，CD は領域 $y \leqq \log x$（両端以外は $y<\log x$）にあるので，$T<S_1$ である。ゆえに，T が最大となるとき T が S_1 にもっとも近くなる。

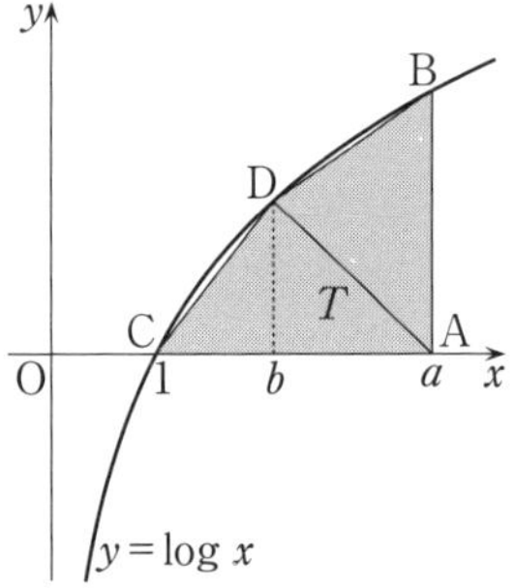

$$T = \triangle \mathrm{ACD} + \triangle \mathrm{ABD}$$
$$= \frac{1}{2}(a-1)\log b + \frac{1}{2}(a-b)\log a$$

T は b の関数で（a は定数）

$$\frac{dT}{db} = \frac{1}{2}\left(\frac{a-1}{b} - \log a\right)$$

は b の減少関数だから，T の増減は右表のようになる（**〔Ⅱ〕**参照）。

b	1	…	$\dfrac{a-1}{\log a}$	…	a
$\dfrac{dT}{db}$		+	0	−	
T		↗		↘	

したがって，求める b の値は

$$b=\boldsymbol{\frac{a-1}{\log a}} \qquad \cdots\cdots(答)$$

であり，このとき

$$S_2=T\Big|_{b=\frac{a-1}{\log a}}$$

$$=\frac{1}{2}(a-1)\log\frac{a-1}{\log a}+\frac{1}{2}a\log a-\frac{1}{2}\cdot\frac{a-1}{\log a}\cdot\log a$$

$$=\boldsymbol{\frac{1}{2}\{(a-1)\log(a-1)-(a-1)\log(\log a)+a\log a-a+1\}}$$

$$\cdots\cdots(答)$$

(2)　$S_1=\displaystyle\int_1^a \log x dx=\Big[x\log x-x\Big]_1^a=a\log a-a+1$

$$\therefore\quad \frac{S_1}{a\log a}=1-\frac{1}{\log a}+\frac{1}{a\log a}\to 1\quad(a\to\infty)$$

であり，また(1)：$S_2=\dfrac{1}{2}\left[(a-1)\{\log(a-1)-\log(\log a)\}+S_1\right]$ から

$$\frac{S_2}{a\log a}=\frac{1}{2}\left[\left(1-\frac{1}{a}\right)\left\{\frac{\log(a-1)}{\log a}-\frac{\log(\log a)}{\log a}\right\}+\frac{S_1}{a\log a}\right] \qquad \cdots\cdots①$$

$a\to\infty$ のとき

$$\frac{\log(a-1)}{\log a}=1+\frac{\log\left(1-\frac{1}{a}\right)}{\log a}\to 1$$

$t=\log a$ とおくと，$a\to\infty$ のとき $t\to\infty$ で

$$\frac{\log(\log a)}{\log a}=\frac{\log t}{t}\to 0 \qquad \therefore\quad ①\to\frac{1}{2}(1+1)=1$$

以上から

$$\frac{S_2}{S_1}=\frac{\frac{S_2}{a\log a}}{\frac{S_1}{a\log a}}\to\boldsymbol{1} \qquad \cdots\cdots(答)$$

フォローアップ

〔Ⅰ〕 区間 I で関数 $f(x)$ を考えるとき，曲線 $y=f(x)\,(x\in I)$ が「下に凸」とは「$f'(x)$ が I で増加する」と定義されている。定義からすぐにわかることは「接線の傾きが増加する」ことだけであって，曲線の形状については何もわからない。しかし，図を描けば，下に凸ならば接線は曲線の下側だし，曲線上の2点を結ぶ線分は曲線の上側であろう。しかし，これらは本来，証

明を要する事項である。

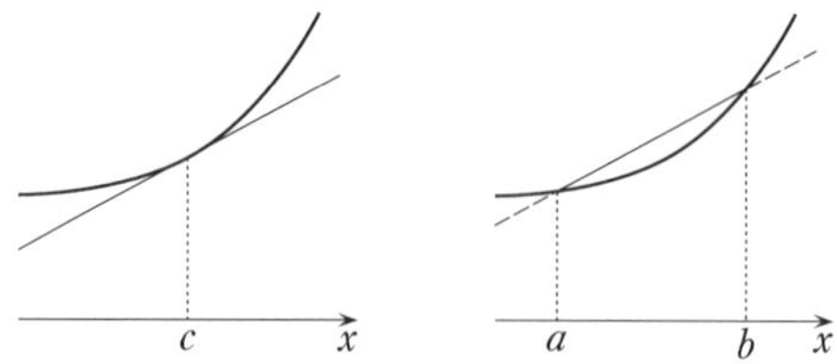

東大でも凸性にかかわる問題が何度か出題されているので，ここで確認しておく。$a<b$ とし，I を区間 $[a,\ b]=\{x|a\leqq x\leqq b\}$ とする。

凸不等式：「関数 $f(x)$ は I を含む範囲で定義されていて，微分可能とし，I で $f'(x)$ は増加とする（I で $x_1<x_2$ ならば $f'(x_1)<f'(x_2)$ が成り立つ）。このとき

(i)　$a<c<b$ について

$$f(x)\geqq f'(c)(x-c)+f(c)\quad (x\in I)$$

であり，等号は $x=c$ のときである。

(ii)　$$f((1-t)a+tb)\leqq(1-t)f(a)+tf(b)\quad (0\leqq t\leqq 1)$$

が成り立ち，等号は $t=0,\ 1$ のときである」

証明

(i)　$g(x)=f(x)-f'(c)(x-c)-f(c)$ とおくと

$$g'(x)=f'(x)-f'(c)$$

$f'(x)$ は増加により，右表から

x	a	$\cdots$	c	$\cdots$	b
$g'(x)$		$-$	0	$+$	
$g(x)$		↘		↗	

$$g(x)\geqq g(c)=0$$

ゆえに，I で $f(x)\geqq f'(c)(x-c)+f(c)$ が成り立ち，等号は $x=c$ のときだけである。　**（証明終わり）**

(ii)　$t=0,\ 1$ のときは等号が成り立つので，$0<t<1$ のときを考える。（左辺）－（右辺）において $a,\ t$ を固定して，b を x と置き換えて，x の関数

$$h(x)=f((1-t)a+tx)-(1-t)f(a)-tf(x)\quad (x\in I)$$

を考える。$(1-t)a+tx\leqq x$ で $f'(x)$ は増加だから

$$h'(x)=tf'((1-t)a+tx)-tf'(x)$$
$$=t\{f'((1-t)a+tx)-f'(x)\}\leqq 0$$

であり，等号は $(1-t)a+tx=x$ すなわち $x=a$ のときだけである。ゆえに $h(x)$ は減少で

$$h(x)<h(a)=f(a)-f(a)=0\quad (a<x\leqq b)\qquad \therefore\quad h(b)<0$$

だから

$$f((1-t)a+tb)<(1-t)f(a)+tf(b) \quad (0<t<1)$$

となり，(ii)が示された。　　　　　　　　　　　　　**（証明終わり）**

「上に凸」は $f'(x)$ が減少によって定義されて，上の不等式の向きが反対になる。本問では，曲線 $y=\log x$ は上に凸だから，線分 BD，CD は（両端を除いて）曲線の下側にあることは図からあきらかとしてよいが，一般的には上のようにして証明される。

〔Ⅱ〕 (1)では「上に凸」から，Dでの接線がBCに平行なときに T が最大であるということもできる。そのような接線の存在は，平均値の定理からわかり，さらに凸性（$f'(x)$ は単調）からDはただ1つである。

なお，$1<\dfrac{a-1}{\log a}<a$（$a>1$）が成り立っているはずである。確認しておこう。

左側は　　$\log a<a-1$（$a>1$）

右側は　　$1-\dfrac{1}{a}<\log a$　　$\therefore$　$\log\dfrac{1}{a}<\dfrac{1}{a}-1$　（$a>1$）

となり，いずれも，直線 $y=x-1$ は $y=\log x$ の点（1，0）での接線だから，凸性により

$$\log x \leqq x-1 \quad (x>0)$$

（等号は $x=1$ のとき）であることからわかる。

〔Ⅲ〕 極限の計算では「主要部」をとりだすこと（概算）が重要である。たとえば，$S_1=a\log a-a+1$ で，$S_1=a(\log a-1)+1$ から $a\to\infty$ のとき $S_1\to\infty$ はただちにわかるが，S_1 が ∞ に発散する主要な部分は $a\log a$ であり，$S_1 \fallingdotseq a\log a$ と概算できる。これを正確に表しているのが

$$S_1=\frac{S_1}{a\log a}\cdot a\log a,\quad \frac{S_1}{a\log a}\to 1 \quad (a\to\infty)$$

である。S_2 はかなり複雑な式だが，$a\to\infty$ のとき $(a-1)\log(a-1)\fallingdotseq a\log a$，また **5.2〔Ⅲ〕** から，$a\to\infty$ のとき

$$\log a \ll a \qquad \therefore \quad \log(\log a)\ll \log a$$

だから，$S_2 \fallingdotseq a\log a$ がわかり，$\dfrac{S_2}{S_1}\fallingdotseq 1$ である。

$\fallingdotseq$ はここでは「比」が1に収束することを意味している。文脈によっては「差」が0に収束することを表すこともある。

5.4　点列の極限 I

xy 平面上で原点から傾き a（$a>0$）で出発し折れ線状に動く点Pを考える。ただし，点Pの y 座標はつねに増加し，その値が整数になるごとに動く方向の傾きが s 倍（$s>0$）に変化するものとする。

Pの描く折れ線が直線 $x=b$（$b>0$）を横切るための a，b，s に関する条件を求めよ。

〔1988 年度理系第 4 問〕

アプローチ

図形にかかわる数列の問題である。与えられた規則で点列はきまるので，それを数式化する。本問では，傾きが変化する点（直線 $y=n$ と折れ線の交点）の x 座標のみたす漸化式がわかる。あとは，その数列の極限を考える。

解答

Pの描く折れ線が傾きを変える点を $P_n(x_n,\ n)$（$n=1,\ 2,\ \cdots$）とおき，$P_0(x_0,\ 0)=(0,\ 0)$ とする。P_kP_{k+1} の傾きは as^k だから

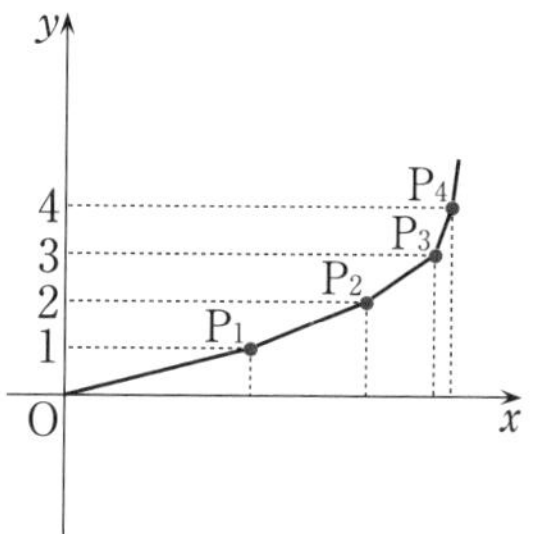

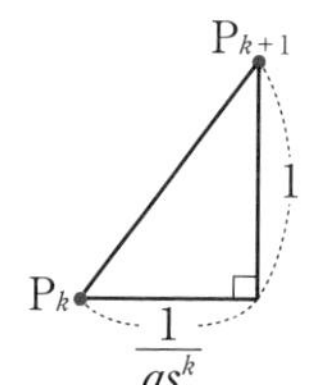

$$x_{k+1}-x_k=\frac{1}{as^k}\quad(k=0,\ 1,\ \cdots)$$

$$\therefore\quad x_n=\frac{1}{a}+\frac{1}{as}+\cdots+\frac{1}{as^{n-1}}$$

$$=\frac{1}{a}\left(1+\frac{1}{s}+\cdots+\frac{1}{s^{n-1}}\right)$$

(i)　$0<s\leqq 1$ のとき，$\dfrac{1}{s^k}\geqq 1$ だから

$$x_n\geqq\frac{n}{a}\to\infty\quad(n\to\infty)$$

となり，任意の $b>0$ について直線 $x=b$ を横切る。

(ii)　$s>1$ のとき，$0<\dfrac{1}{s}<1$ だから

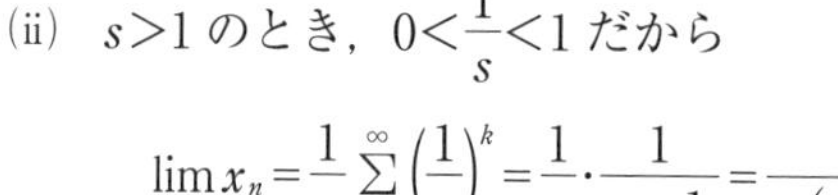

$$\lim_{n\to\infty}x_n=\frac{1}{a}\sum_{k=0}^{\infty}\left(\frac{1}{s}\right)^k=\frac{1}{a}\cdot\frac{1}{1-\dfrac{1}{s}}=\frac{s}{a(s-1)}$$

であり，直線 $x=b$ を横切るのは

$$b<\frac{s}{a(s-1)} \qquad \therefore \quad ab<\frac{s}{s-1}$$

のときである。

以上(i)，(ii)から，求める条件は

$$\mathbf{0<s\leqq 1 \quad または \quad s>1,\ ab<\frac{s}{s-1}} \qquad \cdots\cdots(答)$$

フォローアップ

〔Ⅰ〕 本問のような問題では，P_1，P_2 と順に求めていくと，以下同様にして P_n がわかるだろうが，そのまま解答にするのはあまり数学的とはいえない。問題文にはそうかかれていなくても，一般の項の関係を数式（漸化式）で表現するのがよい。

大学入試の数学が記述式であるのは，大学が解答を論理的，数学的に表現することを要求しているからであって，これはある意味で‘数学作文’（mathematical composition）である。数学に限らず，作文（論文）にはあるルールがあり，それにしたがってかくことが求められている。そのルールはどこかにかかれているわけではないが，教科書（だけでは十分ではないが）などにある解答の記述から，身につけていくしかない。

〔Ⅱ〕 問題の仮定に $a>0$，$b>0$ があり，さらに「$s>0$」があるので，$ab<\dfrac{s}{s-1}$ から $s>1$ がわかる。すると答の「$s>1$」は論理的には不要であるが，かいておく方が丁寧だろう。

5.5 点列の極限Ⅱ

a を正の定数とし，座標平面上に3点 $P_0(1,\ 0)$，$P_1(0,\ a)$，$P_2(0,\ 0)$ が与えられたとする。

P_2 から P_0P_1 に垂線をおろし，それと P_0P_1 との交点を P_3 とする。

P_3 から P_1P_2 に垂線をおろし，それと P_1P_2 との交点を P_4 とする。

以下同様にくり返し，一般に P_n が得られたとき，

P_n から $P_{n-2}P_{n-1}$ に垂線をおろし，それと $P_{n-2}P_{n-1}$ との交点を P_{n+1} とする。

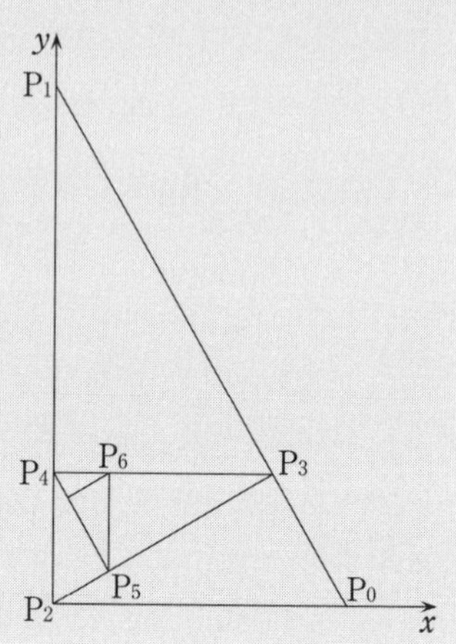

このとき次の問に答えよ。

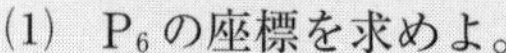

(1) P_6 の座標を求めよ。

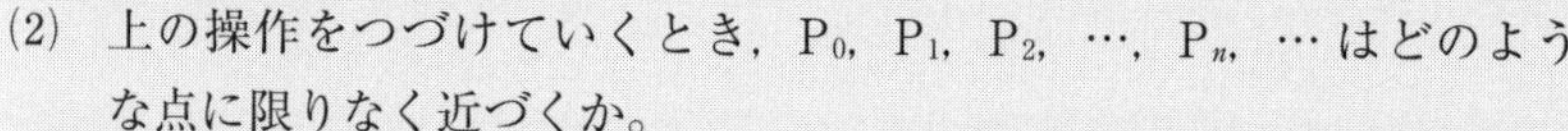

(2) 上の操作をつづけていくとき，P_0，P_1，P_2，…，P_n，… はどのような点に限りなく近づくか。

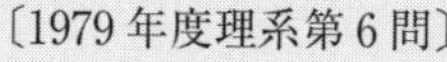

〔1979年度理系第6問〕

アプローチ

前問 **5.4** につづいて点列の漸化式である。順に頂点から対辺に垂線を下ろしていくと，相似な直角三角形が次々とできる。垂線の方向が4方向で，4回すすめば垂線は平行になる。n を4で割った余りで場合を分けて P_n の位置ベクトルを表すことも考えられるが，直角は $\dfrac{\pi}{2}$ 回転でとらえられるので，複素数を利用する。

一般に，複素数平面において点 $A(\alpha)$ を中心に点 $P(z)$ を角 θ 回転して，r (>0) 倍した点を $Q(w)$ とすると

$$w-\alpha=r(\cos\theta+i\sin\theta)(z-\alpha)$$

である。とくに，$\theta=\dfrac{\pi}{2}$ のときは $w-\alpha=ir(z-\alpha)$ である。こうして，複素数列の漸化式をつくると，そのままでは4項間になるが，うまくカタマリを考えると処理できる。

解答

(1)　$\triangle P_0P_1P_2$ は P_2 が直角頂の直角三角形である。$n \geqq 2$ について，$\triangle P_{n-2}P_{n-1}P_n$ の直角頂 P_n から対辺に下ろした垂線の足が P_{n+1} だから

$$\triangle P_{n-2}P_{n-1}P_n \backsim \triangle P_nP_{n-1}P_{n+1}$$
$$\backsim \triangle P_nP_{n+1}P_{n+2}$$

であり

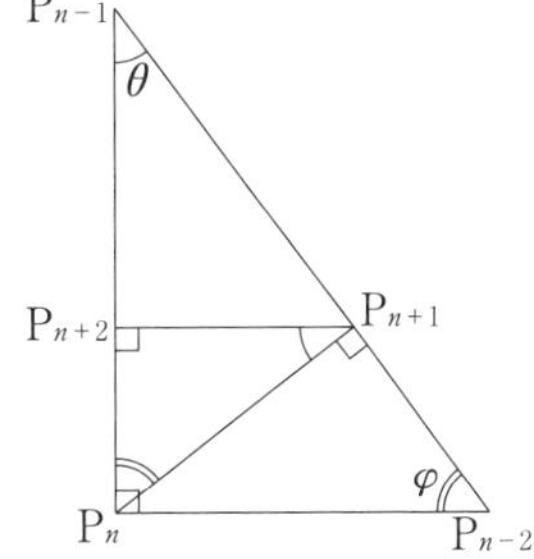

$$\angle P_{n-2}P_{n-1}P_n = \angle P_nP_{n+1}P_{n+2}$$

である。ゆえに $\theta = \angle P_0P_1P_2$,

$\varphi = \angle P_1P_2P_3 = \angle P_1P_0P_2 = \dfrac{\pi}{2} - \theta$ とおくと

$$\angle P_nP_{n+1}P_{n+2} = \begin{cases} \theta & (n\text{ が偶数のとき}) \\ \varphi & (n\text{ が奇数のとき}) \end{cases}$$

である。また，P_0，P_1，… は正の向きに並んでいる。したがって，$\overrightarrow{P_nP_{n+1}}$ は $\overrightarrow{P_{n-2}P_{n-1}}$ を $-\dfrac{\pi}{2}$ だ

け回転した向きであり，大きさの比が

$$P_nP_{n+1} : P_{n-2}P_{n-1} = \cos\theta\cos\varphi : 1$$
$$= \frac{a}{\sqrt{a^2+1}} \cdot \frac{1}{\sqrt{a^2+1}} : 1 = \frac{a}{a^2+1} : 1$$

だから，P_n を表す複素数を z_n $(n \geqq 0)$ とおくと

$$z_{n+1} - z_n = \frac{a}{a^2+1}(-i)(z_{n-1} - z_{n-2}) \quad (n \geqq 2) \qquad \cdots\cdots①$$

となる。$\alpha = \dfrac{-ai}{a^2+1}$ とおき，①の n を $2n+1$，$2n$ として辺々加えると

$$z_{2n+2} - z_{2n} = \alpha(z_{2n} - z_{2n-2}) \quad (n \geqq 1) \qquad \cdots\cdots①'$$

これと $z_0 = 1$，$z_1 = ai$，$z_2 = 0$ から，$n \geqq 1$ について

$$z_{2n} - z_{2n-2} = \alpha^{n-1}(z_2 - z_0) = -\alpha^{n-1}$$
$$\therefore \quad z_{2n} = z_0 - (1 + \alpha + \cdots + \alpha^{n-1}) = 1 - (1 + \alpha + \cdots + \alpha^{n-1}) \qquad \cdots\cdots②$$

となり，とくに $n=3$ として

$$z_6 = -\alpha - \alpha^2 = \frac{ai}{a^2+1} + \frac{a^2}{(a^2+1)^2}$$

したがって，P_6 の座標は

$$\left(\boldsymbol{\frac{a^2}{(a^2+1)^2},\ \frac{a}{a^2+1}}\right) \qquad \cdots\cdots(\text{答})$$

である。

(2) ②から

$$z_{2n}=1-\frac{1-\alpha^n}{1-\alpha}=\frac{-\alpha}{1-\alpha}+\frac{\alpha^n}{1-\alpha}$$

$|\alpha|=\dfrac{a}{a^2+1}<1$ だから

$$\left|z_{2n}-\frac{-\alpha}{1-\alpha}\right|=\frac{|\alpha|^n}{|1-\alpha|}\to 0 \quad (n\to\infty)$$

$$\frac{-\alpha}{1-\alpha}=\frac{-\alpha(1-\overline{\alpha})}{|1-\alpha|^2}=\frac{-\alpha+|\alpha|^2}{|1-\alpha|^2}$$

$$=\frac{\dfrac{a}{a^2+1}i+\dfrac{a^2}{(a^2+1)^2}}{1+\dfrac{a^2}{(a^2+1)^2}}=\frac{a^2+a(a^2+1)i}{(a^2+1)^2+a^2} \qquad \cdots\cdots③$$

また，①から

$$|z_{n+1}-z_n|=\frac{a}{a^2+1}|z_{n-1}-z_{n-2}| \qquad \therefore \quad \mathrm{P}_n\mathrm{P}_{n+1}=\frac{a}{a^2+1}\mathrm{P}_{n-2}\mathrm{P}_{n-1}$$

だから，$n\geqq 0$ について

$$\mathrm{P}_{2n}\mathrm{P}_{2n+1}=\left(\frac{a}{a^2+1}\right)^n\mathrm{P}_0\mathrm{P}_1=\left(\frac{a}{a^2+1}\right)^n\sqrt{a^2+1}\to 0 \quad (n\to\infty)$$

以上から，$\mathrm{P}_{2n}(z_{2n})$ と点③の距離は限りなく 0 に近づき，P_{2n} と P_{2n+1} の距離も限りなく 0 に近づくので，P_0，P_1，…，P_n，… が限りなく近づく点は③で

$$\left(\frac{a^2}{(a^2+1)^2+a^2},\ \frac{a(a^2+1)}{(a^2+1)^2+a^2}\right)=\left(\boldsymbol{\frac{a^2}{a^4+3a^2+1},\ \frac{a(a^2+1)}{a^4+3a^2+1}}\right)$$

……**(答)**

である。

フォローアップ

〔Ⅰ〕 座標平面で点列 $\{\mathrm{P}_n\}$ が限りなく近づく点（極限）についての問題である。厳密には点列の極限は高校の範囲にないが，点 P_n の座標を $(x_n,\ y_n)$ と表せば，数列 $\{x_n\}$，$\{y_n\}$ の極限の問題になり，高校数学の範囲内になる。点は複素数でも表せるので，もちろん複素数列の極限も考えられる。ただし，座標成分（実部・虚部）に分けて考えてはかえって面倒になることも多いので，これにしたがって考える必要はない。あたりまえにわかるだろうが，点

列の極限のきちんとした定義を与えておく。
距離が定義されている平面（空間でもよい）において，点列 $\{P_n\}$ が与えられているとする。このとき，平面にある定点Aがあって

$$\lim_{n\to\infty}(P_n \text{とAの距離})=0$$

となるとき，「点 P_n はAに限りなく近づく」といい，「$\{P_n\}$ の極限が点Aである」ともいう。座標平面においては，距離はベクトルで表せば $|\overrightarrow{AP_n}|$ であり，複素数で $A(\alpha)$，$P_n(z_n)$ と表せば $|z_n-\alpha|$ である。これらはいずれも実数なので，それぞれ実数列であり，それが0に収束することは高校数学の範囲で意味は確定している。また，これを記号で

$$\lim_{n\to\infty}P_n=A,\quad \lim_{n\to\infty}\overrightarrow{OP_n}=\overrightarrow{OA},\quad \lim_{n\to\infty}z_n=\alpha$$

と表す。このとき，点の x，y 座標（実部・虚部）がそれぞれ実数列として，収束していることは $|\mathrm{Re}(z_n)-\mathrm{Re}(\alpha)|\leqq|z_n-\alpha|$ などからわかる。
〔II〕 ①は $\{z_n\}$ の4項間漸化式であるが，その階差を $w_n=z_{n+1}-z_n$ とおくと，$w_n=\alpha w_{n-2}$ で

$$w_0,\ w_2,\ \cdots,\ w_{2n},\ \cdots \quad \text{および} \quad w_1,\ w_3,\ \cdots,\ w_{2n+1},\ \cdots$$

がそれぞれ等比数列である。したがって，w_{2n} を求めると，その和として z_{2n} が求められる。
なお，①′ は $\{z_{2n}\}$ の3項間漸化式で

$$z_{2n+2}-\alpha z_{2n}=z_{2n}-\alpha z_{2n-2} \qquad \therefore\ z_{2n+2}-\alpha z_{2n}=z_2-\alpha z_0=-\alpha$$

と変形して，これと $z_{2n+2}-z_{2n}=-\alpha^n$ から z_{2n} を求めることもできる。

5.6　和の極限

$a_n=\sum_{k=1}^{n}\frac{1}{\sqrt{k}}$, $b_n=\sum_{k=1}^{n}\frac{1}{\sqrt{2k+1}}$ とするとき，$\lim_{n\to\infty}a_n$, $\lim_{n\to\infty}\frac{b_n}{a_n}$ を求めよ。

〔1990 年度理系第 1 問〕

アプローチ

数列の和の極限（無限級数）の問題である。原則的には，部分和を求めて極限をとる。部分和が計算しにくいときは**評価**する（不等式ではさむ）が，和を面積とみなして定積分で評価する。その典型例が調和級数

$$\sum_{n=1}^{\infty}\frac{1}{n}=\infty$$

であり，これと同様にすれば $\lim_{n\to\infty}a_n$ はただちにわかる。$\lim_{n\to\infty}\frac{b_n}{a_n}$ は，a_n と b_n の関係を考える。概算すると，$k\to\infty$ のとき，$\sqrt{2k+1}\fallingdotseq\sqrt{2k}$ だから

$$b_n\fallingdotseq\sum_{k=1}^{n}\frac{1}{\sqrt{2k}}=\frac{1}{\sqrt{2}}a_n \qquad \therefore\ \frac{b_n}{a_n}\fallingdotseq\frac{1}{\sqrt{2}}$$

となり，あとはこれを評価（はさみうち）で正当化する。

解 答

関数 $y=\frac{1}{\sqrt{x}}$ $(x>0)$ は減少だから

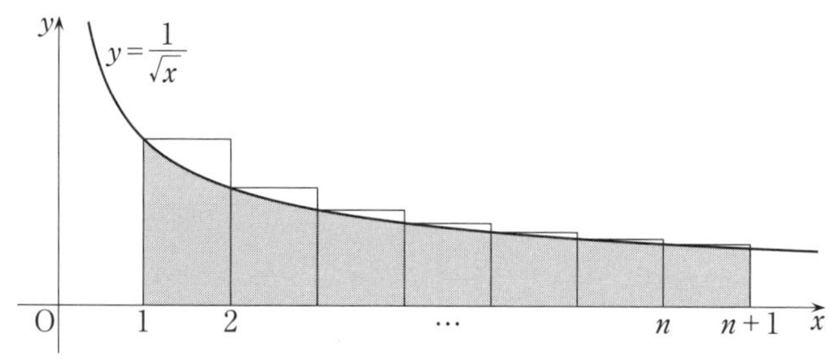

$$a_n=\sum_{k=1}^{n}\frac{1}{\sqrt{k}}$$

$$>\int_1^{n+1}\frac{1}{\sqrt{x}}dx=\Big[2\sqrt{x}\Big]_1^{n+1}=2\left(\sqrt{n+1}-1\right)\to\infty \quad (n\to\infty)$$

$\therefore\ \lim_{n\to\infty}a_n=\infty$ ……(答)

また，$\sqrt{2k}<\sqrt{2k+1}<\sqrt{2(k+1)}$ より

$$\frac{1}{\sqrt{2k}}>\frac{1}{\sqrt{2k+1}}>\frac{1}{\sqrt{2(k+1)}} \quad (k=1,\ 2,\ \cdots,\ n)$$

これらを辺々加えると

$$\frac{1}{\sqrt{2}}a_n>b_n>\frac{1}{\sqrt{2}}\sum_{k=1}^{n}\frac{1}{\sqrt{k+1}}=\frac{1}{\sqrt{2}}\left(a_n+\frac{1}{\sqrt{n+1}}-1\right)$$

$$\therefore \quad \frac{1}{\sqrt{2}}\left(1+\frac{1}{a_n\sqrt{n+1}}-\frac{1}{a_n}\right)<\frac{b_n}{a_n}<\frac{1}{\sqrt{2}}$$

$n\to\infty$ のとき $a_n\to\infty$ だから $1+\dfrac{1}{a_n\sqrt{n+1}}-\dfrac{1}{a_n}\to 1$ となり，はさみうちにより

$$\lim_{n\to\infty}\frac{b_n}{a_n}=\frac{1}{\sqrt{2}} \qquad \cdots\cdots(答)$$

フォローアップ

〔I〕 上の「和の積分による評価」をすこし一般的に表すと次のようになる。正の実数で定義された連続関数 $f(x)$ が減少のとき，区間 $k<x<k+1$ $(k>0)$ で $f(k+1)<f(x)<f(k)$ だから，これを積分して

$$f(k+1)=\int_k^{k+1}f(k+1)\,dx<\int_k^{k+1}f(x)\,dx<\int_k^{k+1}f(k)\,dx=f(k)$$

が成り立つ。この左側の＜を $k=1,\ 2,\ \cdots,\ n-1$ について加えると

$$f(2)+f(3)+\cdots+f(n)<\int_1^2 f(x)\,dx+\int_2^3 f(x)\,dx+\cdots+\int_{n-1}^{n}f(x)\,dx$$

$$\therefore \quad \sum_{k=1}^{n}f(k)<f(1)+\int_1^n f(x)\,dx \quad (n\geqq 2)$$

同様に右側の＜を $k=1,\ 2,\ \cdots,\ n$ について加えると

$$\int_1^2 f(x)\,dx+\int_2^3 f(x)\,dx+\cdots+\int_n^{n+1}f(x)\,dx<f(1)+f(2)+\cdots+f(n)$$

$$\int_1^{n+1}f(x)\,dx<\sum_{k=1}^{n}f(k) \quad (n\geqq 1)$$

が成り立つ。

和を長方形の和集合の面積とみて，関数のグラフを描いて図で面積を比較すればよいが，この証明をみればわかるように，関数が減少であること，および，「**定積分は不等号を保つ**」ことしか用いていない。また，本問のように関数が $x=0$ で定義されていないことも多いので，積分の下端が0にならないようにしている。

この評価を a_n, b_n に直接用いると

$$\int_1^{n+1}\frac{1}{\sqrt{x}}dx<a_n<1+\int_1^n\frac{1}{\sqrt{x}}dx \quad (n\geqq 2)$$

$$\int_1^{n+1}\frac{1}{\sqrt{2x+1}}dx<b_n<\int_0^n\frac{1}{\sqrt{2x+1}}dx$$

となり，積分項を計算すれば，$\dfrac{b_n}{a_n}$ が評価できて，はさみうちで極限がでる。

〔Ⅱ〕 積分はあくまでも和の評価のための１つの手段であり，本質ではない。前半では，次のようにすればより初等的（積分は不要）に示すことができる。

$$a_n=\sum_{k=1}^n\frac{1}{\sqrt{k}}\geqq\sum_{k=1}^n\frac{1}{\sqrt{n}}=n\cdot\frac{1}{\sqrt{n}}=\sqrt{n}\to\infty$$

これがもっとも簡単だろう。あるいは，「隣り合う２項の差」で評価すると和が求められることに着目して

$$\frac{1}{\sqrt{k}}>\frac{2}{\sqrt{k+1}+\sqrt{k}}=2(\sqrt{k+1}-\sqrt{k})$$

$$\therefore\quad a_n>2\sum_{k=1}^n(\sqrt{k+1}-\sqrt{k})=2(\sqrt{n+1}-1)\to\infty$$

としてもよい。同様に，後半では次の評価もある：$n\geqq 2$ のとき

$$0<\frac{a_n}{\sqrt{2}}-b_n=\sum_{k=1}^n\left(\frac{1}{\sqrt{2k}}-\frac{1}{\sqrt{2k+1}}\right)$$

$$<\sum_{k=1}^n\left(\frac{1}{\sqrt{2k-1}}-\frac{1}{\sqrt{2k+1}}\right)=1-\frac{1}{\sqrt{2n+1}}<1$$

$$\therefore\quad 0<\frac{1}{\sqrt{2}}-\frac{b_n}{a_n}<\frac{1}{a_n}$$

$a_n\to\infty$ だから，これで結論がでる。

〔Ⅲ〕 よく似ているが，すこし違うタイプの問題として，区分求積法の公式がある。

$$\lim_{n\to\infty}\frac{1}{n}\sum_{k=1}^n f\left(\frac{k}{n}\right)=\int_0^1 f(x)\,dx$$

ただし，$f(x)$ は区間 $0\leqq x\leqq 1$ での連続関数とする。

なお，この公式は教科書では認めている。

例題 $\displaystyle\lim_{n\to\infty}\sum_{k=1}^n\frac{1}{\sqrt{n+k}}$ を求めよ。

解答 〔本問のように評価してもよいが，区分求積法を利用すると〕

$$\sum_{k=1}^{n}\frac{1}{\sqrt{n+k}}=\frac{1}{\sqrt{n}}\sum_{k=1}^{n}\frac{1}{\sqrt{1+\frac{k}{n}}}=\sqrt{n}\cdot\frac{1}{n}\sum_{k=1}^{n}\frac{1}{\sqrt{1+\frac{k}{n}}}$$

$$\frac{1}{n}\sum_{k=1}^{n}\frac{1}{\sqrt{1+\frac{k}{n}}}\xrightarrow[n\to\infty]{}\int_0^1\frac{1}{\sqrt{1+x}}dx=\left[2\sqrt{x+1}\right]_0^1=2(\sqrt{2}-1)>0$$

$$\therefore\quad \lim_{n\to\infty}\sum_{k=1}^{n}\frac{1}{\sqrt{n+k}}=\infty$$ ……(答)

ここでも

$$\sum_{k=1}^{n}\frac{1}{\sqrt{n+k}}\geqq\sum_{k=1}^{n}\frac{1}{\sqrt{2n}}=\frac{\sqrt{n}}{\sqrt{2}}$$

と評価するのがはやい。

5.7 値の評価

$\dfrac{10^{210}}{10^{10}+3}$ の整数部分のけた数と，1の位の数字を求めよ。ただし，

$$3^{21}=10460353203$$

を用いてよい。

〔1989年度理系第4問〕

アプローチ

「けた数」や「1の位の数字」=「10^0 の位の数字」は数の表記にかかわることである。問題には明記されていないが，普通は10進法で考えるので，ここでもそう考えることにする。

正の実数 X の整数部分が10進法で N 桁であるとは

$$10^{N-1}\leqq X<10^N$$

が成り立つことである。多くの問題では，ここから底が10の対数をとって，$\log_{10}X$ の整数部分 $N-1$ を求めることになるが，本問はそうではない。

そのように公式的に考えるまえに，そもそも問題をよくみれば，分母について $10^{10}+3\fallingdotseq 10^{10}$ だから

$$X=\frac{10^{210}}{10^{10}+3}\fallingdotseq\frac{10^{210}}{10^{10}}=10^{200}$$

となり，値はほぼ 10^{200} で，これよりすこし小さいはずだから，10^{199} と 10^{200} の間となり，200桁とわかる。あとはこの概算を評価（不等式ではさむ）で正当化すればよい。

後半の1の位の数字はやりにくい。反語的に聞こえるかもしれないが，本問のような具体的な数の近似値を求めるのは難しい。ところが，それが関数の値・積分値などであれば，接線などで近似・面積とみて比較，などにより評価はしやすくなる。すなわち「値を数式化」して，なんらかの文字式で表すことを考える。値は変形しにくいが，式は変形できる。$X\fallingdotseq 10^{200}$ だから $\dfrac{X}{10^{200}}=1+\cdots$ であり，この…の部分を小数第200位の数がみえるように変形する。

解答

$X=\dfrac{10^{210}}{10^{10}+3}$ とおく。$10^{10}<10^{10}+3<10^{11}$ だから

$$10^{199}=\frac{10^{210}}{10^{11}}<X<\frac{10^{210}}{10^{10}}=10^{200}$$

したがって，X の整数部分は**200桁**である。 ……(答)

つぎに

$$X=10^{200}\cdot\frac{10^{10}}{10^{10}+3}=10^{200}\cdot\frac{1}{1+\dfrac{3}{10^{10}}}$$

において，等式

$$\frac{1}{1-x}=1+x+x^2+\cdots+x^{20}+\frac{x^{21}}{1-x}$$

を $x=-\dfrac{3}{10^{10}}$ として用いると

$$X=10^{200}(1+x+\cdots+x^{20})+10^{200}\cdot\frac{x^{21}}{1-x}$$

$$=(10^{200}+10^{200}x+\cdots+10^{200}x^{19})+10^{200}x^{20}+10^{200}\cdot\frac{x^{21}}{1-x}$$

ここで，$10^{200}x^k=(-3)^k10^{200-10k}$ $(k=0,\ 1,\ \cdots,\ 19)$ は 10 の倍数で

$$10^{200}+10^{200}x+\cdots+10^{200}x^{19}$$

$$=10^{200}\{(1+x)+x^2(1+x)+\cdots+x^{18}(1+x)\}>0 \quad (-1<x<0)$$

だから，X の整数部分の 1 の位は

$$10^{200}x^{20}+10^{200}\cdot\frac{x^{21}}{1-x}=(-3)^{20}+\frac{(-3)^{21}}{10^{10}+3}=3^{20}-\frac{3^{21}}{10^{10}+3}$$

の整数部分の 1 の位に等しい。さらに

$$3^{20}=\frac{3^{21}}{3}=3486784401$$

$$\frac{3^{21}}{10^{10}+3}=\frac{10460353203}{10000000003} \qquad \therefore\ \ 1<\frac{3^{21}}{10^{10}+3}<2$$

だから，X の 1 の位は **9** である。 ……(答)

フォローアップ

〔Ⅰ〕 入試問題にほとんど出題されないが，教科書には「近似式」という小節がある。

$$|x|\text{が十分小さいとき}\qquad f(x)\fallingdotseq f(0)+f'(0)x$$

「≒」，「十分小さい」の定義がないので，正確には何のことかはっきりせず，入試の解答で使えるわけでもないので，きちんと学習しないかもしれないが，微分・積分の根幹にかかわる大切な考え方である。$y=f'(0)x+f(0)$ は，$y=f(x)$ のグラフの点 $(0,\ f(0))$ での接線だから，1 次近似式とは接線のことである。たとえば

$$\sqrt{1+x} \fallingdotseq 1+\frac{1}{2}x \qquad \cdots\cdots ①$$

であり，これから

$$\sqrt{1.0001}=\sqrt{1+10^{-4}} \fallingdotseq 1+\frac{1}{2}\cdot 10^{-4}=1.00005$$

がわかる。x を十分小さい数にしないと使えないので，たとえば，$\sqrt{10001}$ については，ほぼ $\sqrt{10^4}=10^2$ だから主要部 10^2 をくくりだして

$$\sqrt{10001}=\sqrt{10^4+1}=10^2\sqrt{1+10^{-4}} \fallingdotseq 10^2\left(1+\frac{1}{2}\cdot 10^{-4}\right)=100.005$$

のようにして用いる。同様にして，x（>0）が十分大きいとき

$$\sqrt{x^2+x}=x\sqrt{1+x^{-1}} \fallingdotseq x\left(1+\frac{1}{2}x^{-1}\right)=x+\frac{1}{2}$$

が成り立つことがわかり，これから直線 $y=x+\dfrac{1}{2}$ は曲線 $y=\sqrt{x^2+x}$ の漸近線（$x\to\infty$ での）になっている（$x^2+x-y^2=0$ は双曲線）。

同様にして，$f(x)=\dfrac{1}{1-x}$（$|x|<1$）について，$f'(x)=\dfrac{1}{(1-x)^2}$，$f'(0)=1$ だから，$x=0$ での近似式は

$$\frac{1}{1-x} \fallingdotseq 1+x$$

であり，たとえば

$$\frac{10^4}{10^4-1}=\frac{1}{1-10^{-4}} \fallingdotseq 1+10^{-4}=1.0001$$

となる。もうすこし精度をあげるために差をとると

$$\frac{1}{1-x}-(1+x)=\frac{x^2}{1-x} \fallingdotseq x^2(1+x)=x^2+x^3 \qquad \therefore \quad \frac{1}{1-x} \fallingdotseq 1+x+x^2+x^3$$

となる。これをくり返すと近似式はどこまでも精度があげられて，この場合の n 次近似式は，有名な等式

$$\frac{1}{1-x}=1+x+x^2+\cdots+x^n+\frac{x^{n+1}}{1-x}$$

において，右辺の最後の項 $\dfrac{x^{n+1}}{1-x}$（剰余項，誤差）を取り去ったものになる。

本問でも X から主要部 10^{200} をくくりだして，この等式を用いている。

このように，近似の考え方は **（関数）＝（近似式）＋（誤差）** として，等式で表現できれば，数学の解答に使うことができる。また，誤差を評価して不等式にして，はさみうちなどで用いることも多い。たとえば，①の誤差の項は

$$\sqrt{1+x}-\left(1+\frac{1}{2}x\right)=\frac{(1+x)-\left(1+\frac{1}{2}x\right)^2}{\sqrt{1+x}+1+\frac{1}{2}x}=-\frac{1}{4\left(\sqrt{1+x}+1+\frac{1}{2}x\right)}x^2$$

であり，これから

$$1+\frac{1}{2}x-\frac{1}{8}x^2<\sqrt{1+x}<1+\frac{1}{2}x \quad (x>0)$$

が得られる。

〔Ⅱ〕 もう１つ近似の考え方の例をあげる。

例題　$e^{\pi}>21$ を示せ。ただし，$\pi=3.14\cdots$ は円周率，$e=2.71\cdots$ は自然対数の底である。

方針　e，π の近似値を用いて直接に手で計算するのは大変である。１次近似を考えると，これは接線だからどの点での接線をとるかが大切である。たとえば，曲線 $y=e^x$ の点 (0，1) での接線をとると，$e^x \fallingdotseq 1+x$ となるが，π は 0 に十分近いといえるはずもないので，$e^{\pi}\fallingdotseq 1+\pi$ としても意味がない。$e^x>1+x$ $(x>0)$ とすれば正しい式になるが，$e^{\pi}>1+\pi$ ではハナシにならない。

曲線 $y=e^x$ は下に凸だから，接線は接点以外では曲線の下側にあり（**5.3**〔**Ⅰ**〕），$x=a$ $(\neq\pi)$ の点での接線を考えることにより

$$e^x>e^a(x-a)+e^a \quad (x\neq a)$$

$$\therefore \quad e^{\pi}>e^a(\pi-a)+e^a=e^a(\pi+1-a)$$

がわかる。ここで，a は π に近い値で e^a が計算しやすいものにとりたい。そこで $a=3$ として，$e>2.7$，$\pi>3.1$ を用いると

$$e^{\pi}>e^3(\pi-2)>(2.7)^3\times 1.1=7.29\times 2.97$$
$$=21.6513>21$$

（**証明終わり**）

〔Ⅲ〕 コンピュータで計算すると，X の整数部分は

9999999997000000000899999999730000000080999999975700000000
7289999997813000000656099999803170000059048999998228530000
5314409998405677000478296899856510930043046720987085983700
387420488883773853334867843990

というとんでもない数であるが，21 世紀の現在ではこんな数でもスマホのアプリで一瞬にして正確に（近似でなく）計算できてしまう。対数を利用して桁数を求めるような問題はもはや時代に合っていないというべきかもしれない。

5.8 漸化式で定義された数列の極限

正数xを与えて，

$$2a_1=x,\ \ 2a_2={a_1}^2+1,\ \ \cdots,\ \ 2a_{n+1}={a_n}^2+1,\ \ \cdots$$

のように数列 $\{a_n\}$ を定めるとき

(1) $x\neq 2$ ならば，$a_1<a_2<\cdots<a_n<\cdots$ となることを証明せよ。

(2) $x<2$ ならば，$a_n<1$ となることを証明せよ。このとき，正数εを$1-\dfrac{x}{2}$より小となるようにとって，a_1，a_2，…，a_nまでが$1-\varepsilon$以下となったとすれば，個数nについて次の不等式が成り立つことを証明せよ。

$$2-x>n\varepsilon^2$$

〔1971 年度理系第 2 問〕

アプローチ

(1) 2 項間漸化式 $a_{n+1}=f(a_n)$ で定義された数列の様子を調べるには，$y=f(x)$ と $y=x$ のグラフにおいて，$\{a_n\}$ の動きを追えばよい。そこで $f(x)=\dfrac{x^2+1}{2}$（x は本問の正数xとは無関係）として図を描いてみると，$0<a_1<1$ のとき a_n は増加して 1 に収束し，$a_1>1$ のときも a_n は増加して∞に発散することが「わかる」（ただしこれは証明ではない。直観的に理解したにすぎない）。増加することを証明するために $a_{n+1}-a_n$ の符号を調べる。

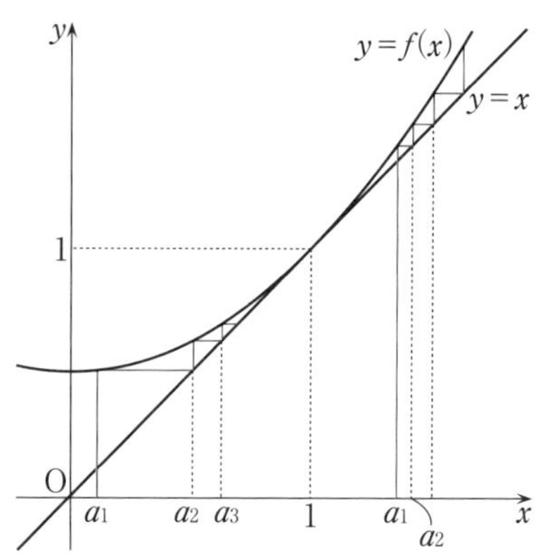

(2) $a_n\nearrow 1$（増加して 1 に収束：$a_n\uparrow 1$ ともかく）のはずだから，$a_n\leqq 1-\varepsilon$ が成り立つには，n がある値以上になれないことがわかる。その具体的な値として $\dfrac{2-2a_1}{\varepsilon^2}$ がとれるといっているのが(2)である。これを示すために a_n を下から $a_1=\dfrac{x}{2}$，ε，n で評価する。

解答

$$a_{n+1}=\frac{1}{2}(a_n{}^2+1)\quad (n=1,\ 2,\ 3,\ \cdots)\qquad\cdots\cdots①$$

(1)　①により

$$a_{n+1}-a_n=\frac{1}{2}(a_n-1)^2\qquad\cdots\cdots②$$

だから

「すべての n について $a_n\neq 1$」　……(＊)

を示せばよい。①から

$$a_{n+1}-1=\frac{1}{2}(a_n{}^2-1)=\frac{1}{2}(a_n+1)(a_n-1)\qquad\cdots\cdots③$$

である。ここで，$a_1=\dfrac{x}{2}>0$ と①から

「すべての n について $a_n>0$」　……(★)

だから，③から「$a_n\neq 1$ ならば $a_{n+1}\neq 1$」（$n\geqq 1$）である。これと $a_1=\dfrac{x}{2}\neq 1$ （$x\neq 2$）により，帰納法で(＊)が成り立ち，すべての $n\geqq 1$ で ②>0 すなわち $a_n<a_{n+1}$ だから

$$a_1<a_2<\cdots<a_n<\cdots$$

となる。　**(証明終わり)**

(2)　③と(★)から，「$a_n<1$ ならば $a_{n+1}<1$」であり，$a_1=\dfrac{x}{2}<1$ だから，数学的帰納法で「すべての n について $a_n<1$」となる。　**(証明終わり)**

$a_k\leqq 1-\varepsilon$（$k=1,\ 2,\ \cdots,\ n$）ならば，②から

$$a_{k+1}-a_k=\frac{1}{2}(1-a_k)^2\geqq\frac{1}{2}\varepsilon^2$$

となり，これを $k=1,\ 2,\ \cdots,\ n-1$ について辺々加えると，$n\geqq 2$ について

$$a_n-a_1\geqq\frac{n-1}{2}\varepsilon^2\qquad\therefore\quad a_n\geqq\frac{x}{2}+\frac{n-1}{2}\varepsilon^2$$

であり，これは $n=1$ のときも成り立つ。これと $1-\varepsilon\geqq a_n$ から

$$1-\varepsilon\geqq\frac{x}{2}+\frac{n-1}{2}\varepsilon^2\qquad\therefore\quad 1-\frac{x}{2}\geqq\varepsilon+\frac{n-1}{2}\varepsilon^2$$

$$\therefore\quad 2-x\geqq 2\varepsilon+(n-1)\varepsilon^2=n\varepsilon^2+\varepsilon(2-\varepsilon)>n\varepsilon^2\quad\left(\because\quad 0<\varepsilon<1-\frac{x}{2}<1\right)$$

となり，$2-x>n\varepsilon^2$ が成り立つ。　　　　　　　　　　　　　　**（証明終わり）**

フォローアップ

〔Ⅰ〕 漸化式で定義された数列の一般項についての証明には，数学的帰納法を用いることが多い。本問(1)でも何を帰納法で示すかにより，様々な方法がありうる。直接に「$a_n<a_{n+1}$」を帰納法で示すには，①から

$$a_{n+2}-a_{n+1}=\frac{a_{n+1}+a_n}{2}(a_{n+1}-a_n)$$

がわかるので，**解答** と同様にあらかじめ(★)を示しておけばよい。
(2)の前半「$a_n<1$」も同様に帰納法で，③が要点となる式である。後半は考えにくいが，「$a_n \leqq 1-\varepsilon \Longrightarrow n$ を上から評価」だから，a_n を n の式で下から評価すればよいことがわかる。それには②に着目し，$\{a_n\}$ の階差を下から評価すればよい。

〔Ⅱ〕 (2)の後半は，対偶をとると

$$n \geqq \frac{2-x}{\varepsilon^2} \Longrightarrow (0<)\,1-a_n<\varepsilon$$

を示したことになっている。これは「正の ε をどんなに小さくとっても n を十分大きくすればつねに $1-\varepsilon<a_n<1$ である」ことであり，これが $\lim_{n\to\infty} a_n=1$ を意味することはわかるだろう。実は，これが極限の定義にしたがって収束を示したことになっている。
高校の教科書では，「数列 $\{a_n\}$ において，n が限りなく大きくなるとき，a_n が一定の値 α に限りなく近づくとき，$\{a_n\}$ は α に収束するという」とある。「限りなく大きい」とか「限りなく近づく」というのはわかるにしても，数学の定義かといわれると心もとない。限りなく大きい数などないし，限りなく近い2数は一致してしまう。これは「とりあえずの定義」であって数学の定義とよべる代物（しろもの）ではない（これにしたがって収束を証明することはない）。
参考までに大学の範囲になるが，ちゃんとした定義は次のようになる：

「任意の正の実数 ε に対して，ある正の整数 N が存在して

$n>N$　ならば　$|a_n-\alpha|<\varepsilon$

が成り立つ」

複文の命題になっていて（**4.10〔Ⅱ〕**），なかなかピンとこないかもしれないが（慣れるのは大学に入ってから必要な人がやればよい。数学のユーザがやる必要はない），これが本来の定義で，本問ではこの定義にしたがって

$a_n \to 1$ を示しているのである。

2項間漸化式で定義された数列 $\{a_n\}$ について，$\{a_n\}$ の極限が α であることを示す問題はよくあるが，ほとんどの場合では漸化不等式

$$|a_{n+1}-\alpha| \leqq r|a_n-\alpha| \quad (n \geqq 1)$$

をみたす定数 r $(0<r<1)$ がとれることを示す（これからはさみうち $|a_n-\alpha| \leqq r^{n-1}|a_1-\alpha| \to 0$ がわかる）。ところが，本問では $0<a_1<1$ のとき

$$③ : 0<1-a_{n+1}=\frac{a_n+1}{2}(1-a_n)$$

において，結果的には $a_n \to 1$ だから $\dfrac{a_n+1}{2} \to 1$ $(n \to \infty)$ になり，上のような定数 r は存在しない。にもかかわらず収束を示すことができることが本問の意図である。

〔Ⅲ〕 本質的には(2)と同じだが，$0<a_1<1$ のとき $\{a_n\}$ の収束を示すには，$|a_n-1|$ を評価する方法もある。(2)と同様に②に着目する：

$$a_{k+1}-a_k=\frac{1}{2}(1-a_k)^2 \quad (k=1,\ 2,\ \cdots,\ n)$$

ここで，(1)と(2)の前半：$a_n<1$ から $1-a_k \geqq 1-a_n>0$ だから

$$a_{k+1}-a_k \geqq \frac{1}{2}(1-a_n)^2 \quad (k=1,\ 2,\ \cdots,\ n)$$

これらを辺々加えると

$$a_{n+1}-a_1 \geqq \frac{n}{2}(1-a_n)^2$$

であり，これと $1>a_{n+1}$ から

$$1-a_1 \geqq \frac{n}{2}(1-a_n)^2 \qquad \therefore\ 0<1-a_n \leqq \sqrt{\frac{2(1-a_1)}{n}}$$

が得られる。ゆえに，はさみうちにより $a_n \to 1$ である。

第6章 立体／空間座標

6.1 表面積の比の最大・最小

正四角錐Vに内接する球をSとする。Vをいろいろ変えるとき，比

$$R=\frac{\text{Sの表面積}}{\text{Vの表面積}}$$

のとりうる値のうち，最大のものを求めよ。

ここで正四角錐とは，底面が正方形で，底面の中心と頂点を結ぶ直線が底面に垂直であるような角錐のこととする。

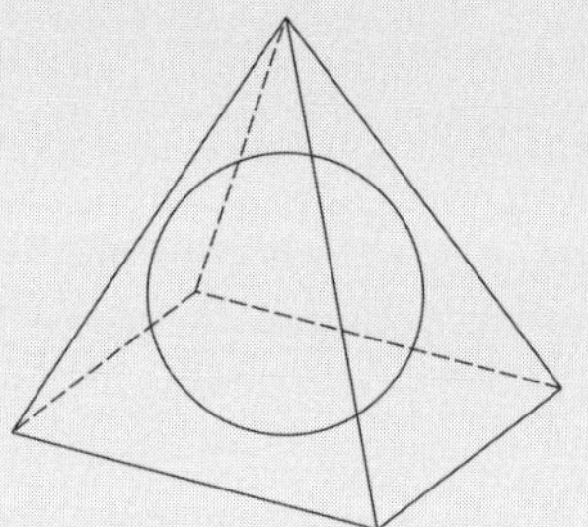

〔1983年度理系第5問〕

アプローチ

立体図形の計量（表面積の比）についての最大・最小問題である。Vについては高さと底面の1辺の長さ，Sについては半径が求めたい量であり，これらを表す変数は何か？　平面図形に帰着させるために，これら求めるものが平面にあらわれるように切ることを考える。球の中心を通り，さらに球と面の接点を含むとすると，どの平面をとるかはわかる。その切り口において変数をとる。「長さ」がとりやすいが，「角」もあることを忘れないように。とくに角を用いると，三角関数の公式が使える利点がある。

解答

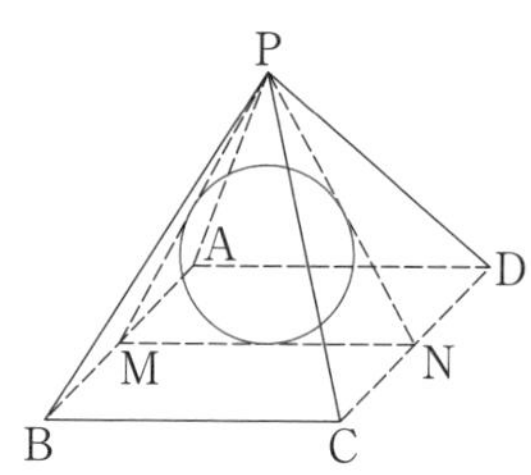

Vの頂点をP，底面を正方形ABCDとする。AB，CDの中点をM，Nとし，平面PMNによる切り口を考えると，二等辺三角形PMNの内接円の半径rがSの半径である。正方形ABCDの1辺の長さを$2a$とし，$\angle \mathrm{PMN}=2\theta$

とおくと，$0<2\theta<\dfrac{\pi}{2}$ だから，θ の変域は $0<\theta<\dfrac{\pi}{4}$ であり

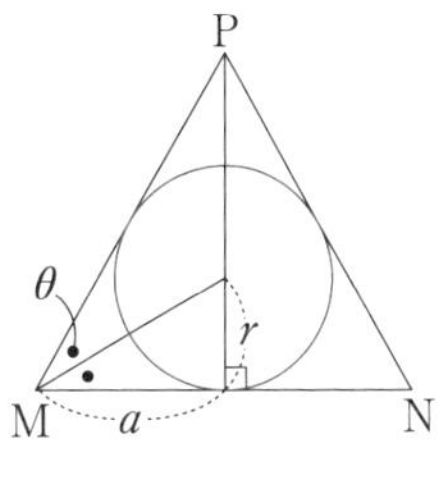

$$r=a\tan\theta,\quad \mathrm{PM}=\frac{a}{\cos 2\theta}$$

である。したがって

$$(\text{S の表面積})=4\pi r^2=4\pi a^2\tan^2\theta$$

$$\begin{aligned}(\text{V の表面積})&=4\triangle\mathrm{PAB}+(\text{正方形 ABCD})\\&=4\times\frac{1}{2}\cdot 2a\cdot\frac{a}{\cos 2\theta}+(2a)^2\\&=4a^2\left(\frac{1}{\cos 2\theta}+1\right)\\&=4a^2\cdot\frac{2\cos^2\theta}{\cos^2\theta-\sin^2\theta}\\&=4a^2\cdot\frac{2}{1-\tan^2\theta}\end{aligned}$$

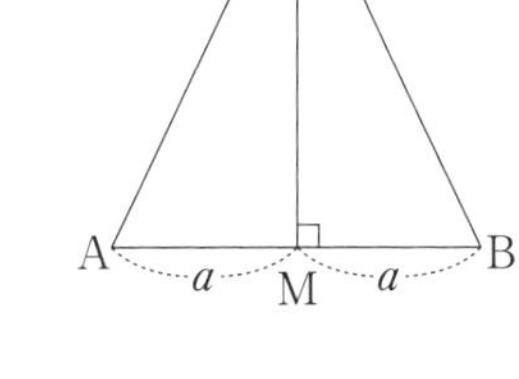

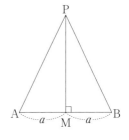

$$\therefore\quad R=\frac{\pi}{2}\tan^2\theta\,(1-\tan^2\theta)$$

$$=\frac{\pi}{2}\left\{-\left(\tan^2\theta-\frac{1}{2}\right)^2+\frac{1}{4}\right\}$$

$\tan\theta$ のとりうる値の範囲は $0<\tan\theta<1$ だから，$\tan^2\theta=\dfrac{1}{2}$ すなわち

$\tan\theta=\dfrac{1}{\sqrt{2}}$ のとき R は最大値 $\dfrac{\pi}{8}$ をとる。　……(答)

フォローアップ

〔Ⅰ〕　立体図形では，まず，平面図形に帰着するために，適当な平面での切り口を考える。一般的な図形ではどう切ればよいかはっきりしないが，図形に対称性があるならそれを利用する。対称面があるときは

対称面で切る

のが定石である。R を表す変数をどうとるかが問題だが，面積の比は長さの比でかけるはずだから，たとえば r/a を変数にとっても角を変数にとるのと同じことにはなる。

なお，問題文には長さの情報が与えられていないので，たとえばVの底面の１辺の長さを１としても問題はない。数学における１は実際には１単位ということである。

〔Ⅱ〕 正四角錐の内接球は直観的にとらえられ，本問ではそれで十分であるが，それがただ1つあることの論証は次のようにすればよい。本問では△PMN の内接円の中心 I（内心）を中心とし，その半径 r を半径とする球をとれば，それがVに内接している，すなわち内接球Sであることは対称性からわかる（存在)。また，内接球の中心は，各面への距離が等しくなる点だから，底面と4つの側面のなす角の二等分面上にあり，これらの面の交点からただ1つに定まることがわかる。ゆえに，内接球は上のものしかない（一意性)。

6.2　四面体の体積の最大・最小

空間内の点Oに対して，4点A，B，C，Dを

$$\mathrm{OA}=1,\ \mathrm{OB}=\mathrm{OC}=\mathrm{OD}=4$$

をみたすようにとるとき，四面体 ABCD の体積の最大値を求めよ。

〔1988 年度理系第 6 問〕

アプローチ

前問 **6.1** につづいて，立体図形の計量（体積）についての最大・最小問題である。空間の 4 点が変数であるが，これらをまともに文字において数式にするわけにはいかない。3 点B，C，Dが点Oから等距離にあるというある種の‘対称性’があり，これらはOを中心とする半径 4 の球上にあるが，点Aは対称性をくずしている。四面体の体積を求めるには，高さと底面積が必要であり，この対称性から考えて，底面は△BCD とみる。

球と平面の交わりは円である

ことから，底面は球と平面 BCD の交わりの円に内接している。球と平面の関係は「球の中心と平面の距離」によってきまり，これがいまの図の状況をきめる変数である。動くものが多いときはある文字を固定するが，まずこの変数を固定する。

解答

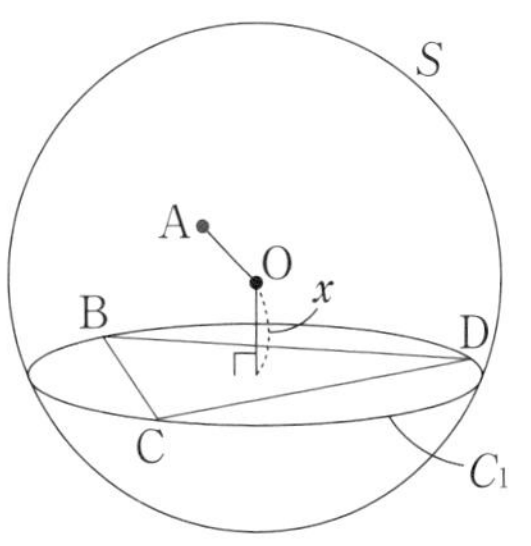

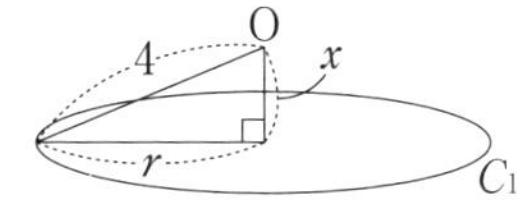

OB＝OC＝OD＝4 だから，B，C，DはOを中心とする半径 4 の球 S 上にある。平面 BCD と S との交わりの円 C_1 上にB，C，Dはある。Oと平面 BCD との距離を x とすると，C_1 の半径 r は

$$r=\sqrt{16-x^2}$$

である。

まず x $(0\leqq x<4)$ を固定する。四面体 ABCD の体積が最大になるのは，底面 BCD への高さが最大 $x+1$ で，△BCD の面積が最大のときである。

「定円に内接する三角形の面積は正三角形のときに最大である」　……(＊)

ことから，このときの体積を V とおくと

$$V=\frac{1}{3}(x+1)\cdot\frac{1}{2}r^2\sin\frac{2\pi}{3}\cdot3=\frac{\sqrt{3}}{4}(x+1)(16-x^2)$$

つぎに x を変化させる。

$$\frac{dV}{dx}=\frac{\sqrt{3}}{4}\{(16-x^2)+(x+1)(-2x)\}=\frac{\sqrt{3}}{4}(-3x^2-2x+16)$$
$$=\frac{\sqrt{3}}{4}(3x+8)(2-x)$$

したがって，V の増減は右表のようになり，$x=2$ のとき V は最大で，求める最大値は

x	0	…	2	…	(4)
$\frac{dV}{dx}$		+	0	−	
V		↗		↘	

$$\frac{\sqrt{3}}{4}\cdot 3\cdot(16-4)=\mathbf{9\sqrt{3}}\qquad\cdots\cdots\textbf{(答)}$$

(＊)の証明：定円に内接する三角形において，二等辺でない三角形より面積の大きい二等辺三角形が存在する（右図のように AB≠AC のとき，A を含む弧 $\overset{\frown}{BC}$ の中点を A′ とすると，△ABC＜△A′BC，A′B＝A′C）ので，定円に内接する二等辺三角形の面積の最大値を求めればよい。

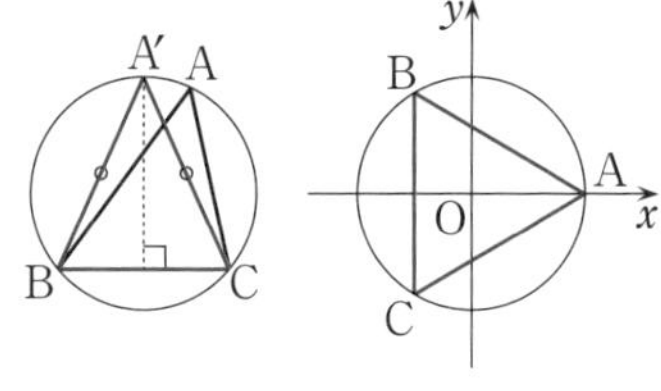

定円を単位円 $x^2+y^2=1$，二等辺三角形の頂点を

$$\mathrm{A}(1,\ 0),\ \mathrm{B}(\cos\theta,\ \sin\theta),\ \mathrm{C}(\cos\theta,\ -\sin\theta)\quad(0<\theta<\pi)$$

とし，三角形の面積を T とおく。

$$T=\frac{1}{2}\cdot 2\sin\theta(1-\cos\theta)=\sin\theta-\sin\theta\cos\theta$$

$$\frac{dT}{d\theta}=\cos\theta-(\cos^2\theta-\sin^2\theta)=(1-\cos\theta)(2\cos\theta+1)$$

$\dfrac{dT}{d\theta}=0$ $(0<\theta<\pi)$ のとき

$$\cos\theta=-\frac{1}{2}\qquad\therefore\quad\theta=\frac{2\pi}{3}$$

θ	(0)	…	$\frac{2\pi}{3}$	…	(π)
$\frac{dT}{d\theta}$		+	0	−	
T		↗		↘	

右表から，T は $\theta=\dfrac{2\pi}{3}$ すなわち正三角形のときに最大である。　　**（証明終わり）**

フォローアップ

〔Ⅰ〕　球を表すために，座標空間で考えて $S：x^2+y^2+z^2=4^2$ などとすると，S 上の３点とＡの座標が変数だから，変数が多すぎる。座標の計算で処理できるような問題ではないことはわかる。球というよくわかる図形が対象だか

ら，やみくもに式で表現しようとするのでなく，「与えられた問題の状況はどの量によってきまる」のか，を考えることである。変数は，図形的に本質的な量をとるのがよい。

変数が多いときは，適当な変数を固定して考える。本問では，はじめに変数 x をとり，まずこれを固定してA，B，C，Dを動かす。このとき，Aの△BCDに対する高さ（Aと平面BCDの距離）の最大がわかり，B，C，Dは定円上の3点である。

〔Ⅱ〕（＊）は，当然成り立つと考えられるだろうが，証明が必要である。上の方法は二等辺三角形にすることで，変数を減らし，座標を導入している。このように座標は，必要になったら，その場面で設定すればよい。

三角形の計量（辺と角の関係式）を利用した次のような方法もある。これは対称性を保存している。

<u>（＊）の別証明</u>：半径 R の円に内接する△ABCについて，その面積を S とおく。正弦定理から

$$S=\frac{1}{2}bc\sin A=2R^2\sin A\sin B\sin C$$

ここで

$$A>0,\ B>0,\ C>0,\ A+B+C=\pi$$

だから，$\sin A>0$，$\sin B>0$，$\sin C>0$ で，相加平均と相乗平均の関係から

$$\sqrt[3]{\sin A\sin B\sin C}\leqq\frac{\sin A+\sin B+\sin C}{3}$$

また，$\sin x$ $(0<x<\pi)$ は上に凸だから（**〔Ⅲ〕**）

$$\frac{\sin A+\sin B+\sin C}{3}\leqq\sin\frac{A+B+C}{3}\qquad\cdots\cdots(\bigstar)$$

$$\therefore\quad \sin A\sin B\sin C\leqq\left(\sin\frac{A+B+C}{3}\right)^3=\left(\sin\frac{\pi}{3}\right)^3=\frac{3\sqrt{3}}{8}$$

以上から

$$S\leqq 2R^2\cdot\frac{3\sqrt{3}}{8}=\frac{3\sqrt{3}}{4}R^2$$

であり，等号が成り立つのは，$A=B=C$ つまり正三角形のときである。

（証明終わり）

〔Ⅲ〕　上で用いた $\sin x$ $(0<x<\pi)$ についての凸不等式(★)を確認しておく。

$f(x)$ は区間 I で下に凸で，a，$b\in I$ のとき，**5.3〔Ⅰ〕**(ii)で示した不等式

$$f((1-t)a+tb)\leqq(1-t)f(a)+tf(b)\quad(0\leqq t\leqq 1)$$

は $a=b$ のときも成り立つ。このとき，等号は $a=b$ または $t=0$ または $t=1$ のときである。これが 3 文字でも同様に成り立つことを示す。さらに $c\in I$ として

$$f\left(\frac{a+b+c}{3}\right)=f\left(\frac{2}{3}\cdot\frac{a+b}{2}+\frac{1}{3}c\right)$$

$$\leqq\frac{2}{3}f\left(\frac{a+b}{2}\right)+\frac{1}{3}f(c)\qquad\left(t=\frac{1}{3}\text{ として}\right)$$

$$\leqq\frac{2}{3}\left(\frac{1}{2}f(a)+\frac{1}{2}f(b)\right)+\frac{1}{3}f(c)\qquad\left(t=\frac{1}{2}\text{ として}\right)$$

$$=\frac{f(a)+f(b)+f(c)}{3}$$

$$\therefore\quad f\left(\frac{a+b+c}{3}\right)\leqq\frac{f(a)+f(b)+f(c)}{3}$$

ここで等号は

$$\frac{a+b}{2}=c,\ a=b\qquad\therefore\quad a=b=c$$

のときである。

上に凸なら不等式は反対向きになるので，$\sin x$ $(0<x<\pi)$ について（★）が成り立ち，等号は $A=B=C$ のときである。

6.3　円錐の切り口の楕円

直円錐形のグラスに水が満ちている。水面の円の半径は1，深さも1である。

(1)　このグラスを右の図のように角度αだけ傾けたとき，できる水面は楕円である。この楕円の中心からグラスのふちを含む平面までの距離lと，楕円の長半径aおよび短半径bを，$m=\tan\alpha$で表せ。ただし楕円の長半径，短半径とは，それぞれ長軸，短軸の長さの$\dfrac{1}{2}$のことである。

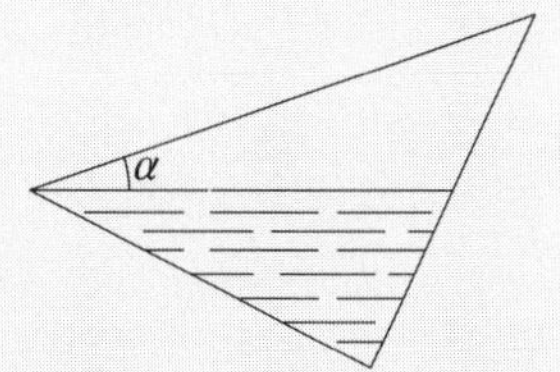

(2)　傾けたときこぼれた水の量が，最初の水の量の$\dfrac{1}{2}$であるとき，$m=\tan\alpha$の値を求めよ。ただしグラスの円錐の頂点から，新しい水面までの距離をhとするとき，残った水の量は，$\dfrac{1}{3}\pi abh$に等しいことを用いよ。

〔1986年度理系第6問〕

アプローチ

円錐は，球ほどよくわかるものではないが，三角形の回転体としてとらえられる。それを傾けたとき，対称面による切り口が問題文の図である。傾けたときの水面は，円錐を斜めに切ったときの切り口であり，これが楕円になることは認めている（証明せよとはいっていない）。その長軸と短軸の長さは楕円を見ていてもわからない。これらがはっきり見えるように切る。一般的に，立体図形の計量では

求めるものを含む平面で切る

ことを考えるが，長軸，楕円の中心およびlは問題文の図の中にあらわれている。短軸はどうすればよいか？　楕円の中心を通って，円錐の回転軸に垂直に切ればよい。そして，これらの切り口を見取り図を通して結びつける。

さて，具体的にこれらの量を求めるには，三角形の計量問題と考えてもよいが，$m=\tan\alpha$とは直線の傾きだから，切り口の平面に座標を導入すると，辺の長さは2点間の距離になり，点の座標（2直線の交点）がわかれば計算できる。

解答

(1)　円錐の中心軸と楕円の長軸を含む平面での切り口に次図のように座標軸をとる。

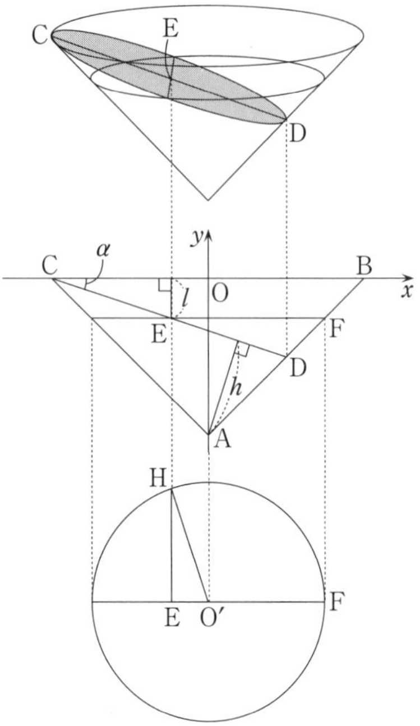

$\mathrm{A}(0,\ -1)$，$\mathrm{B}(1,\ 0)$，

$\mathrm{C}(-1,\ 0)$

図において楕円の長軸は CD，中心は E で

$$\mathrm{CD}: y=-m(x+1)$$

$$\mathrm{AB}: y=x-1$$

$0<\alpha<\dfrac{\pi}{4}$ だから $0<m<1$ である。CD と AB の交点Dを求めると

$$-m(x+1)=x-1$$

$$\therefore\quad \mathrm{D}\left(\frac{1-m}{1+m},\ \frac{-2m}{1+m}\right)$$

$\mathrm{E}(x_{\mathrm{E}},\ y_{\mathrm{E}})$ は CD の中点で

$$x_{\mathrm{E}}=\frac{1}{2}\left(-1+\frac{1-m}{1+m}\right)$$

$$=\frac{-m}{1+m}=y_{\mathrm{E}}$$

$$\therefore\quad l=|y_{\mathrm{E}}|=\boldsymbol{\frac{m}{1+m}}\qquad\cdots\cdots(\text{答})$$

$$a=\mathrm{EC}=\{x_{\mathrm{E}}-(-1)\}\sqrt{1+m^2}=\boldsymbol{\frac{\sqrt{1+m^2}}{1+m}}\qquad\cdots\cdots(\text{答})$$

円錐の底面（グラスのふち）を含む平面に平行で，E を通る平面による切り口（円）において，その中心 $\mathrm{O}'(0,\ -l)$ で，図の $\mathrm{F}(x_{\mathrm{F}},\ y_{\mathrm{F}})$（AB 上にある）について

$$x_{\mathrm{F}}=y_{\mathrm{F}}+1=y_{\mathrm{E}}+1=\frac{1}{1+m},\quad y_{\mathrm{E}}=y_{\mathrm{F}}=-l$$

$$\therefore\quad b=\mathrm{EH}=\sqrt{\mathrm{O'H}^2-\mathrm{O'E}^2}=\sqrt{\mathrm{O'F}^2-\mathrm{O'E}^2}=\sqrt{{x_{\mathrm{F}}}^2-{x_{\mathrm{E}}}^2}$$

$$=\sqrt{\left(\frac{1}{1+m}\right)^2-\left(\frac{-m}{1+m}\right)^2}=\boldsymbol{\sqrt{\frac{1-m}{1+m}}}\qquad\cdots\cdots(\text{答})$$

(2)　$h=(\mathrm{A}$ と $\mathrm{CD}: mx+y+m=0$ の距離$)$

$$=\frac{|-1+m|}{\sqrt{m^2+1}}=\frac{1-m}{\sqrt{1+m^2}}$$

だから，残った水量は

$$\frac{1}{3}\pi abh=\frac{\pi}{3}\cdot\frac{\sqrt{1+m^2}}{1+m}\cdot\sqrt{\frac{1-m}{1+m}}\cdot\frac{1-m}{\sqrt{1+m^2}}=\frac{\pi}{3}\left(\frac{1-m}{1+m}\right)^{\frac{3}{2}}$$

これが直円錐の体積 $\frac{1}{3}\pi\cdot1^2\cdot1=\frac{\pi}{3}$ の $\frac{1}{2}$ だから

$$\left(\frac{1-m}{1+m}\right)^{\frac{3}{2}}=\frac{1}{2} \qquad \therefore \quad \frac{1-m}{1+m}=\frac{1}{2^{\frac{2}{3}}}$$

$$\therefore \quad m=\frac{2^{\frac{2}{3}}-1}{2^{\frac{2}{3}}+1}=\frac{\sqrt[3]{4}-1}{\sqrt[3]{4}+1} \qquad \cdots\cdots(答)$$

フォローアップ

〔Ⅰ〕 立体図形（３次元）を平面（２次元）に正確に描くことはできない。描けるのは「見取り図」であり，これはあくまでも気持ちの図である。たとえば，解答の円錐の図は，我々にはもはや円錐にしか見えないが，実際には，これは４本の線分と楕円３個でできている平面図形であり，これを立体図形に見るように学習してきたのである。まったく正しい図ではない。しかし，これを元にして，正しい図を‘描く’ことができる。平面図形は座標平面の部分集合と１対１に対応し，座標により数値化，数式化できるからである。

〔Ⅱ〕 無意識に使ってきているが，そもそも「平面」とは何だろうか？　哲学的にではなく‘数学的に’である。そこには，距離や角，さらに平行移動，回転などがそなわっているものであってほしい。すると平面とは実数の組の集合

$$U=\{(x,\ y)\,|\,x,\ y \text{ は実数}\}$$

といわざるをえない。U はベクトルの成分の集合ともみなせて，ベクトルの演算（実数倍，加法，内積）が定義される。しかし，本来平面には固定された原点などないので，こういってしまうと問題がある。そこで，集合としては U であり，これから原点と座標軸を抜く（忘れる）が，距離や角，正の向きなどは残っているものと考える。このとき成分はなくなるが，ベクトルの集合としての性質はすべて残っていて，２点A，Bに対してベクトル $\overrightarrow{\mathrm{AB}}$ が定まっている。そのような平面において，図形を扱っているのであり，座標はいつでも，必要になれば復活させる（とりなおす）ことができる。
「空間」（３次元）も同様に，実数の３つの組の集合からはじめればよく，すると，高校では必要ないが，４次元空間も考えられる。見取り図が描けないだけである。
このように土台となる座標は重要だが，座標だけでは表しにくい図形の性質

もある。「円周角」にかかわる円の性質がその代表的なものである。したがって，正弦定理も座標では表しにくい。座標は強力な方法だが，これだけで数学が表せるものではない。座標はあくまでも理解するための手段・方便と考えた方がよい。

〔Ⅲ〕 座標空間において，円錐面の方程式を考えることができるので（**6.5**〔アプローチ〕），円錐面の平面による切り口は，2つの図形の方程式を連立したものである。すると切り口の水面は「式」でとらえられ，切り口が楕円であり，その長軸，短軸の長さも「式」からわかるはずである。この方針でも解答できるが，計算はかなり面倒になる。本問では切り口が楕円であることは認めているので，これを利用して平面図形に帰着させる方法をとっている。

6.4　四面体の外接球と内接球

a, bを正の実数とする。座標空間の4点P(0, 0, 0), Q(a, 0, 0), R(0, 1, 0), S(0, 1, b) が半径1の同一球面上にあるとき，P，Q，R，Sを頂点とする四面体に内接する球の半径をrとすれば，次の二つの不等式が成り立つことを示せ。

$$\left(\frac{1}{r}-\frac{1}{a}-\frac{1}{b}\right)^2 \geqq \frac{20}{3},\quad \frac{1}{r} \geqq 2\sqrt{\frac{2}{3}}+2\sqrt{\frac{5}{3}}$$

〔1992年度理系第3問〕

アプローチ

四面体PQRSの外接球の半径が1のときに，内接球の半径rをa, bで表せということである。まずa, bの関係式を求める。そのために外接球の中心が知りたいが，4頂点の座標がわかっていても，対称性はなさそうなので，切り口は考えにくい。中心の座標を文字でおいて球の方程式をかくのも考えものである。ここでは**図の特殊性に注目**してほしい。本問の四面体の図を描けばわかるが，直角が多くでてくる。球上の3点が直角三角形をなせば，その直角三角形を含む平面での切り口の円の直径がわかり，球の中心はその真上（斜辺の中点を通り，三角形を含む平面に垂直な直線上）にある。このことから外接球の中心がわかる。内接球の半径は四面体の体積と表面積から求められる。

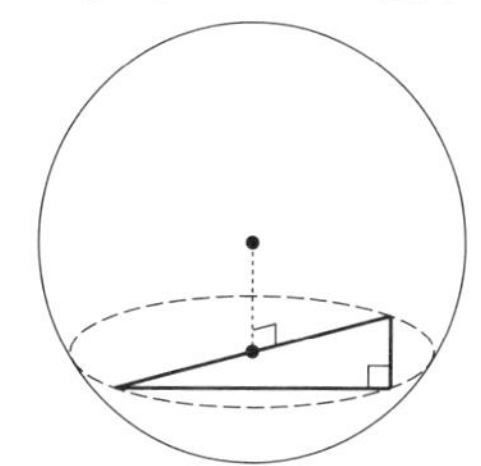

解答

$\angle$QPR$=\angle$PRS$=90°$だから，4点P，Q，R，Sを通る球の中心O′は，QRの中点を通りz軸に平行な直線とPSの中点を通りx軸に平行な直線の交点だから，QSの中点で，O′$\left(\frac{a}{2},\ \frac{1}{2},\ \frac{b}{2}\right)$である。この球の半径が1だから

$$\text{O}'\text{P}=1 \qquad \therefore\quad \frac{a^2}{4}+\frac{1}{4}+\frac{b^2}{4}=1$$

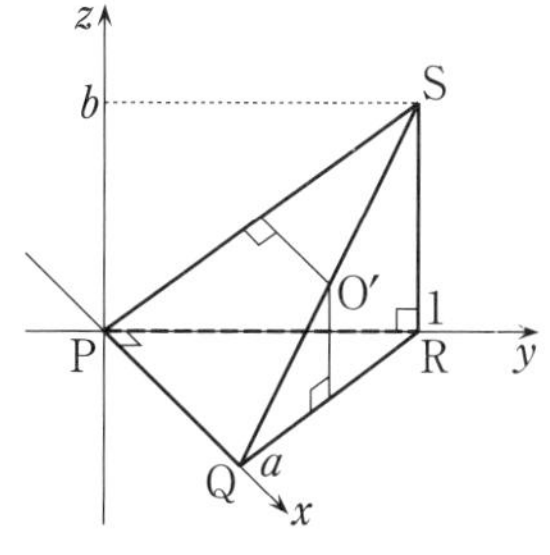

$$\therefore\quad a^2+b^2=3 \qquad \cdots\cdots①$$

四面体PQRSの体積をV，表面積をTとすると

$$V=\frac{1}{3}rT$$

$$V=\frac{1}{3}\triangle\mathrm{PQR}\cdot\mathrm{SR}=\frac{1}{3}\left(\frac{1}{2}a\cdot1\right)b=\frac{1}{6}ab$$

$$T=\triangle\mathrm{PQR}+\triangle\mathrm{PRS}+\triangle\mathrm{QRS}+\triangle\mathrm{PQS}$$

$$=\frac{1}{2}(a+b+b\sqrt{a^2+1}+a\sqrt{b^2+1})$$

したがって

$$rT=3V=\frac{1}{2}ab \qquad \therefore\quad 2rT=ab$$

$$\therefore\quad \frac{1}{r}=\frac{2T}{ab}=\frac{1}{a}+\frac{1}{b}+\frac{\sqrt{a^2+1}}{a}+\frac{\sqrt{b^2+1}}{b} \qquad \cdots\cdots②$$

$$\therefore\quad \left(\frac{1}{r}-\frac{1}{a}-\frac{1}{b}\right)^2=\left(\frac{\sqrt{a^2+1}}{a}+\frac{\sqrt{b^2+1}}{b}\right)^2$$

$$=\frac{a^2+1}{a^2}+\frac{b^2+1}{b^2}+2\cdot\frac{\sqrt{a^2+1}\sqrt{b^2+1}}{ab}$$

$$=2+\frac{a^2+b^2}{a^2b^2}+2\sqrt{\frac{a^2b^2+a^2+b^2+1}{a^2b^2}}$$

$$=2+\frac{3}{a^2b^2}+2\sqrt{1+\frac{4}{a^2b^2}} \qquad (\because\quad ①)$$

ここで①から

$$3=a^2+b^2\geqq 2ab \qquad \therefore\quad ab\leqq\frac{3}{2} \qquad \cdots\cdots③$$

だから $a^2b^2\leqq\frac{9}{4}$ で

$$\left(\frac{1}{r}-\frac{1}{a}-\frac{1}{b}\right)^2\geqq 2+\frac{4}{3}+2\sqrt{\frac{25}{9}}=\frac{20}{3}$$

また②から $\frac{1}{r}>\frac{1}{a}+\frac{1}{b}$ だから

$$\frac{1}{r}-\frac{1}{a}-\frac{1}{b}\geqq\sqrt{\frac{20}{3}}$$

$$\therefore\quad \frac{1}{r}\geqq\frac{1}{a}+\frac{1}{b}+\sqrt{\frac{20}{3}}\geqq 2\sqrt{\frac{1}{ab}}+2\sqrt{\frac{5}{3}}\geqq 2\sqrt{\frac{2}{3}}+2\sqrt{\frac{5}{3}}$$

（∵　相加平均と相乗平均の関係と③）　**（証明終わり）**

フォローアップ

〔Ⅰ〕 座標空間で問題が設定してあるが，4面が直角三角形である四面体を正確に記述するためである。座標で考える問題ではなく，図の特殊性（直角）を見抜くことが要点である。本問でも「球と平面の交わりが円である」ことに着目している。

一般に，凸多面体が内接球（中心は内部にあり，各面に同時に接する球）をもつとき，多面体の体積を V，表面積を S，内接球の半径を r とすると

$$V=\frac{1}{3}rS$$

が成り立つ。これは，内接球の中心と各頂点を結んで，中心と各面でできる多角錐をつくると，多面体がこれらに分割され，これらの多面体の高さが r になることからわかる。内接球の中心の「位置」は必要ない。

〔Ⅱ〕 後半は $\frac{1}{r}$ を a，b で表し，$\frac{1}{r}-\frac{1}{a}-\frac{1}{b}$ をつくってみればよい。a，b についての対称性はなるべく保存して変形していくと，相加平均と相乗平均の関係がみえてくる。なお，等号成立はもちろん $a=b=\sqrt{\frac{3}{2}}$ のときである。

6.5 円錐面の交わり

実数 α $\left(ただし\ 0 \leqq \alpha < \dfrac{\pi}{2}\right)$ と，空間の点 A$(1,\ 1,\ 0)$，B$(1,\ -1,\ 0)$，C$(0,\ 0,\ 0)$ を与えて，つぎの4条件をみたす点 P$(x,\ y,\ z)$ を考える。

(イ) $z>0$

(ロ) 2点P，Aを通る直線と，Aを通り z 軸と平行な直線のつくる角は $\dfrac{\pi}{4}$

(ハ) 2点P，Bを通る直線と，Bを通り z 軸と平行な直線のつくる角は $\dfrac{\pi}{4}$

(ニ) 2点P，Cを通る直線と，Cを通り z 軸と平行な直線のつくる角は α

このような点Pの個数を求めよ。また，Pが1個以上存在するとき，それぞれの場合について，z の値を，α を用いて表せ。

〔1981年度理系第4問〕

アプローチ

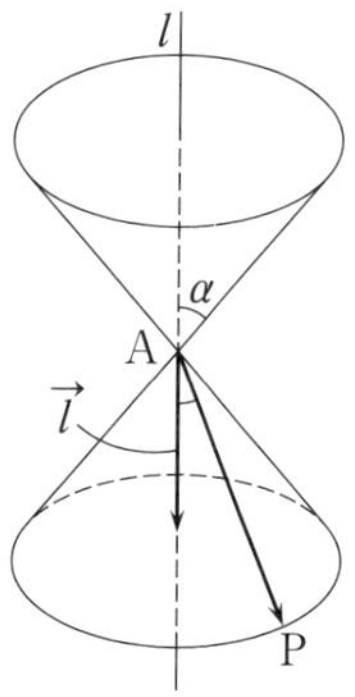

実数 α $\left(0<\alpha<\dfrac{\pi}{2}\right)$ と，空間の点Aを通る直線 l があるとき，PとAを通る直線と l のつくる角が α であるような，点Pの集合（Aも含める）は**円錐面** C をなす。A，l，α をそれぞれ C の頂点，軸，半頂角という。l の方向ベクトルを $\vec{l}$ とすると，$\overrightarrow{\mathrm{AP}}$ と $\vec{l}$ のなす角が α または $\pi-\alpha$ で，Pの条件は

$$\overrightarrow{\mathrm{AP}}\cdot\vec{l} = \pm|\overrightarrow{\mathrm{AP}}||\vec{l}|\cos\alpha$$

$$\therefore\quad (\overrightarrow{\mathrm{AP}}\cdot\vec{l})^2 = |\overrightarrow{\mathrm{AP}}|^2|\vec{l}|^2\cos^2\alpha$$

となり，これを P$(x,\ y,\ z)$ などとおいて成分で表したものが C の方程式である。

(ロ)，(ハ)，(ニ)がそれぞれ円錐面をなし，それらの交わりを考えている。その z 座標（>0）を求めよといっているので，円錐面の方程式3つを連立したものを考える。

解答

(イ)のとき，PはA，B，Cとは異なる。z 軸の正の向きの単位ベクトルを $\vec{e}=(0,\ 0,\ 1)$ とおく。(ロ)から $\overrightarrow{\mathrm{AP}}=(x-1,\ y-1,\ z)$ と $\vec{e}$ のなす角は $\dfrac{\pi}{4}$ だ

から

$$\overrightarrow{\mathrm{AP}}\cdot\vec{e}=|\overrightarrow{\mathrm{AP}}||\vec{e}|\cos\frac{\pi}{4} \qquad \therefore \quad (\overrightarrow{\mathrm{AP}}\cdot\vec{e})^2=|\overrightarrow{\mathrm{AP}}|^2\cos^2\frac{\pi}{4}$$

$\therefore \quad 2z^2=(x-1)^2+(y-1)^2+z^2$

$\therefore \quad z^2=(x-1)^2+(y-1)^2$ ……①

同様にして，(ハ)から $\overrightarrow{\mathrm{BP}}=(x-1,\ y+1,\ z)$ について

$z^2=(x-1)^2+(y+1)^2$ ……②

また，(ニ)から $\overrightarrow{\mathrm{CP}}=(x,\ y,\ z)$ について

$z^2=(x^2+y^2+z^2)\cos^2\alpha \qquad \therefore \quad z^2\tan^2\alpha=x^2+y^2$ ……③

「①，②，③および(イ)：$z>0$」を同時にみたす実数の組 $(x,\ y,\ z)$ の個数 N と z の値が求めるものである。①と②から $y=0$ で

①：$z^2=x^2-2x+2$，③：$z^2\tan^2\alpha=x^2$

(i)　$\tan\alpha=0$ すなわち $\alpha=0$ のとき，③：$x=0$ だから

①：$z^2=2 \qquad \therefore \quad z=\sqrt{2}\ (>0)$，$N=1$

(i)でないとき，$0<\alpha<\dfrac{\pi}{2}$，$\tan\alpha>0$ で，①，③から

$$\left(1-\frac{1}{\tan^2\alpha}\right)x^2-2x+2=0 \qquad \cdots\cdots ④$$

④は $x=0$ を解にもたず，$z>0$ により④の解 x について，$x>0$ のとき $z=\dfrac{x}{\tan\alpha}$，$x<0$ のとき $z=-\dfrac{x}{\tan\alpha}$ である。

(ii)　$\tan\alpha=1$ すなわち $\alpha=\dfrac{\pi}{4}$ のとき，④：$x=1$ だから，$N=1$ で

$$z=\frac{1}{\tan\alpha}=1$$

$0<\tan\alpha\neq1$ のとき，x の２次方程式④の判別式を D とすると

$$\frac{D}{4}=1-2\left(1-\frac{1}{\tan^2\alpha}\right)=\frac{2-\tan^2\alpha}{\tan^2\alpha}$$

だから

(iii)　$\tan\alpha>\sqrt{2}$ のとき，$N=0$

(iv)　$\tan\alpha=\sqrt{2}$ のとき，$N=1$ で

④：$\dfrac{1}{2}x^2-2x+2=0 \qquad \therefore \quad x=2>0$，$z=\dfrac{2}{\tan\alpha}=\sqrt{2}$

$0<\tan\alpha<\sqrt{2}$，$\tan\alpha\neq1$ のとき，④の実数解 x は２個あり，$N=2$ で

$$x=\frac{1\pm\sqrt{\dfrac{2-\tan^2\alpha}{\tan^2\alpha}}}{1-\dfrac{1}{\tan^2\alpha}}=\frac{\tan\alpha\pm\sqrt{2-\tan^2\alpha}}{\tan^2\alpha-1}\cdot\tan\alpha$$

(v) $0<\tan\alpha<1$ のとき，$1-\dfrac{1}{\tan^2\alpha}<0$ だから，2 解は正 (x_+) と負 (x_-) で（④の 2 解の積が負）

$$z=\frac{x_+}{\tan\alpha}=\frac{\tan\alpha-\sqrt{2-\tan^2\alpha}}{\tan^2\alpha-1}$$

$$z=-\frac{x_-}{\tan\alpha}=-\frac{\tan\alpha+\sqrt{2-\tan^2\alpha}}{\tan^2\alpha-1}$$

(vi) $1<\tan\alpha<\sqrt{2}$ のとき，$1-\dfrac{1}{\tan^2\alpha}>0$ だから，2 解とも正で（④の 2 解の和・積が正）

$$z=\frac{x}{\tan\alpha}=\frac{\tan\alpha\pm\sqrt{2-\tan^2\alpha}}{\tan^2\alpha-1}$$

以上から，$\tan\alpha_1=\sqrt{2}$，$0<\alpha_1<\dfrac{\pi}{2}$ となる角 α_1 をとると，求める個数 N と z の値は次のようになる。

- $\boldsymbol{\alpha=0}$ のとき，$N=1$，$z=\sqrt{2}$
- $\boldsymbol{0<\alpha<\dfrac{\pi}{4}}$ のとき，$N=2$，$z=\dfrac{\pm\tan\alpha-\sqrt{2-\tan^2\alpha}}{\tan^2\alpha-1}$
- $\boldsymbol{\alpha=\dfrac{\pi}{4}}$ のとき，$N=1$，$z=1$
- $\boldsymbol{\dfrac{\pi}{4}<\alpha<\alpha_1}$ のとき，$N=2$，$z=\dfrac{\tan\alpha\pm\sqrt{2-\tan^2\alpha}}{\tan^2\alpha-1}$
- $\boldsymbol{\alpha=\alpha_1}$ のとき，$N=1$，$z=\sqrt{2}$
- $\boldsymbol{\alpha_1<\alpha<\dfrac{\pi}{2}}$ のとき，$N=0$

……(答)

フォローアップ

〔Ｉ〕 円錐面は，軸と交わるある直線（母線）を軸のまわりに回転させてできる図形である。その回転によって変わらない性質は直線と軸とのなす角であり，これを内積で表現すると，円錐面の方程式が得られる：頂点A，軸の方向ベクトル $\vec{l}$，半頂角 α の円錐面の方程式は

$$(\overrightarrow{\mathrm{AP}}\cdot\overrightarrow{l})^2=|\overrightarrow{\mathrm{AP}}|^2|\overrightarrow{l}|^2\cos^2\alpha$$

である。

教科書では2次曲線のところで簡単にふれてあるだけだが，入試では平面との切り口（円錐曲線）とともにしばしばあらわれる。

なお，円錐面のことを単に円錐ということもある。ふつうの「円錐」（円錐面を平面で切ってできる有限な範囲にある立体）とまぎらわしいので，無限に広がるものを円錐面とよんで区別している。

〔Ⅱ〕 円錐面を軸に垂直に切れば円ができることから，円錐面の方程式をとらえることもできる。たとえば，(ロ)では，Aを通り z 軸と平行な直線にPから下ろした垂線の足を $\mathrm{Q}(1,\ 1,\ z)$ とすると，

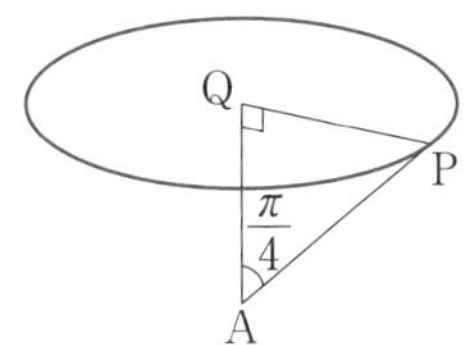

$\angle\mathrm{PAQ}=\dfrac{\pi}{4}$ により，QP＝AQ であり

①：$(x-1)^2+(y-1)^2=z^2$

がでる。本問の円錐面はその軸が z 軸に平行だから，軸に下ろした垂線の足（軸との距離）が簡単にわかる。

6.6　空間ベクトルの回転

(1)　xyz 空間において，三点 $\mathrm{A}\left(0,\ 0,\ \dfrac{1}{2}\right)$，$\mathrm{B}\left(0,\ \dfrac{1}{2},\ 1\right)$，$\mathrm{C}(1,\ 0,\ 1)$ を通る平面 $\mathrm{S_0}$ に垂直で，長さが 1 のベクトル $\overrightarrow{n_0}$ をすべて求めよ。

(2)　二点 $\mathrm{D}(1,\ 0,\ 0)$，$\mathrm{E}(0,\ 1,\ 0)$ を通る直線 l を軸として，平面 $\mathrm{S_0}$ を回転して得られるすべての平面 S を考える。このような平面 S に垂直で長さが 1 のベクトル $\vec{n}=(x,\ y,\ z)$ の y 成分の絶対値 $|y|$ は S と共に変化するが，その最大値および最小値を求めよ。

〔1986 年度理系第 3 問〕

アプローチ

(1)　1 つの平面の法線ベクトルはすべて平行だから，そのうちの 1 つ $\vec{v}$ を求めればよい。2 つの垂直条件（内積）からその成分の比を求める。$\vec{v}$（$\neq\vec{0}$）に平行な単位ベクトルは $\pm\dfrac{\vec{v}}{|\vec{v}|}$ である。

(2)　$\vec{n}$ は $\overrightarrow{n_0}$ を l を軸として回転したものである。ベクトルは平行移動しても同じだから，始点は l 上にあるとすればよく，すると $\vec{n}$ と $\vec{l}$ のなす角が一定で，円錐面と同様に扱える（**6.5**〔アプローチ〕）。$x,\ y,\ z$ のみたすべき条件式を求めると，y の範囲は，この条件をみたす実数 $x,\ z$ の存在条件からでる。

解答

(1)　$\overrightarrow{\mathrm{AB}}=\left(0,\ \dfrac{1}{2},\ \dfrac{1}{2}\right)/\!/(0,\ 1,\ 1)$，$\overrightarrow{\mathrm{AC}}=\left(1,\ 0,\ \dfrac{1}{2}\right)/\!/(2,\ 0,\ 1)$ である。

$\overrightarrow{n_0}/\!/(x,\ y,\ z)\neq\vec{0}$ とおくと

$$\left.\begin{aligned}\overrightarrow{\mathrm{AB}}\cdot\overrightarrow{n_0}=0 \quad &\therefore\quad y+z=0\\ \overrightarrow{\mathrm{AC}}\cdot\overrightarrow{n_0}=0 \quad &\therefore\quad 2x+z=0\end{aligned}\right\}\qquad \therefore\quad x:y:z=1:2:-2$$

$$\therefore\quad \overrightarrow{n_0}=\pm\frac{1}{\sqrt{1^2+2^2+(-2)^2}}(1,\ 2,\ -2)=\pm\frac{\mathbf{1}}{\mathbf{3}}(\mathbf{1},\ \mathbf{2},\ \mathbf{-2})\qquad\cdots\cdots(\text{答})$$

(2)　$\overrightarrow{n_0}=\dfrac{1}{3}(1,\ 2,\ -2)$ とし，l の方向ベクトルを $\vec{l}=\overrightarrow{\mathrm{DE}}=(-1,\ 1,\ 0)$ とおく。$\overrightarrow{n_0}$ を l を軸として回転させて得られるベクトルが $\vec{n}=(x,\ y,\ z)$ である。$\overrightarrow{n_0}$ と $\vec{l}$ のなす角を θ とす

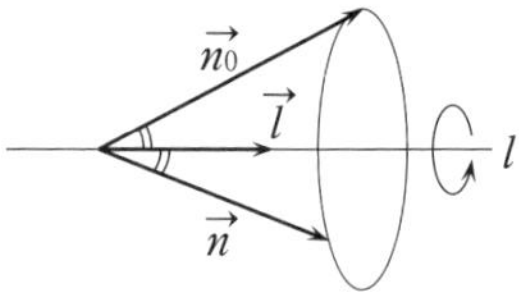

ると，$\vec{n}$ と $\vec{l}$ のなす角も θ だから

$$\frac{\vec{n}\cdot\vec{l}}{|\vec{l}|}=\frac{\overrightarrow{n_0}\cdot\vec{l}}{|\vec{l}|}\ (=\cos\theta)\qquad \therefore\quad \vec{n}\cdot\vec{l}=\overrightarrow{n_0}\cdot\vec{l}$$

$$\therefore\quad -x+y=\frac{1}{3}(-1+2)=\frac{1}{3}\qquad \therefore\quad x=y-\frac{1}{3}\qquad \cdots\cdots①$$

また $|\vec{n}|=1$ により

$$x^2+y^2+z^2=1\qquad \cdots\cdots②$$

「①かつ②をみたす実数 x，z が存在する」ような y の値の範囲を求めればよい。

①を②へ代入して

$$\left(y-\frac{1}{3}\right)^2+y^2+z^2=1\qquad \therefore\quad 2y^2-\frac{2}{3}y-\frac{8}{9}=-z^2$$

これをみたす実数 z が存在することから

$$9y^2-3y-4\leqq 0\qquad \therefore\quad \frac{1-\sqrt{17}}{6}\leqq y\leqq\frac{1+\sqrt{17}}{6}$$

$\overrightarrow{n_0}=-\frac{1}{3}(1,\ 2,\ -2)$ とすると，①：$x=y+\frac{1}{3}$ で

$$2y^2+\frac{2}{3}y-\frac{8}{9}=-z^2\qquad \therefore\quad \frac{-1-\sqrt{17}}{6}\leqq y\leqq\frac{-1+\sqrt{17}}{6}$$

となり，$|y|$ の範囲は同じである。

以上から

$|y|$ の最大値：$\mathbf{\frac{1+\sqrt{17}}{6}}$，$|y|$ の最小値：**0**　　……(答)

フォローアップ

〔Ⅰ〕 図形的に考えるべき問題ではない。この問題での「回転」の図形的意味は，なす角が等しいこととととらえられ，これを数式化すればよい。すると本質的には円錐面と同じである。

〔Ⅱ〕 後半で使っているのは，次のことである。

全体集合を U として，$U^2=\{(x,\ y)|x\in U,\ y\in U\}$ での条件 $p(x,\ y)$ を考える。このとき $p(x,\ y)$ が真になる $(x,\ y)$ の集合

$$P=\{(x,\ y)\in U^2|p(x,\ y)\ \text{が真である}\}$$

がきまる。$p(x,\ y)$ のとき x が値 k $(\in U)$ をとるとは，$p(k,\ y)$ が成り立つような $y\in U$ があることで，そのような k の集合が x のとりうる値の範囲

P_1 だから

$$P_1=\{x\in U \mid p(x,\ y)\ \text{が真となる}\ y\in U\ \text{が存在する}\}$$

である。したがって，$p(x,\ y)$ をみたす x の範囲を求めるには，x を定数とみて条件 $p(x,\ y)$ をみたす y の存在条件を求めればよく，標語的に

「ある文字のとりうる値の範囲」＝「他の文字の存在条件」

と表せる。また，このとき P_1 は集合 P の x 軸（横軸 $=\{(x,\ 0) \mid x\in U\}$）への正射影ともいえる。

〔Ⅲ〕 空間において，①は平面で，②は球だから，①かつ②は平面と球の交わりで，空間の円である。これらから x を消去した式

$$2y^2-\frac{2}{3}y+z^2=\frac{8}{9} \qquad \therefore \quad \frac{\left(y-\frac{1}{6}\right)^2}{\frac{17}{36}}+\frac{z^2}{\frac{17}{18}}=1$$

は，この円の yz 平面への正射影の楕円である。この楕円の y 軸への正射影は $\frac{1}{6}-\frac{\sqrt{17}}{6}\leqq y\leqq\frac{1}{6}+\frac{\sqrt{17}}{6}$ であり，これが y のとりうる値の範囲である。

6.7　空間の軌跡

長さ2の線分NSを直径とする球面Kがある。点Sにおいて球面Kに接する平面の上で，Sを中心とする半径2の四分円$\left(\text{円周の}\dfrac{1}{4}\text{の長さをもつ円弧}\right)$$\overset{\frown}{AB}$と線分ABをあわせて得られる曲線上を，点Pが1周する。このとき，線分NPと球面Kとの交点Qの描く曲線の長さを求めよ。

〔1980年度理系第2問〕

アプローチ

空間での軌跡の問題で（**3.1**〔アプローチ〕），

$$P \longrightarrow Q \longrightarrow Q\text{の軌跡}$$

の形式で，Qの軌跡は球面K上にあらわれる。問題にでてくるものは，球，平面，円であるが，座標は与えられていない。座標空間での平面の方程式は知っているだろうが，教科書では表面的に扱っているだけである。座標を設定したりするまえに，まずは図を描いてみると様子がわかってくる。本問でも，球と平面が交わる（接する場合を除く）とき，「球と平面の交わりは円である」ことに着目する（**6.2**）。

解答

Kの中心をOとし，NA，NBとKとのN以外の交点をそれぞれA′，B′とする。N，S，QはK上にあるから

$$ON=OS=OQ=1$$

である。

(i)　Pが四分円$\overset{\frown}{AB}$上を動くとき，直角二等辺三角形NSPにおいて，OはNSの中点でSP=2=2OQだから，QはNPの中点でOQ∥SPである。ゆえにQは「Oを通りNSに垂直な平面とKの交わりの円C_1」上にある。C_1は中心O，半径OQ=1で，QはC_1の四分円$\overset{\frown}{A'B'}_{C_1}$を描き，その長さは$\dfrac{\pi}{2}$である。

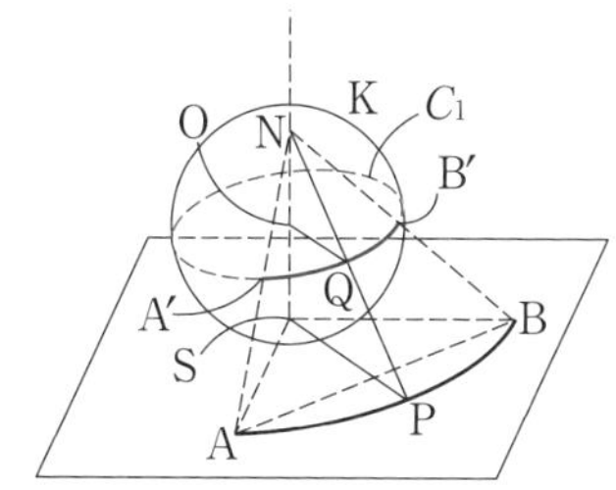

(ii) Pが線分AB上を動くとき，Qは「平面NABとKとの交わりの円C_2」上にある。A′，B′，NはC_2上にあり，A′，B′はそれぞれNA，NBの中点である。

$$\mathrm{NA'}=\mathrm{NB'}=\sqrt{2},\quad \mathrm{A'B'}=\frac{1}{2}\mathrm{AB}=\sqrt{2}$$

だから，C_2は正三角形NA′B′の外接円であり，QはC_2上の弧$\overset{\frown}{\mathrm{A'B'}}_{C_2}$（Nを含まない方）を描く。正弦定理から

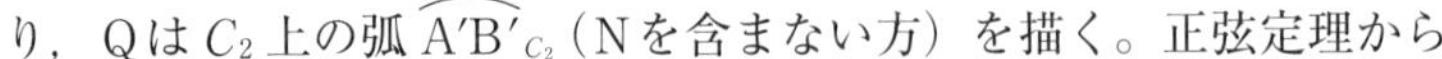

$$(C_2\text{の半径})=\frac{\sqrt{2}}{2\sin\frac{\pi}{3}}=\frac{\sqrt{6}}{3}$$

だから

$$\overset{\frown}{\mathrm{A'B'}}_{C_2}=\frac{\sqrt{6}}{3}\cdot\frac{2}{3}\pi=\frac{2\sqrt{6}}{9}\pi$$

以上(i)，(ii)から，求める長さは

$$\left(\frac{1}{2}+\frac{2\sqrt{6}}{9}\right)\pi \qquad \cdots\cdots\text{(答)}$$

フォローアップ

〔Ⅰ〕 (i)の△NSP，(ii)の△NA′B′は次のようになる。

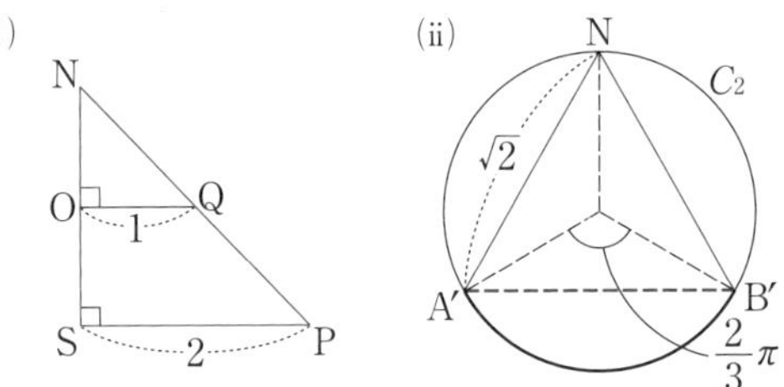

(i)のとき，$\overrightarrow{\mathrm{OQ}}=\frac{1}{2}\overrightarrow{\mathrm{SP}}$だから，Qの軌跡は$\overset{\frown}{\mathrm{AB}}$と相似な（相似比1：2）円弧を描く。Qの軌跡は(i)，(ii)のいずれの場合も，円弧$\overset{\frown}{\mathrm{A'B'}}$であるが，それぞれ異なる円$C_1$，$C_2$の円弧である。

〔Ⅱ〕 空間の軌跡だが，座標を利用する問題ではない（**6.4**）。球上の点から平面上の点の対応Q ⟶ Pの問題はしばしばあり，この場合は座標で考える。本問は逆の対応であり，Qの軌跡は球面K上にあらわれる。球上の曲線を式で表すのは単純にはいかない。たとえば，Oを原点，N(0，0，1)，

A′(1, 0, 0), B′(0, 1, 0) となるように座標軸をとると，上の円 C_2 は

$$x^2+y^2+z^2=1,\quad x+y+z=1$$

と表せるが，このように式を連立しないと表現できない。この式をみて，半径 $\dfrac{\sqrt{6}}{3}$ の円であるとすぐわかるだろうか？　また，表現も1通りではない。さらにこれに範囲がつくのだから，より一層，直観的にわかりにくくなる。すでに述べたように，座標は非常に強力ではあるが，考えるための1つの手段でしかない。いろいろな角度から問題をみることが大切である。

6.8 球の接平面

Sを中心O，半径aの球面とし，NをS上の1点とする。点Oにおいて線分ONと$\dfrac{\pi}{3}$の角度で交わるひとつの平面の上で，点Pが点Oを中心とする等速円運動をしている。その角速度は毎秒$\dfrac{\pi}{12}$であり，また$\overline{\mathrm{OP}}=4a$である。点Nから点Pを観測するとき，Pは見えはじめてから何秒間見えつづけるか。またPが見えはじめた時点から見えなくなる時点までの，$\overline{\mathrm{NP}}$の最大値および最小値を求めよ。ただし球面Sは不透明であるものとする。

〔1973年度理系第1問〕

アプローチ

前問**6.7**と同様の，球，平面，円の関係についての問題である。まずは，図を描いてみる。できるだけ正確に描くこと。立体図形の見取り図だから，視点をどこにおくかによって見え方がかなり変わる。

球S上の点NからSの外部の点Pが見えないのは，視線がSにさえぎられるときであり，それは線分NPがN以外でSと共有点をもつ（線分NPがSの内部と共有点をもつ）ときである。見えるのは，線分NPがN以外でSと共有点をもたないときである。見える／見えないの境界は，直線NPがNでSに接するときであり，そのような直線全体は，SのNでの接平面をなす。また，Pに点光源をおくと考えると，見えるのは光が当たっている領域であるともいえる。これらの様子を正確にみるためには，もちろん，切り口を考えて平面図形に帰着させる。

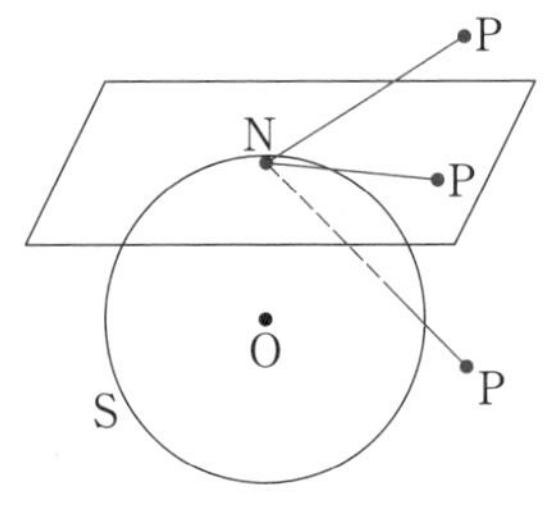

後半のNPの長さの変化をとらえるにはPの動きを表す必要がある。動く線分NPはつねに同じ平面上にあるわけではないので，空間座標を導入するのがよいだろう。Pの描く円は座標平面上にある方がよいので，そのように設定する。

なお，$\overline{\mathrm{OP}}$は線分OPの長さのことであり，現行の課程では単にOPとかく（$|\overrightarrow{\mathrm{OP}}|$でも同じ）。

解答

Pが描く円をC，Cを含む平面をαとする。SのNでの接平面をβとすると，

Nから見えるのはβに関してOを含まない側である。右図において

$$\angle \mathrm{ONA}=\frac{\pi}{2},\quad \angle \mathrm{AON}=\frac{\pi}{3},$$

$$\mathrm{ON}=a$$

$$\therefore\quad \mathrm{OA}=2a$$

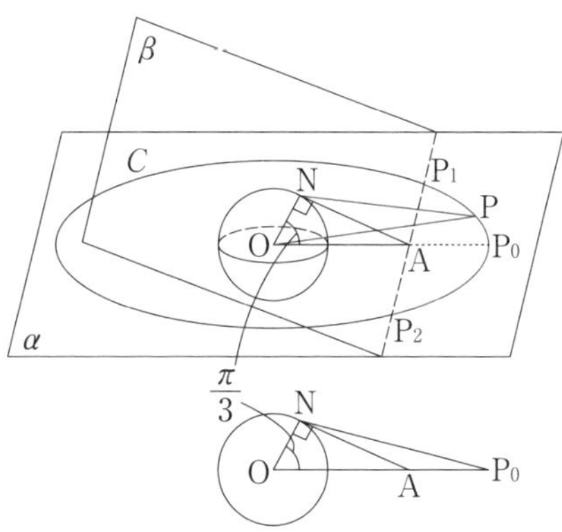

Nから見えるのは，Cの弧$\overset{\frown}{\mathrm{P_1P_0P_2}}$であり，$\mathrm{OP_1}=\mathrm{OP_2}=4a$だから

$$\angle \mathrm{P_1OP_2}=\frac{2}{3}\pi$$

したがって，Pは

$$\frac{\frac{2}{3}\pi}{\frac{\pi}{12}}=\frac{2}{3}\cdot 12=\mathbf{8}\text{ 秒間}$$　……**(答)**

見えつづける。

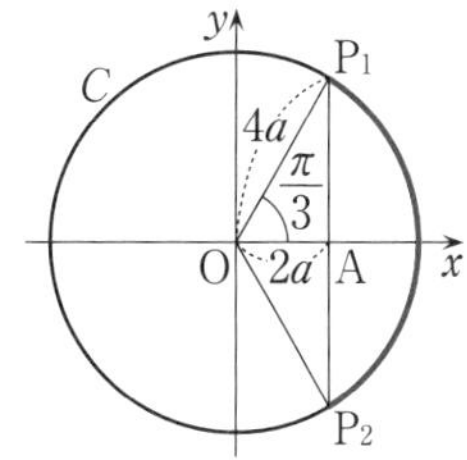

$\mathrm{O}\,(0,\ 0,\ 0)$，$\mathrm{N}\left(\frac{a}{2},\ 0,\ \frac{\sqrt{3}}{2}a\right)$，$\alpha : z=0$

となるように座標軸をとる。Pが見えるとき

$$\mathrm{P}\,(4a\cos\theta,\ 4a\sin\theta,\ 0)\quad \left(-\frac{\pi}{3}\leqq\theta\leqq\frac{\pi}{3}\right)$$

と表せて

$$\mathrm{NP}^2=\left(4a\cos\theta-\frac{a}{2}\right)^2+(4a\sin\theta)^2+\frac{3}{4}a^2$$

$$=16a^2+a^2-4a^2\cos\theta=17a^2-4a^2\cos\theta$$

となり，NPの最大値は$\boldsymbol{\sqrt{15}\,a}$ $\left(\theta=\pm\frac{\pi}{3}\right)$，最小値は$\boldsymbol{\sqrt{13}\,a}$ $(\theta=0)$ である。

……**(答)**

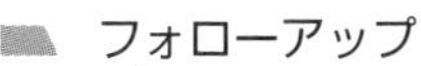

フォローアップ

はじめからOを原点，$\mathrm{N}\,(0,\ 0,\ a)$ などと座標軸をとると，空間に斜めの円がでてきてしまう。また，見える／見えないを，共有点の存在条件にいいかえて数式化したりすると，かなり面倒になる。前半は図で考えるべきである。座標は，必要になった時点で，都合のよいように設定すればよい。

6.9 回転放物面の接平面

xyz 空間において，xz 平面上の $0 \leqq z \leqq 2-x^2$ で表される図形を z 軸のまわりに回転して得られる不透明な立体を V とする。V の表面上 z 座標 1 のところにひとつの点光源Pがある。

xy 平面上の原点を中心とする円 C の，Pからの光が当たっている部分の長さが 2π であるとき，C のかげの部分の長さを求めよ。

〔1988 年度理系第 5 問〕

アプローチ

放物線を軸のまわりに回転してできる曲面があらわれるが，前問 **6.8** と同様である。点光源Pから光が当たっている点とは，Pから見える点ともいえる。Pでの V の接平面を考えるが，切り口を考えれば平面の問題に帰着される。

解答

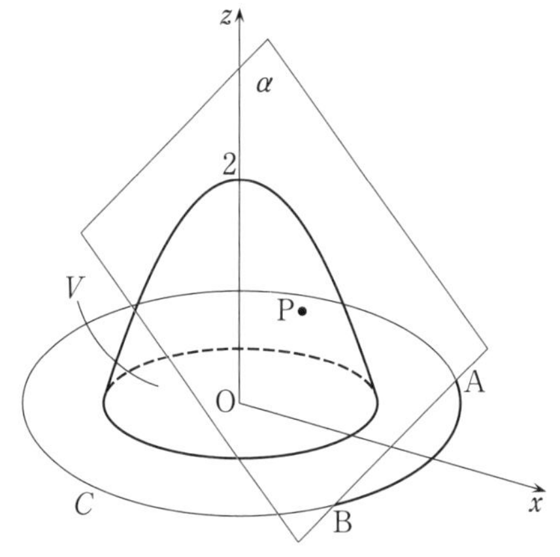

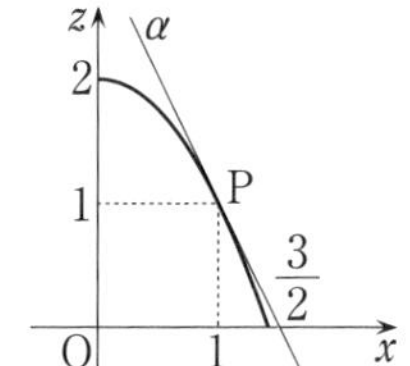

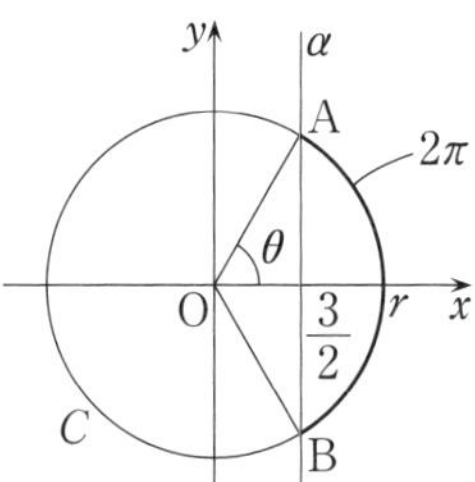

z 軸のまわりに回転することにより P(1, 0, 1) としてよい。Pでの V の接平面 α に関して原点側が「かげ」の部分である。xz 平面において，α はPでの放物線 $z=2-x^2$ の接線で，$z'=-2x$ により，その方程式は

$$z=-2(x-1)+1 \qquad \therefore \quad z=-2x+3$$

である。

Cの半径をrとし，αとCの交点をA，B，$\angle \mathrm{AOB}=2\theta$ $\left(0<\theta<\dfrac{\pi}{2}\right)$とおくと

$$r\cdot 2\theta=\overset{\frown}{\mathrm{AB}}=2\pi \qquad \therefore \quad r\theta=\pi \qquad \cdots\cdots①$$

$$r\cos\theta=\frac{3}{2} \qquad \cdots\cdots②$$

①，②から

$$\cos\theta=\frac{3}{2}\cdot\frac{1}{r}=\frac{3}{2\pi}\theta$$

これは$\theta=\dfrac{\pi}{3}$のときに成り立ち，右図からこれ以外にθはない。

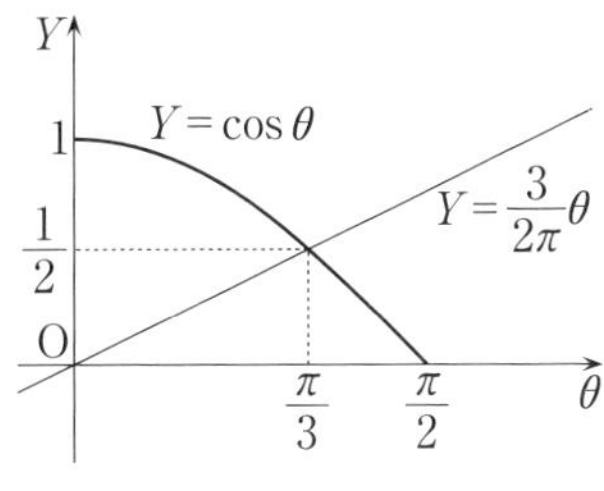

$$\therefore \quad \theta=\frac{\pi}{3},\ r=\frac{\pi}{\theta}=3$$

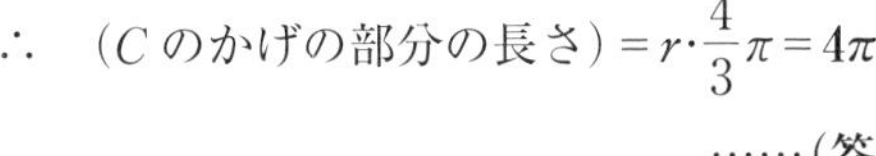

$\therefore$　(Cのかげの部分の長さ)$=r\cdot\dfrac{4}{3}\pi=\mathbf{4\pi}$

……(答)

フォローアップ

〔Ⅰ〕　点光源Pからの光が点Qに当たっているとは，両端を除く線分PQが回転放物面（その一部がVの境界の一部をなす）と共有点をもたないことである。光の当たる部分とかげの部分の境界の点は，Pを通るVの接線上にある。これら接線の全体はPでの接平面をなす（**6.8**〔アプローチ〕)。

〔Ⅱ〕　$\cos\theta=\dfrac{3}{2\pi}\theta$のような方程式は，まず適当に値を代入して解をみつけ，ついでそれ以外に解がないことを示す。本問のようにグラフがよくわかっているならば図の説明で十分だが，厳密には次のようにいえばよい。

関数$f(\theta)=\cos\theta-\dfrac{3}{2\pi}\theta$は$0\leqq\theta\leqq\dfrac{\pi}{2}$で減少だから，解はあればただ1つであり，解があることは$f(0)=1>0$，$f\left(\dfrac{\pi}{2}\right)=-\dfrac{3}{4}<0$により中間値の定理からわかる。

6.10 点光源による射影

$a,\ b,\ c$ を正の実数とする。xyz 空間において，

$$|x| \leqq a,\ |y| \leqq b,\ z=c$$

をみたす点 $(x,\ y,\ z)$ からなる板 R を考える。点光源Pが平面 $z=c+1$ 上の楕円

$$\frac{x^2}{a^2}+\frac{y^2}{b^2}=1,\ z=c+1$$

の上を一周するとき，光が板 R にさえぎられて xy 平面上にできる影の通過する部分の図をえがき，その面積を求めよ。

〔1991 年度理系第 2 問〕

アプローチ

点光源によるある図形の影についての問題である（**6.8**，**6.9**）。まずPを固定したとき板 R の影 R' は図を描けばすぐわかる。つぎにPが楕円上を動くとき長方形領域 R' の中心の動きを求める。すると，やや面倒だが，平面において R' を動かせば通過範囲はわかり，その面積は求められる。

解答

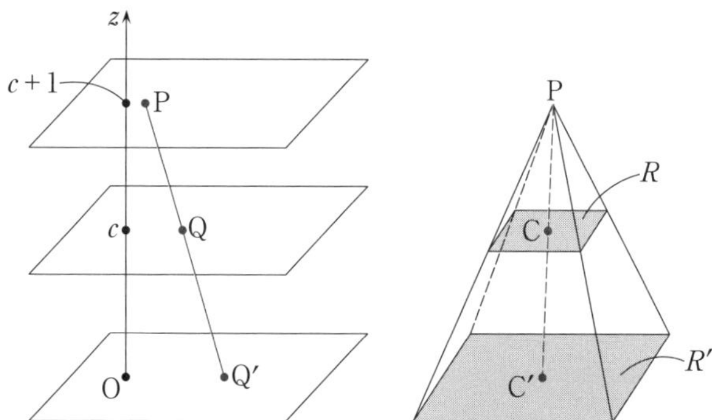

平面 $z=c+1$ $(c>0)$ 上の点光源Pによる，平面 $z=c$ 上の点Qの xy 平面への影を Q' とおくと，3点の z 座標の関係から $\mathrm{PQ}:\mathrm{PQ}'=1:c+1$ であり

$$\overrightarrow{\mathrm{PQ}'}=(c+1)\overrightarrow{\mathrm{PQ}} \qquad \cdots\cdots①$$

である。したがって，Qの描く図形をPを中心に $c+1$ 倍に相似拡大したものが Q' の描く図形である。

まず $\mathrm{P}(x,\ y,\ c+1)$ を固定する。Qが R 上を動くとき，①から Q' は R を $c+1$ 倍に拡大した長方形領域 R'（R の影）を描く。その中心（対角線の交点）は R の中心 $\mathrm{C}(0,\ 0,\ c)$ の影 C' で，①で $\mathrm{Q}=\mathrm{C}$，$\mathrm{Q}'=\mathrm{C}'(x',\ y',\ 0)$ として

$$\overrightarrow{\mathrm{PC}'}=(c+1)\overrightarrow{\mathrm{PC}}$$

$$\therefore\quad \overrightarrow{\mathrm{OC}'}=\overrightarrow{\mathrm{OP}}+(c+1)\overrightarrow{\mathrm{PC}}=-c\overrightarrow{\mathrm{OP}}+(c+1)\overrightarrow{\mathrm{OC}}$$

$$\therefore\quad (x',\ y')=-c(x,\ y) \qquad \cdots\cdots ②$$

である。つぎにPが楕円

$$E:\frac{x^2}{a^2}+\frac{y^2}{b^2}=1,\quad z=c+1$$

を動くとき，②から C' は xy 平面の楕円

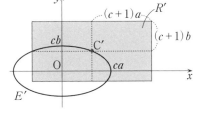

$$E':\frac{x^2}{(ca)^2}+\frac{y^2}{(cb)^2}=1$$

を描く。したがって，R' の中心 C' が E' 上を動くときに，R' の通過する部分が求めるものであり，次の図の網かけ部分（境界を含む）となる。

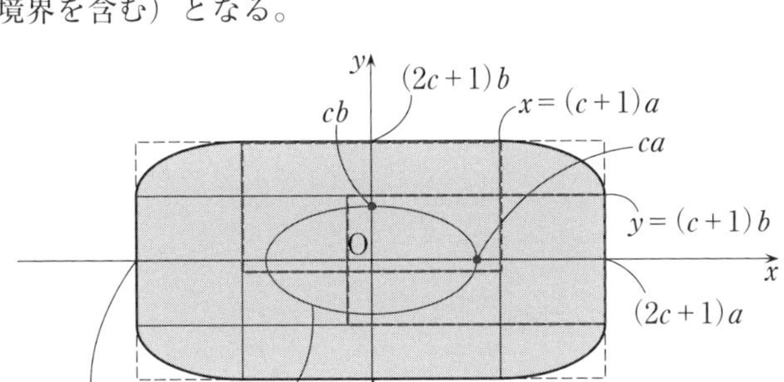

ここで，図の4隅の曲線は E' の四分楕円弧であり，求める面積は

（横 $2(2c+1)a$，縦 $2(2c+1)b$ の長方形の面積）

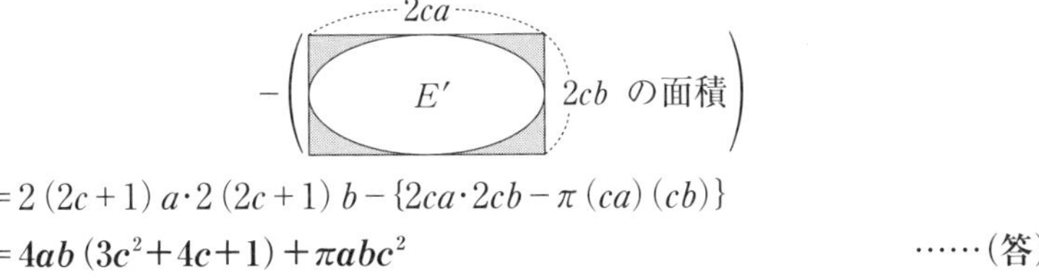

$$=2(2c+1)a\cdot 2(2c+1)b-\{2ca\cdot 2cb-\pi(ca)(cb)\}$$

$$=\boldsymbol{4ab(3c^2+4c+1)+\pi abc^2} \qquad \cdots\cdots(答)$$

フォローアップ

〔Ⅰ〕 解答 でつかっていることを数学記号で表現してみよう。一般に，

集合 S_k（$k=1,\ 2,\ \cdots,\ n$）の和集合を $\bigcup_{k=1}^{n} S_k$ と表す。これを $\bigcup_{1\leqq k\leqq n} S_k$ とも表す。同様に，実数 t に対して集合 S_t がきまり，t が区間 $0\leqq t\leqq 1$ を動くとき，これらすべての和集合を $\bigcup_{0\leqq t\leqq 1} S_t$ と表す。これは S_t（$0\leqq t\leqq 1$）の通過範囲のことである。

本問ではPが楕円 E 上を動くとき，R の影 R'（Pによりきまる）が通過する部分 D が求めるもので

$$D=\bigcup_{\mathrm{P}\in E} R'$$

と表せる。R' は，Pを固定して点Qが R 上を動くとき，QのPによる影Q′が描く領域で

$$R'=\bigcup_{\mathrm{Q}\in R} \mathrm{Q}'$$

である。①から R' が R を $c+1$ 倍に相似拡大した長方形領域となり，その中心C′（対角線の交点）の位置できまる。C′は R の中心Cの影で，楕円 E' を描くので(②)

$$D=\bigcup_{\mathrm{C}'\in E'} R'$$

とも表せる。ゆえに，xy 平面で R' の中心を E' 上で動かすことで，D が求められる。これで平面において長方形の通過範囲を求めることになる。

〔II〕 はじめにQを固定してもよい。上のことから D は

$$D=\bigcup_{\mathrm{P}\in E,\ \mathrm{Q}\in R} \mathrm{Q}'=\bigcup_{\mathrm{Q}\in R}\left(\bigcup_{\mathrm{P}\in E} \mathrm{Q}'\right)$$

とも表せるので，まずQを固定して $\bigcup_{\mathrm{P}\in E} \mathrm{Q}'$ を考える。①から $\overrightarrow{\mathrm{QQ}'}=-c\overrightarrow{\mathrm{QP}}$ だから，これは E を c 倍に拡大した楕円で，その中心が，R を $c+1$ 倍に拡大した長方形領域：$|x|\leqq(c+1)a,\ |y|\leqq(c+1)b$ を動く。このときの楕円の動く範囲を求めると D が得られ，平面において楕円の通過範囲を求めることになる。

〔III〕 長半径 a，短半径 b の楕円が囲む領域の面積は πab である。

また，はじめから x 軸方向に $\dfrac{1}{a}$ 倍，y 軸方向に $\dfrac{1}{b}$ 倍して，楕円を円に，長方形を正方形に変換することは可能だが，同様の作業になる。

第７章　体積／空間座標

7.1　回転体の体積 I

図のように，半径１の球が，ある円錐の内部にはめこまれる形で接しているとする。球と円錐面が接する点の全体は円をなすが，その円を含む平面を α とする。

円錐の頂点をＰとし，α に関してＰと同じ側にある球の部分をＫとする。また，α に関してＰと同じ側にある球面の部分および円錐面の部分で囲まれる立体をＤとする。いま，Ｄの体積が球の体積の半分に等しいという。

そのときのＫの体積を求めよ。

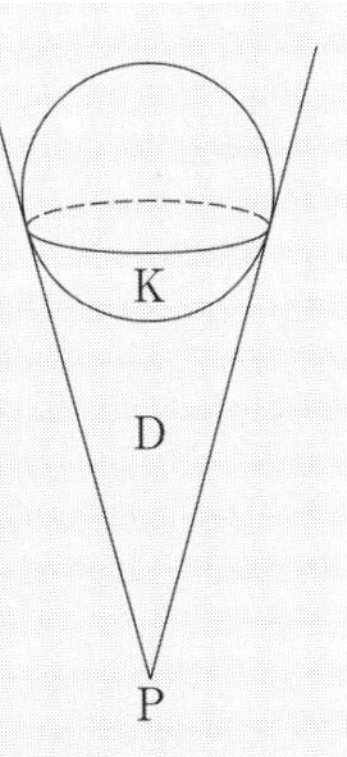

〔1979 年度理系第２問〕

アプローチ

回転体の体積の求め方は，回転軸（あるいはこれに平行な直線）を積分する軸にとり，回転体を

１．回転軸に垂直に切る

と，この切り口は円盤または円環領域になるので，その面積を積分する軸の座標で積分する。また，

２．回転軸を含む平面で切る

方法もあり，この切り口を回転軸まわりに回転したものが回転体だから，平面での様子をつかめばよい。

本問では２．の方法がよいだろう。そして切り口の平面に座標を導入する。

解答

円錐の軸を含む平面による切り口を考え，球の中心が原点，Ｐが x 軸上の正の部分にあるように座標軸をとる。右図においてＴ$(t,\ \sqrt{1-t^2})$ $(0<t<1)$ とおくと，Ｔでの円の接線の方程式

$$tx+\sqrt{1-t^2}\,y=1$$

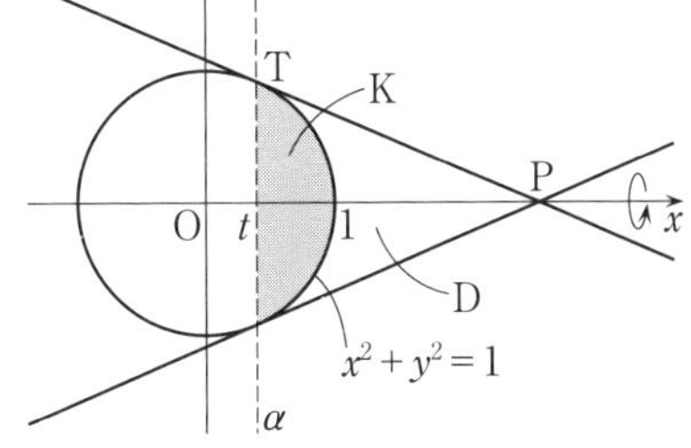

において，$y=0$ として $\mathrm{P}\left(\dfrac{1}{t},\ 0\right)$ である。

前頁の図において，網かけ部分，２接線と円弧（$t\leqq x$）で囲まれた部分をそれぞれ x 軸まわりに回転させてできる立体が，K，Dである。ここで，図形Fの体積を(F)と表すことにする。

$$(\mathrm{D})+(\mathrm{K})=\left(\text{底面の半径}\ \sqrt{1-t^2},\ \text{高さ}\ \frac{1}{t}-t\ \text{の円錐}\right)$$

$$=\frac{1}{3}\pi(1-t^2)\left(\frac{1}{t}-t\right)=\frac{\pi}{3}\cdot\frac{(1-t^2)^2}{t}$$

$$(\mathrm{K})=\int_t^1\pi(1-x^2)\,dx=\pi\left[x-\frac{x^3}{3}\right]_t^1$$

$$=\pi\left(\frac{2}{3}-t+\frac{t^3}{3}\right)$$

$$\therefore\quad(\mathrm{D})=\frac{\pi}{3}\cdot\frac{(1-t^2)^2}{t}-\pi\left(\frac{2}{3}-t+\frac{t^3}{3}\right)$$

$$=\frac{\pi}{3}\left(\frac{1}{t}-2t+t^3-2+3t-t^3\right)$$

$$=\frac{\pi}{3}\left(\frac{1}{t}+t-2\right)$$

(D)が $\dfrac{1}{2}\cdot\dfrac{4}{3}\pi\cdot1^3=\dfrac{2}{3}\pi$ に等しいので

$$\frac{1}{t}+t-2=2\qquad\therefore\quad t^2-4t+1=0$$

$$\therefore\quad t=2-\sqrt{3}\quad(0<t<1)$$

であり

$$(\mathrm{K})=\frac{\pi}{3}(2-3t+t^3)=\frac{\pi}{3}\{2-3(2-\sqrt{3})+(26-15\sqrt{3})\}$$

$$=\frac{\pi}{3}(22-12\sqrt{3})$$

$$=\left(\frac{22}{3}-4\sqrt{3}\right)\pi$$

……(答)

フォローアップ

解答 の最後で，ある２次方程式 $f(x)=0$ の解 α を３次式 $P(x)$ に代入している。この程度なら，直接に代入すればよいが，解が複雑な値のとき，代入する式の次数が高いときは，次数下げを用いる。すなわち，$P(x)$ を $f(x)$

で割り算して，余り $R(x)$ を求めて $P(x)=f(x)Q(x)+R(x)$ に $x=\alpha$ を代入する。本問では

$$
\begin{aligned}
t^3-3t+2&=(t^2-4t+1)(t+4)+12t-2\\
&=12(2-\sqrt{3})-2=22-12\sqrt{3}
\end{aligned}
$$

となる。また $(t-1)^2(t+2)$ に代入してもよい。

7.2 球と平面で囲まれた部分の体積

正4面体 T と半径1の球面 S とがあって，T の6つの辺がすべて S に接しているという。T の1辺の長さを求めよ。つぎに，T の外側にあって S の内側にある部分の体積を求めよ。

〔1982年度理系第2問〕

アプローチ

S は T の各辺に接しているので，内接でも外接でもなく，その間の状態である。S の中心から T の各辺への距離が等しく，これが S の半径1である。ふつうなら中心と1辺を含む平面で切って考えるところだが，有名な事実

正四面体は，立方体の6面の対角線を結んで作ることができる

ことに着目する。このとき，立方体の内接球が正四面体の各辺に接していることはただちにわかる。

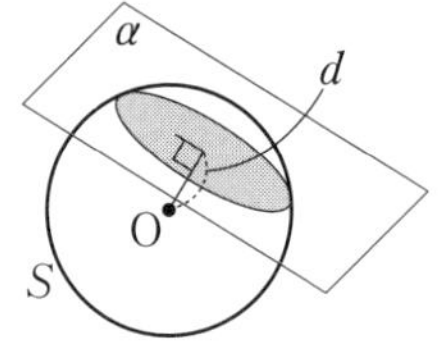

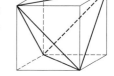

一般に，球 S と平面 α が共有点をもつとき，S と α で囲まれた部分（大きくない方，内部にOを含まない方）を D とし，D の体積を V とする。S の半径を r，S の中心Oと α の距離を d とおくと，$0 \leqq d \leqq r$ であり，D は xy 平面の領域 $x^2+y^2 \leqq r^2$，$x \geqq d$ を x 軸まわりに回転してできる立体と合同だから

$$V=\int_d^r \pi(r^2-x^2)\,dx$$

となる（**7.1**〔アプローチ〕2.）。

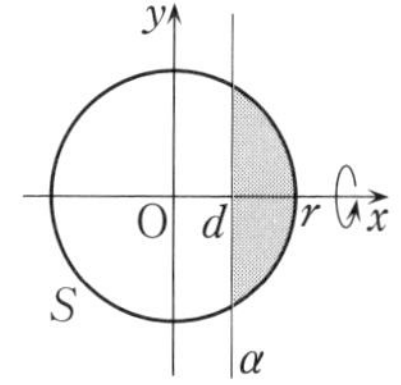

解答

T の4頂点が A$(a,\ -a,\ a)$，B$(-a,\ a,\ a)$，C$(a,\ a,\ -a)$，D$(-a,\ -a,\ -a)$ $(a>0)$ となるように座標軸がとれる。このとき原点Oから各辺への距離は a だから，S の中心はOで，半径が a である。

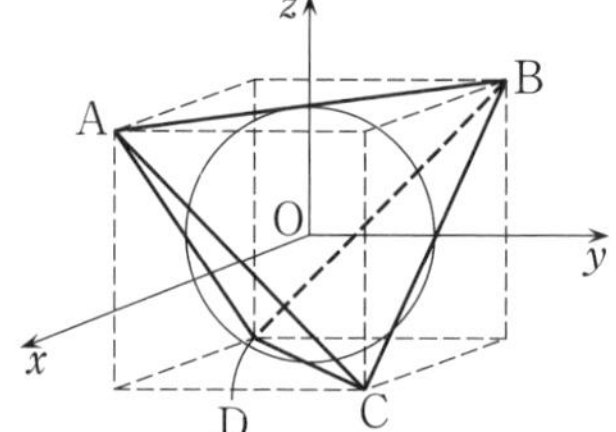

∴ $a=1$

∴ （T の1辺の長さ）$=\mathrm{AB}=2\sqrt{2}a=\mathbf{2\sqrt{2}}$

……**(答)**

△ABC の重心をHとおくと

$\overrightarrow{OH}=\frac{1}{3}(1,\ 1,\ 1)$ で

$\overrightarrow{AB}=2(-1,\ 1,\ 0)$

$\overrightarrow{AC}=2(0,\ 1,\ -1)$

$\therefore\quad \overrightarrow{OH}\cdot\overrightarrow{AB}=\overrightarrow{OH}\cdot\overrightarrow{AC}=0$

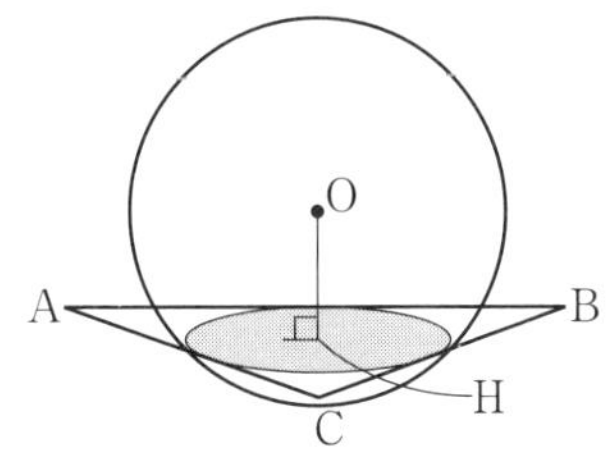

だから，OH⊥△ABC で

$$(\text{O と平面 ABC の距離})=\text{OH}=\frac{1}{\sqrt{3}}$$

したがって，T の1面からはみでている S の部分は，右図の XY 平面の網かけ部分を X 軸のまわりに回転させてできる立体と合同である。着目する部分は，これと合同な図形4個からなるので，その体積は

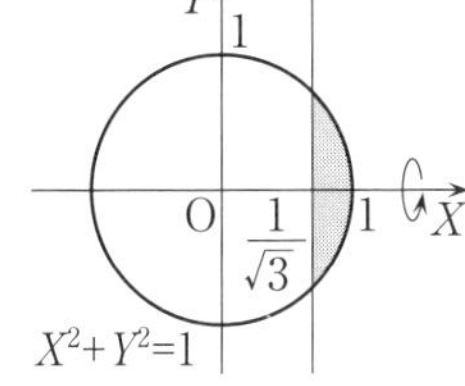

$$4\int_{\frac{1}{\sqrt{3}}}^{1}\pi(1-X^2)\,dX=4\pi\left[X-\frac{1}{3}X^3\right]_{\frac{1}{\sqrt{3}}}^{1}$$

$$=4\pi\left\{\frac{2}{3}-\left(1-\frac{1}{9}\right)\frac{1}{\sqrt{3}}\right\}$$

$$=\boldsymbol{\left(\frac{8}{3}-\frac{32}{27}\sqrt{3}\right)\pi}$$ ……(答)

フォローアップ

空間に座標を設定せずに解答できなくないが，図形的に考える場合にはどこまで直観的な議論が認められるのかがはっきりしない。正四面体のときは，うまく座標軸がとれるので，図形的な説明が不要になり，解答も短くなる。なお，T の各面と S の切り口は T の各面の正三角形の内接円になっていて，T と S の関係は右図のようになる。

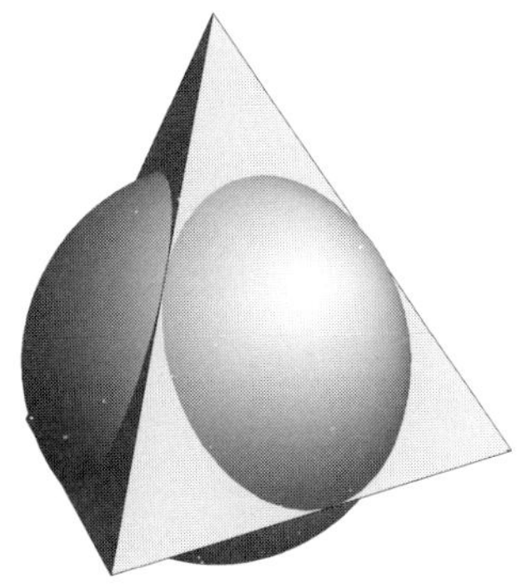

7.3 回転体の体積II

空間内に，3点$\mathrm{P}\left(1,\ \frac{1}{2},\ 0\right)$，$\mathrm{Q}\left(1,\ -\frac{1}{2},\ 0\right)$，$\mathrm{R}\left(\frac{1}{4},\ 0,\ \frac{\sqrt{3}}{4}\right)$を頂点とする正3角形の板$S$がある。$S$を$z$軸のまわりに1回転させたとき，$S$が通過する点全体のつくる立体の体積を求めよ。

〔1984年度理系第4問〕

アプローチ

空間において，ある図形Sをある直線lのまわりに回転させてできる立体Dの体積を求める問題である。Sが正三角形とはいえ，空間でのDの様子をとらえることは簡単ではない。回転体だから回転軸に垂直に切る。切り口は円盤または円環であり，これはSの切り口を平面内で回転したものである。すなわち

回転するまえに，回転軸に垂直に切る

ことで，切り口の円環の半径がわかる。

解答

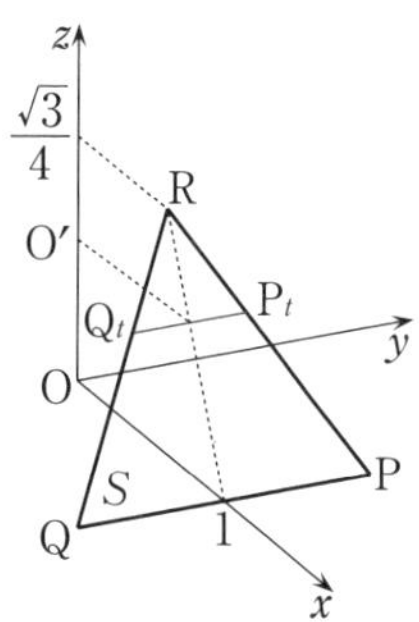

Sの平面$z=t$ $\left(0\leqq t\leqq\frac{\sqrt{3}}{4}\right)$による切り口は線分$\mathrm{P}_t\mathrm{Q}_t$である。ここで$\mathrm{P}_t$，$\mathrm{Q}_t$はそれぞれ線分PR，QRを

$$t:\frac{\sqrt{3}}{4}-t=\frac{4}{\sqrt{3}}t:1-\frac{4}{\sqrt{3}}t$$

に分ける点で

$$\overrightarrow{\mathrm{OP}_t}=\left(1-\frac{4}{\sqrt{3}}t\right)\overrightarrow{\mathrm{OP}}+\frac{4}{\sqrt{3}}t\overrightarrow{\mathrm{OR}}$$

$$=\left(1-\frac{4}{\sqrt{3}}t\right)\begin{pmatrix}1\\ \frac{1}{2}\\ 0\end{pmatrix}+\frac{4}{\sqrt{3}}t\begin{pmatrix}\frac{1}{4}\\ 0\\ \frac{\sqrt{3}}{4}\end{pmatrix}$$

$$=\left(1-\sqrt{3}t,\ \frac{1}{2}-\frac{2}{\sqrt{3}}t,\ t\right)$$

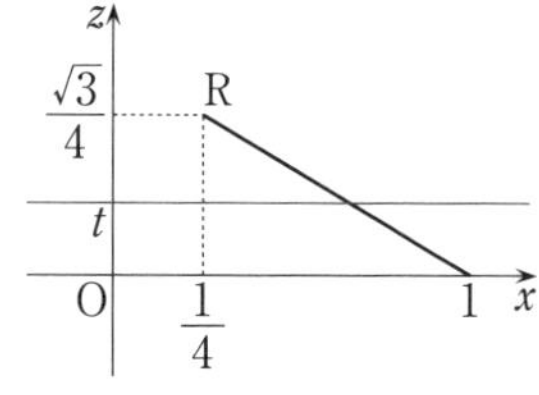

P_tとQ_tはxz平面に関して対称だから

$$\overrightarrow{\mathrm{OQ}_t}=\left(1-\sqrt{3}t,\quad -\frac{1}{2}+\frac{2}{\sqrt{3}}t,\quad t\right)$$

着目する立体の平面 $z=t$ による切り口は，この平面上で，点 $\mathrm{O}'(0,\ 0,\ t)$ のまわりに線分 $\mathrm{P}_t\mathrm{Q}_t$ を回転してできる領域で，右図のような円環領域である。その面積を T，$\mathrm{P}_t\mathrm{Q}_t$ の中点を M_t とおくと

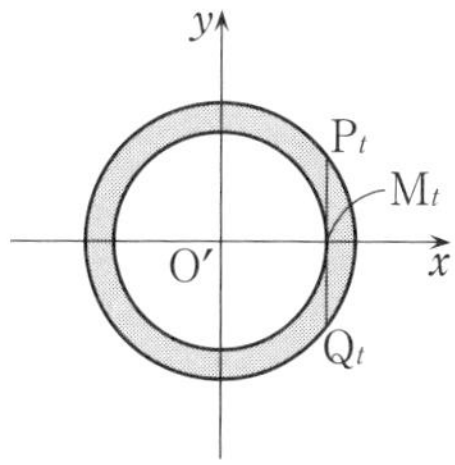

$$T=\pi(\mathrm{O}'\mathrm{P}_t{}^2-\mathrm{O}'\mathrm{M}_t{}^2)=\pi\mathrm{P}_t\mathrm{M}_t{}^2$$

$$=\pi\left(\frac{1}{2}-\frac{2}{\sqrt{3}}t\right)^2=\frac{4}{3}\pi\left(\frac{\sqrt{3}}{4}-t\right)^2$$

ゆえに，求める体積を V とおくと

$$V=\int_0^{\frac{\sqrt{3}}{4}}Tdt=\frac{4}{3}\pi\left[-\frac{1}{3}\left(\frac{\sqrt{3}}{4}-t\right)^3\right]_0^{\frac{\sqrt{3}}{4}}$$

$$=\frac{4}{3}\pi\cdot\frac{1}{3}\cdot\frac{3\sqrt{3}}{64}=\boldsymbol{\frac{\sqrt{3}}{48}\pi}$$ ……(答)

フォローアップ

〔Ⅰ〕 本問の要点を図式で表すと，次のようになる：着目する立体を D とすると

$$\begin{array}{ccc} S=\triangle\mathrm{PQR} & \xrightarrow{\text{回転}} & D \\ \text{切る}\ \vdots & & \downarrow\ \text{切る} \\ S\cap(z=t) & \xrightarrow[\text{回転}]{\cdots\cdots} & D\cap(z=t) \end{array}$$

……(平面 $z=t$ 内のはなし)

「回転」は z 軸まわりに回転する，「切る」は平面 $\alpha : z=t$ で切る，である。問題文は図式の実線矢印で表現されているが，これを点線矢印のように，まず「切り」，ついで「回転」させると，回転体の切り口になる。空間図形において考えるのは S を切るところだけで，以降は α 上で線分 $S\cap\alpha$ を回転させることになり，平面での問題に帰着される。

〔Ⅱ〕 このようなタイプの問題は，この問題以降，東大も含めて多くの大学で出題され続けていて，もっと複雑になっているが，基本的な考え方はここにあらわれている。なお，直線 PR は z 軸とねじれの位置にあるので，直線 PR を回転させてできる図形は円錐面にはならない（回転双曲面）。

7.4 回転体の体積Ⅲ

$f(x)=\pi x^2\sin\pi x^2$ とする。$y=f(x)$ のグラフの $0\leqq x\leqq 1$ の部分と x 軸とで囲まれた図形を y 軸のまわりに回転させてできる立体の体積 V は

$$V=2\pi\int_0^1 xf(x)\,dx$$

で与えられることを示し，この値を求めよ。

〔1989 年度理系第 5 問〕

アプローチ

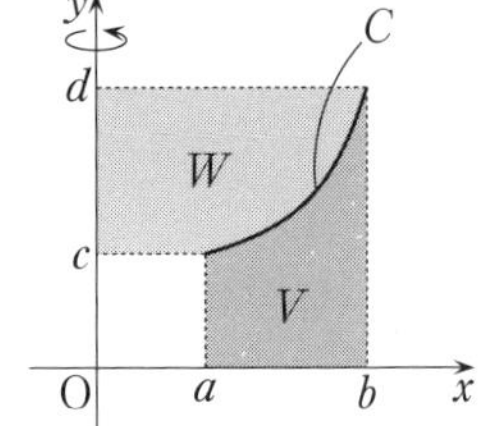

区間 $[a,\ b]$ $(0\leqq a<b)$ で定義された微分可能な増加関数 $f(x)$ があり，$f(x)\geqq 0$，$c=f(a)$，$d=f(b)$ とする。$y=f(x)$ のグラフを C とすると，C と x 軸，C と y 軸の間にある部分を y 軸のまわりに回転させてできる立体の体積をそれぞれ V，W とする。f の逆関数を g とする：$y=f(x)\Longleftrightarrow x=g(y)$。このとき

$$W=\int_c^d \pi\{g(y)\}^2dy \quad (y=f(x) \text{ と置換})$$
$$=\int_a^b \pi\{g(f(x))\}^2\frac{dy}{dx}dx=\int_a^b \pi x^2 f'(x)\,dx$$
$$=\Big[\pi x^2 f(x)\Big]_a^b-\int_a^b 2\pi xf(x)\,dx=\pi b^2d-\pi a^2c-\int_a^b 2\pi xf(x)\,dx$$

ここで，πb^2d，πa^2c は右図の 2 つの長方形を y 軸のまわりに回転させてできる円柱の体積だから，その差は上図の網かけ部分を y 軸のまわりに回転させてできる立体の体積で

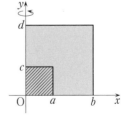

$$\pi b^2d-\pi a^2c=V+W$$
$$\therefore\quad V=(\pi b^2d-\pi a^2c)-W=\int_a^b 2\pi xf(x)\,dx$$

$f(x)$ が減少の場合も，まったく同様にして，同じ公式が得られる。本問でも，まず $y=f(x)$ のグラフを描いて，単調な部分に分けて，y 軸まわりの回転体の積分（変数 y による積分）で表す。つぎに積分変数を x に置換する。

解 答

$f(x)=\pi x^2\sin\pi x^2$ は $\theta=\pi x^2$ の関数で，それを $g(\theta)$ と表すと

$$g(\theta)=\theta\sin\theta,\quad g'(\theta)=\sin\theta+\theta\cos\theta$$

であり，$0 \leqq x \leqq 1$ のとき $0 \leqq \theta \leqq \pi$ である。

(i)　$0 < \theta \leqq \dfrac{\pi}{2}$ のとき，$g'(\theta) > 0$

(ii)　$\dfrac{\pi}{2} \leqq \theta \leqq \pi$ のとき，$g''(\theta) = 2\cos\theta - \theta\sin\theta < 0$ だから，$g'(\theta)$ は減少であり，さらに $g'\left(\dfrac{\pi}{2}\right) = 1 > 0 > -\pi = g'(\pi)$ だから，$g'(\theta) = 0$ となる θ がただ１つある。それを θ_0 とおく。

(i)，(ii)から，$g(\theta)$ と $f(x) = g(\pi x^2)$ の増減は次のようになる。

θ	0	$\cdots$	θ_0	$\cdots$	π
$g'(\theta)$		+	0	−	
$g(\theta)$	0	↗		↘	0

x	0	$\cdots$	α	$\cdots$	1
$f(x)$	0	↗	A	↘	0

ここで，$\alpha = \sqrt{\dfrac{\theta_0}{\pi}}$ $(0 < \alpha < 1)$，$A = f(\alpha)$ とおいた。求める体積は右図の網かけ部分を y 軸のまわりに回転させてできる立体の体積である。$f(x)$ は $0 \leqq x \leqq \alpha$ で増加，$\alpha \leqq x \leqq 1$ で減少だから，$y = f(x)$ のグラフのそれらの部分を y の関数 $(0 \leqq y \leqq A)$ としてそれぞれ $x = x_1$，$x = x_2$ とおく。

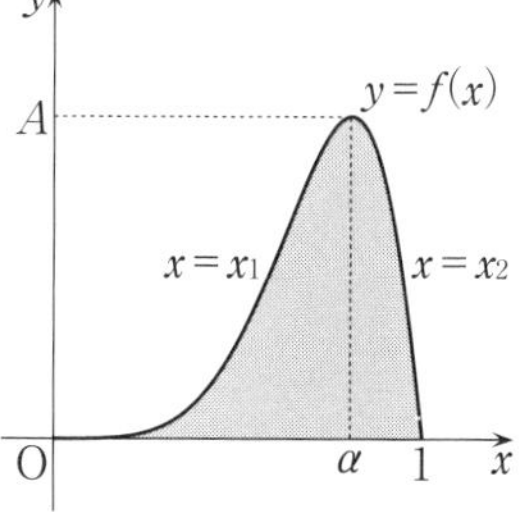

$$V = \int_0^A (\pi {x_2}^2 - \pi {x_1}^2)\,dy$$
$$= \pi\int_1^\alpha x^2 \frac{dy}{dx}\,dx - \pi\int_0^\alpha x^2 \frac{dy}{dx}\,dx$$
$$= -\pi\int_0^1 x^2 f'(x)\,dx$$
$$= -\pi\left\{\Big[x^2 f(x)\Big]_0^1 - \int_0^1 2xf(x)\,dx\right\} = 2\pi\int_0^1 xf(x)\,dx \qquad \textbf{（証明終わり）}$$

これは

$$V = \int_0^1 g(\pi x^2)\cdot 2\pi x dx$$

と変形できる。積分変数を θ に置換すると，$\pi x^2 = \theta$，$2\pi x dx = d\theta$ だから

$$V = \int_0^\pi g(\theta)\,d\theta = \int_0^\pi \theta\sin\theta d\theta$$
$$= \Big[\theta(-\cos\theta)\Big]_0^\pi + \int_0^\pi \cos\theta d\theta = \pi \qquad \cdots\cdots\textbf{（答）}$$

フォローアップ

〔Ⅰ〕 数学Ⅲの教科書で体積や曲線の長さを積分で表す公式を導く方法（微積分の基本原理）を利用してみる。

$y=f(x)$ のグラフの $0\leqq x\leqq t$ $(0\leqq t\leqq 1)$ の部分と直線 $x=t$, x 軸で囲まれた図形を y 軸のまわりに回転させてできる立体の体積を $V(t)$ とする。

$t\in[0,\ 1)$ とし，t を Δt (>0) だけ動かしたときの $V(t)$ の変位

$$\Delta V=V(t+\Delta t)-V(t)$$

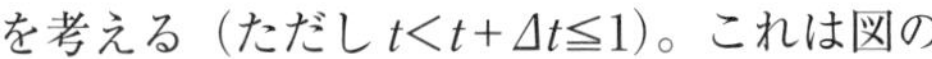

を考える（ただし $t<t+\Delta t\leqq 1$）。これは図の

長方形：$t\leqq x\leqq t+\Delta t$, $0\leqq y\leqq f(t)$

を回転させてできる立体で近似できるので

$$\Delta V\fallingdotseq\pi(t+\Delta t)^2f(t)-\pi t^2f(t)=2\pi tf(t)\Delta t+\pi f(t)(\Delta t)^2 \qquad \cdots\cdots①$$

$$\therefore\quad \frac{\Delta V}{\Delta t}\fallingdotseq 2\pi tf(t)+\pi f(t)\Delta t\to 2\pi tf(t)\quad(\Delta t\to 0)$$

$$\therefore\quad V'(t)=2\pi tf(t) \qquad \cdots\cdots②$$

したがって，求める体積は

$$V=V(1)-V(0)=\int_0^1 V'(t)\,dt=2\pi\int_0^1 tf(t)\,dt$$

となる（$V(0)=0$）。

〔Ⅱ〕 ①で≒を用いているところが，やや気持ちが悪いが，それはたとえば $y=f(x)$ が増加あるいは減少の区間に分けて考えれば「はさみうち」で正当化される。実際，$f(x)$ が増加の部分（$0\leqq x\leqq\alpha$）ならば

$$\pi\{(t+\Delta t)^2-t^2\}f(t)\leqq\Delta V\leqq\pi\{(t+\Delta t)^2-t^2\}f(t+\Delta t)$$

$$\therefore\quad 2\pi tf(t)+\pi f(t)\Delta t\leqq\frac{\Delta V}{\Delta t}\leqq 2\pi tf(t+\Delta t)+\pi f(t+\Delta t)\Delta t$$

$f(x)$ はもちろん連続だから，$\Delta t\to 0$ のとき $f(t+\Delta t)\to f(t)$ であり，②がわかる。増加でないときでも区間 $[t,\ t+\Delta t]$ での $f(x)$ の最大値・最小値をつかえば同様である。

さらに上の議論では $\Delta t>0$ のときを考えているので，正確には②は $\displaystyle\lim_{\Delta t\to+0}\frac{\Delta V}{\Delta t}=2\pi tf(t)$ である。$\Delta t<0$ のときも同様の評価が得られるので，

$\lim_{\Delta t \to -0} \frac{\Delta V}{\Delta t} = 2\pi t f(t)$ がわかり，これでようやく②が示せたことになるが，教科書にも掲載されている程度でよいので，ここまで厳格に解答しなければならないわけではない。

以上から，次のことが示された。

> $0 \leqq a < b$ とし，関数 $f(x)$ が区間 $a \leqq x \leqq b$ において連続で，$f(x) \geqq 0$ のとき，領域 $a \leqq x \leqq b$，$0 \leqq y \leqq f(x)$ を y 軸のまわりに回転させてできる立体の体積 V は
>
> $$V = 2\pi \int_a^b x f(x)\, dx$$

〔Ⅲ〕 区分求積の考え方を用いることもできる。区間 $a \leqq x \leqq b$ を n 等分して，領域を n 個に分け，それぞれを長方形で近似して y 軸のまわりに回転させてできる体積の和 V_n を考えると，その $n \to \infty$ の極限が V である，とする方法である。厚みをもった円柱（円筒）で輪切りにしているといえるので，「バウムクーヘン分割」などともいわれるが，日本の受験業界でいわれているだけで，数学用語ではない。

どこまで記述することが要求されているのかはっきりしないが，「示し」とあることから，それなりの説明が要る。体積は積分で定義されているので（**7.5〔Ⅰ〕**），そこから演繹する 解答 の方法がもっとも適切であろう。ただし，教科書にある程度の説明でよいはずだから，ここまでは要求されていないのかもしれない。

7.5　空間領域の体積 I

xyz 空間において，不等式

$$0 \leqq z \leqq 1+x+y-3(x-y)y,\quad 0 \leqq y \leqq 1,\quad y \leqq x \leqq y+1$$

のすべてを満足する x, y, z を座標にもつ点全体がつくる立体の体積を求めよ。

〔1982 年度理系第 5 問〕

アプローチ

不等式で与えられた空間領域の体積を求めるには，まず，積分する軸をとる。ふつうは座標軸のいずれかであるが，それに垂直な平面による切り口が簡単な図形になるようにとる。簡単とは，面積が簡単にわかるということで，できれば直線図形（境界が直線の一部）が望ましい。$x=t$, $y=t$, $z=t$ のいずれの場合がもっとも簡単になるかを式をみて判断する。与えられた不等式は，x, z について 1 次，y について 2 次だから，平面 $y=t$ で切ればよく，積分する軸を y 軸にとる。

解答

考えている立体を

$$D : 0 \leqq z \leqq 1+x+y-3(x-y)y,\quad 0 \leqq y \leqq 1,\quad y \leqq x \leqq y+1$$

とおく。D の平面 $y=t$ $(0 \leqq t \leqq 1)$ による切り口 D_t は，平面 $y=t$ 上で

$$0 \leqq z \leqq (1-3t)x+1+t+3t^2,\quad t \leqq x \leqq t+1$$

で表される領域である。$1+2t>0$, $2-t>0$ により，これは右図のような台形領域であり（$\mathrm{O}'(0,\ t,\ 0)$），その面積 S は

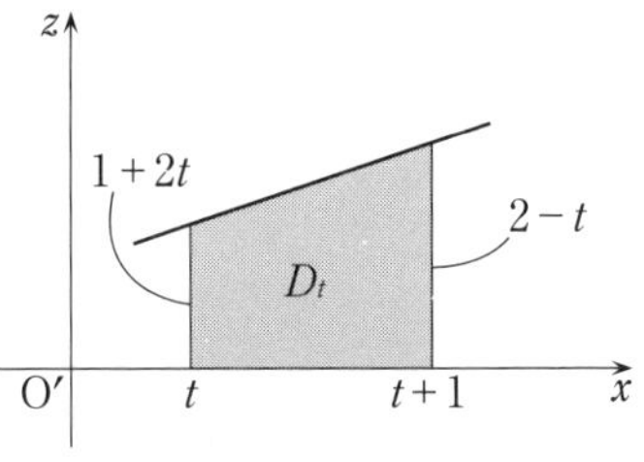

$$S=\frac{1}{2}\{(1+2t)+(2-t)\}\cdot 1=\frac{3+t}{2}$$

である。ゆえに，求める体積 V は

$$V=\int_0^1 S\,dt=\frac{1}{2}\left[3t+\frac{1}{2}t^2\right]_0^1=\frac{7}{4} \qquad \cdots\cdots(\text{答})$$

フォローアップ

〔Ⅰ〕 そもそも立体図形 D の体積 V とはどうして定まるものだろうか？体積がある以上，考えているのは長さや角（計量）の定められた空間の中で

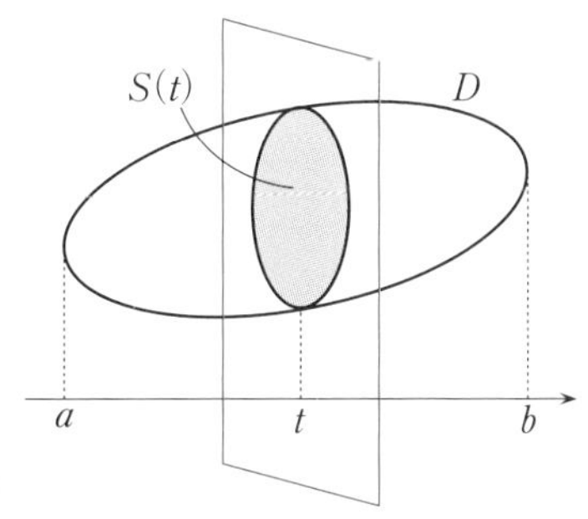

あり，それは座標空間と考えてよい（**6.3〔Ⅱ〕**）。必要ならば座標軸をとりかえて，D を x 軸に垂直な平面 $x=t$ で切り，その切り口 $D_t=D\cap(x=t)$ の面積を $S(t)$ とし，切り口の存在範囲を $a\leqq t\leqq b$ とすると

$$V=\int_a^b S(t)\,dt \qquad \cdots\cdots(*)$$

により体積は求められる，と教科書にある。なぜそのように考えられるかということの説明——区分求積あるいは微積分の基本原理（**7.4〔Ⅰ〕**）による——が掲載されている。しかし，よく考えてほしい：$(*)$の左辺はどこかで定義されたのか（でないと上の等式の意味はない），どこかで一般の立体の「体積」は定義されていたか？　さらにいうなら，「面積」についても同様で，一般の平面図形の「面積」は定義はされているのか？　もちろん，教科書に定義はない。すると$(*)$とは，これにより体積を定義した，と考えるべきもので，「体積」があるとするならこのようにかけるはずである，というのが教科書に載っている説明である。そして，面積も積分によって定義されると考えるべきもので，これ以外に面積や体積を確定する手段は（高校数学には）ない。

〔Ⅱ〕　一般に，座標空間の領域と平面 $z=t$ による切り口の関係は

$$D:F(x,\ y,\ z)\leqq 0 \xrightarrow[\text{で切る}]{\text{平面 } z=t} D_t:F(x,\ y,\ t)\leqq 0,\ \ z=t$$

と表せるので，$F(x,\ y,\ t)\leqq 0$ を xy 平面に描けばよい（実際には xy 平面に平行な平面 $z=t$ 上にある）。体積を求めるために，必要な情報は「切り口の面積」と「切り口の存在範囲」である。大切なのは切り口であって，この面積を求めるのだから，切り口 D_t の図は必要であるが（これは式からわかる），D の図は不要である。積分範囲＝切り口の存在する範囲：$D_t\neq\varnothing$ も式からわかる。本問の場合，$0\leqq y\leqq 1$ が D の定義式に含まれているので，まず $0\leqq t\leqq 1$ であるが，このとき $D_t\neq\varnothing$ であることは

$$f(x)=(1-3t)\,x+1+t+3t^2$$

とおくとき，$f(t)=1+2t>0$，$f(t+1)=2-t>0$ からわかる。

7.6 空間領域の体積II

xyz 空間において，点 (0, 0, 0) をA，点 (8, 0, 0) をB，点 $(6,\ 2\sqrt{3},\ 0)$ をCとする。点Pが△ABCの辺上を一周するとき，Pを中心とし半径1の球が通過する点全体のつくる立体を K とする。

(1) K を平面 $z=0$ で切った切り口の面積を求めよ。

(2) K の体積を求めよ。

〔1985年度理系第6問〕

アプローチ

(1)からわかるように，z 軸を積分する軸にとり，K を平面 $z=t$ で切る。その切り口は，円の中心が三角形の周上を1周するときに円が通過する領域であり，図から求められる。すなわち，

動かすまえに，積分軸に垂直に切る

解答

(1) $\mathrm{AB}:\mathrm{BC}:\mathrm{CA}=8:4:4\sqrt{3}=2:1:\sqrt{3}$ だから，△ABC は $\angle\mathrm{C}=\dfrac{\pi}{2}$，$\angle\mathrm{A}=\dfrac{\pi}{6}$，$\angle\mathrm{B}=\dfrac{\pi}{3}$ の直角三角形である。K の平面 $z=0$ による切り口は，Pが△ABCの周上を1周するとき，Pを中心とする半径1の円が通過してできる領域で，下右図のようになる。下左図において△A′B′C′∽△ABC で，

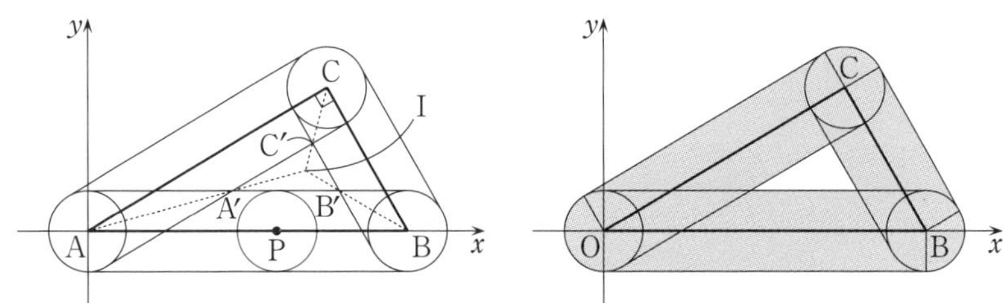

AA′，BB′，CC′ はそれぞれ∠A，∠B，∠C の二等分線だから，△ABC，△A′B′C′ の共通の内心 I で交わる。△ABC の内接円の半径を r_0 とすると，△A′B′C′ の内接円の半径は r_0-1 であり，三角形の相似比は

$$r_0-1:r_0=1-\frac{1}{r_0}:1$$

ここで

$$r_0=\frac{1}{2}(\mathrm{BC}+\mathrm{CA}-\mathrm{AB})=2(\sqrt{3}-1)$$

$$1-\frac{1}{r_0}=1-\frac{1}{2(\sqrt{3}-1)}=\frac{\sqrt{3}(\sqrt{3}-1)}{4}$$

$$\therefore\quad \triangle\mathrm{A'B'C'}=\left(1-\frac{1}{r_0}\right)^2\triangle\mathrm{ABC}$$

$$=\frac{3(4-2\sqrt{3})}{16}\cdot\frac{1}{2}\cdot4\cdot4\sqrt{3}=6\sqrt{3}-9$$

したがって，切り口を長方形3個，扇形3個（中心角の和は 2π）と「$\triangle$ABCから$\triangle$A′B′C′を除いた部分」に分解すると，求める面積は

$$1\cdot(8+4+4\sqrt{3})+\pi+\triangle\mathrm{ABC}-\triangle\mathrm{A'B'C'}=\boldsymbol{\pi+21+6\sqrt{3}}\qquad\cdots\cdots(\text{答})$$

(2)　K の平面 $z=t$（$-1\leqq t\leqq1$）による切り口の面積を S とする。切り口は，$\triangle$ABCの周上を中心が1周するとき半径 $r=\sqrt{1-t^2}$ の円が通過してできる図形と合同で，(1)の半径1を r にした同様の領域である。このとき$\triangle$A′B′C′と$\triangle$ABCの相似比は

$$r_0-r:r_0=1-\frac{r}{r_0}:1=\left(1-\frac{\sqrt{3}+1}{4}r\right):1$$

だから

$$S=r(8+4+4\sqrt{3})+\pi r^2+\triangle\mathrm{ABC}-\triangle\mathrm{A'B'C'}$$

$$=(12+4\sqrt{3})r+\pi r^2+\left\{1-\left(1-\frac{\sqrt{3}+1}{4}r\right)^2\right\}\cdot8\sqrt{3}$$

$$=8(3+\sqrt{3})r+(\pi-3-2\sqrt{3})r^2$$

K の体積を V とおくと

$$V=\int_{-1}^{1}Sdt=2\int_0^1Sdt$$

$$=2\int_0^1\{8(3+\sqrt{3})r+(\pi-3-2\sqrt{3})r^2\}dt$$

ここで

$$\int_0^1 rdt=\int_0^1\sqrt{1-t^2}\,dt=(\text{半径1の四分円の面積})=\frac{\pi}{4}$$

$$\int_0^1 r^2dt=\int_0^1(1-t^2)\,dt=\frac{2}{3}$$

だから

$$V=2\left\{8(3+\sqrt{3})\cdot\frac{\pi}{4}+(\pi-3-2\sqrt{3})\cdot\frac{2}{3}\right\}$$

$$=\left(\frac{40}{3}+4\sqrt{3}\right)\pi-\left(4+\frac{8}{3}\sqrt{3}\right)$$ ……(答)

フォローアップ

〔Ⅰ〕 点Pを中心とする半径1の球を B_{P}，△ABC＝AB∪BC∪CA（三角形の周）とすると，B_{P} の和集合が K だから，$K=\bigcup_{\mathrm{P}\in\triangle\mathrm{ABC}} B_{\mathrm{P}}$ と表せる（**6.10**〔Ⅰ〕）。すると K の平面 $z=t$ による切り口は

$$K\cap(z=t)=\bigcup_{\mathrm{P}\in\triangle\mathrm{ABC}}(B_{\mathrm{P}}\cap(z=t))$$

であり，この右辺を求めればよい。P∈△ABC のとき B_{P} は B_{O} の水平（z 軸に垂直）方向への平行移動だから，次のような図式に表せる。

$$\begin{array}{ccc} B_{\mathrm{O}} & \xrightarrow{\text{1周}} & K \\ \text{切る}\downarrow & & \downarrow\text{切る} \\ B_{\mathrm{O}}\cap(z=t) & \xrightarrow[\text{1周}]{} & K\cap(z=t) \end{array}$$

……(平面 $z=t$ 内のはなし)

ここで，$B_{\mathrm{O}}: x^2+y^2+z^2=1$，「1周」は球の中心が△ABCを1周する，「切る」は平面 $z=t$ で切る，であり，考え方は **7.3** とまったく同様である。

なお，球は表面だけで内部を含まないが，もし内部を含んでいたとしても（このときは球体という）答は同じである。

〔Ⅱ〕 △A′B′C′∽△ABC であるのは，各辺が平行であるからである。また，A′ から AB，AC に下ろした垂線の長さが等しい（円の半径）から，AA′ は ∠A を二等分する。さらに，内接円の半径 r は三角形の面積から求めるのが一般的だが，直角三角形のときは，斜辺の長さを a，他の2辺の長さを b，c とすると

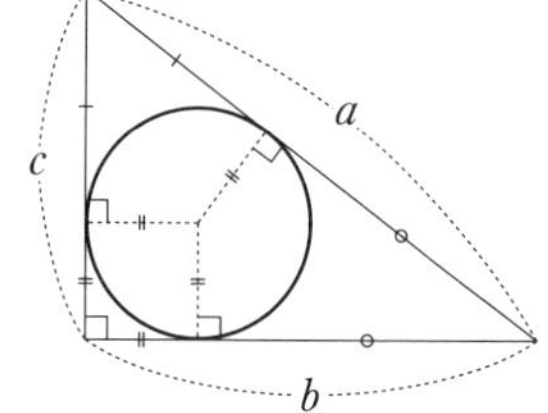

$$r=\frac{1}{2}(b+c-a)$$

で求めるのがはやい。

7.7 円柱の側面の展開図

xyz 空間において，x 軸と平行な柱面

$$A=\{(x,\ y,\ z)\,|\,y^2+z^2=1,\ x,\ y,\ z\text{ は実数}\}$$

から，y 軸と平行な柱面

$$B=\left\{(x,\ y,\ z)\,|\,x^2-\sqrt{3}xz+z^2=\frac{1}{4},\ x,\ y,\ z\text{ は実数}\right\}$$

により囲まれる部分を切り抜いた残りの図形を C とする。図形 C の展開図をえがけ。ただし点 $(0,\ 1,\ 0)$ を通り x 軸と平行な直線に沿って C を切り開くものとする。

〔1992 年度理系第 4 問〕

アプローチ

A はどんな図形かわかっているが，B は図がよくわからなくても式がわかっている。一般に，xy 平面の図形 F について，xyz 空間の図形 $\{(x,\ y,\ z)\,|\,(x,\ y)\in F\}$ とは，F を xy 平面（$z=0$）に描いたものを z 軸方向に平行移動してできる図形の和集合のことであり，これをここでは柱面とよんでいる。A を展開するので，A 上の点と展開した平面（あらたに座標を導入して）の点との対応関係を図を描いて求めればよい。

解答

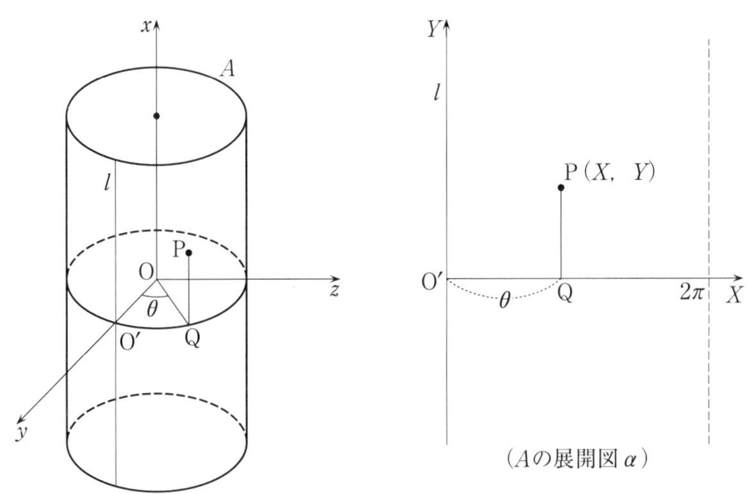

（Aの展開図 α）

A 上の点Pは $(x,\ \cos\theta,\ \sin\theta)$ $(0\leqq\theta\leqq 2\pi)$ と表せる。これが B 上の点でもあるのは

$$x^2-\sqrt{3}x\sin\theta+\sin^2\theta=\frac{1}{4}\qquad\therefore\quad x^2-\sqrt{3}(\sin\theta)x+\sin^2\theta-\frac{1}{4}=0$$

$$\therefore\quad x=\frac{\sqrt{3}\sin\theta\pm\sqrt{3\sin^2\theta-4\left(\sin^2\theta-\frac{1}{4}\right)}}{2}=\frac{\sqrt{3}\sin\theta\pm\sqrt{1-\sin^2\theta}}{2}$$

$$=\frac{\sqrt{3}}{2}\sin\theta\pm\frac{1}{2}\cos\theta=\sin\left(\theta\pm\frac{\pi}{6}\right)$$

のときである。$\mathrm{Q}(0,\ \cos\theta,\ \sin\theta)$ とおく。

A を直線 $l : y=1,\ z=0$ に沿って切り開いた平面の一部 α において，点 $\mathrm{O}'(0,\ 1,\ 0)$ に対応する点を原点とし，l が Y 軸となるように XY 軸をとる（前頁の右図）。Pが $A\cap B$ 上を動くとき，α 上で点 $\mathrm{P}(X,\ Y)$ は

$$X=\widehat{\mathrm{O'Q}}=\theta,\quad Y=(\mathrm{P}\text{ の }x\text{ 座標})=\sin\left(\theta\pm\frac{\pi}{6}\right)$$

$$\therefore\quad Y=\sin\left(X\pm\frac{\pi}{6}\right)\quad(0\leqq X\leqq 2\pi)$$

を描く。したがって，α $(0\leqq X\leqq 2\pi)$ 上でこの2曲線により囲まれる部分の補集合が求めるものであり，次図の網かけ部分である。

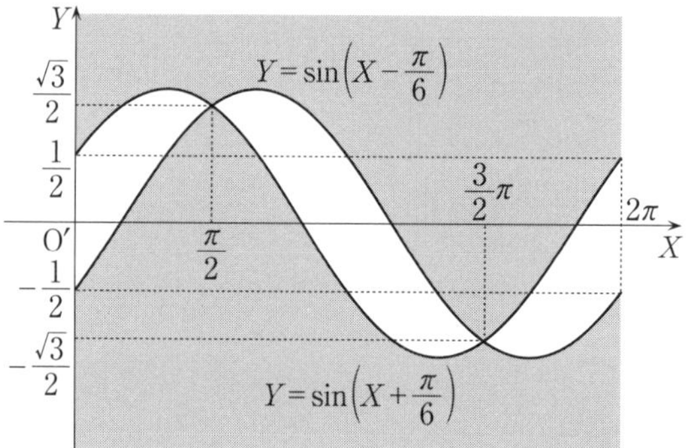

フォローアップ

〔Ⅰ〕 xz 平面において，B は $x^2-\sqrt{3}xz+z^2=\dfrac{1}{4}$ で表される。これを z について解くと

$$z=\frac{\sqrt{3}x\pm\sqrt{1-x^2}}{2}$$

だから，２つの曲線の和集合であり，右図のようになる。その増減は 解答 のように，$x=\sin\theta$ $(0\leqq\theta\leqq 2\pi)$ とおくと $z=\sin\left(\theta\pm\dfrac{\pi}{6}\right)$ となることからわかる。

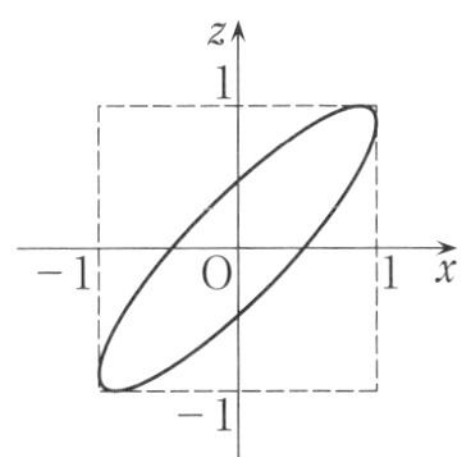

この曲線は実は楕円であるが，それは本問を解くためには必要ない。B により囲まれた空間図形は，$x^2-\sqrt{3}xz+z^2\leqq\dfrac{1}{4}$ と表され，この楕円が囲む部分を y 軸方向に平行移動させてできる立体である。

なお，α は円柱の側面の展開図だから，ここでは XY 平面の $0\leqq X\leqq 2\pi$ の部分，すなわち $\alpha=\{(X,\ Y)\mid 0\leqq X\leqq 2\pi\}$ であると考えている。もちろん，2π での等号を抜いて $0\leqq X<2\pi$ としてもよい。

〔Ⅱ〕 本問を解答するためには，柱面 B や $A\cap B$ の「図」がわかる必要はない。空間の円柱面を展開したとき，空間の座標と展開した平面の座標との関係式がわかればよい。それは柱面 A が yz 平面の単位円を平行移動させてできる円柱面であることからわかる。なお，B は図ではなく「式」がわかっていることが重要である。

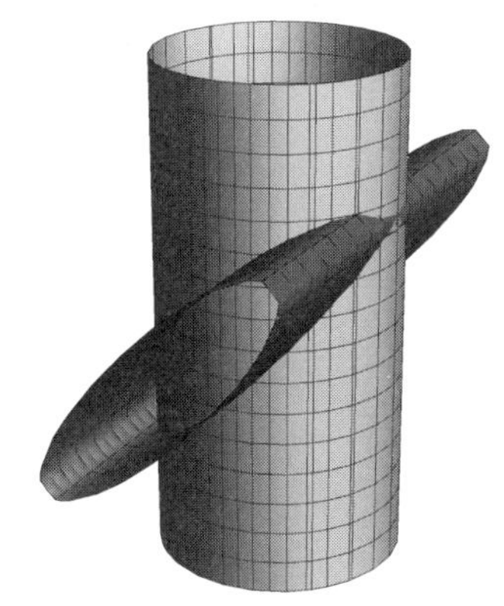

参考までに，A（縦方向，上下にのびている円柱）と B の交わりの様子は右図のようになる。ここでは 解答 に合わせて，縦方向に x 軸をとっている。この A を縦に切り開いて展開している。

7.8 円柱の側面領域の面積

z 軸を軸とする半径1の円柱の側面で，xy 平面より上（z 軸の正の方向）にあり，3点 $(1,\ 0,\ 0)$，$\left(0,\ -\dfrac{1}{\sqrt{3}},\ 0\right)$，$(0,\ 0,\ 1)$ を通る平面より下（z 軸の負の方向）にある部分を D とする。D の面積を求めよ。

〔1976年度理系第5問／問題文変更〕

アプローチ

D は円柱面上の領域である。高校数学の範囲では，曲面の面積は扱わない（球についてだけは表面積の公式を認めている）。面積は，座標平面の領域について，積分により定義されている。したがって，D を平面の領域に「面積」を変えずに対応づけることを考える。それには円柱の側面の展開図を考えればよく，前問 **7.7** と同様である。

解答

$\mathrm{A}(1,\ 0,\ 0)$，$\mathrm{B}\left(0,\ -\dfrac{1}{\sqrt{3}},\ 0\right)$，$\mathrm{C}(0,\ 0,\ 1)$ とおく。平面ABCと円柱の側面の交わりの点をPとし，Pから xy 平面に下ろした垂線の足をQとする。Qは xy 平面の単位円上だから

$\mathrm{Q}(\cos\theta,\ \sin\theta,\ 0)$，$\mathrm{P}(\cos\theta,\ \sin\theta,\ z)$ と表せる。またPは平面ABC上の点だから

$$\overrightarrow{\mathrm{AP}}=s\overrightarrow{\mathrm{AB}}+t\overrightarrow{\mathrm{AC}}\quad(s,\ t\text{ は実数})$$

と表せて

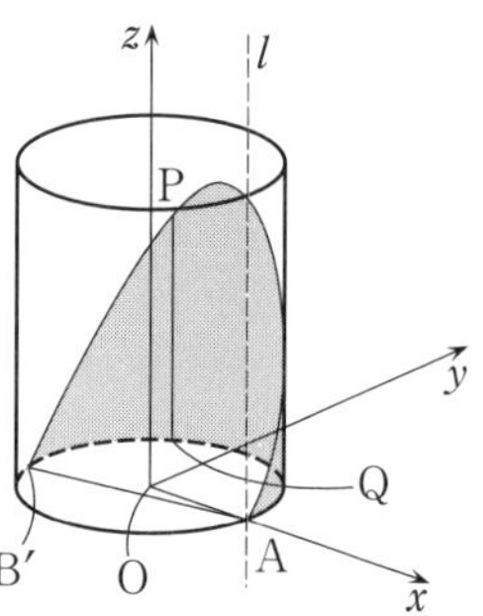

$$\overrightarrow{\mathrm{OP}}=\overrightarrow{\mathrm{OA}}+\overrightarrow{\mathrm{AP}}$$

$$\begin{pmatrix}\cos\theta\\ \sin\theta\\ z\end{pmatrix}=\begin{pmatrix}1\\0\\0\end{pmatrix}+s\begin{pmatrix}-1\\ -\dfrac{1}{\sqrt{3}}\\ 0\end{pmatrix}+t\begin{pmatrix}-1\\0\\1\end{pmatrix}$$

$$=\begin{pmatrix}1-s-t\\ -\dfrac{s}{\sqrt{3}}\\ t\end{pmatrix}$$

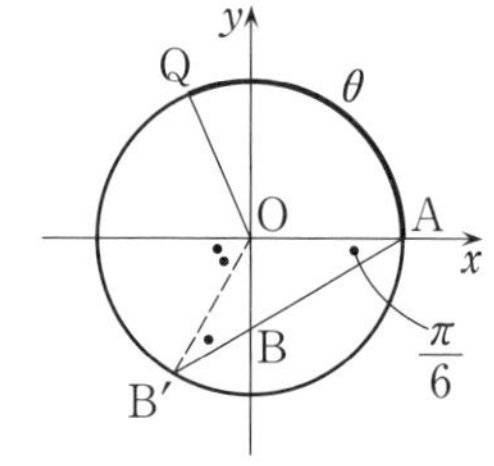

$\therefore\quad s=-\sqrt{3}\sin\theta,\ \ t=1-s-\cos\theta=1+\sqrt{3}\sin\theta-\cos\theta=z$

$\therefore\quad \mathrm{P}(\cos\theta,\ \sin\theta,\ 1+\sqrt{3}\sin\theta-\cos\theta)$

直線AB：$x-\sqrt{3}y=1,\ z=0$ と円 $x^2+y^2=1,\ z=0$ との交点（A以外）は $\mathrm{B}'\left(-\dfrac{1}{2},\ -\dfrac{\sqrt{3}}{2},\ 0\right)$ であり，Qは円弧 $\overset{\frown}{\mathrm{AB}'}$（点（0，1，0）を含む方）上を動き $0\leqq\theta\leqq\dfrac{4}{3}\pi$ である。D を直線 l：$x=1,\ y=0$ から展開し，展開した平面上にAを原点，l を Y 軸とするように XY 軸をとる。この平面上で $\mathrm{P}(X,\ Y)$ は

$$X=\overset{\frown}{\mathrm{AQ}}=\theta,\ \ Y=\mathrm{PQ}=1+\sqrt{3}\sin\theta-\cos\theta$$

$$\therefore\quad Y=1+\sqrt{3}\sin X-\cos X\quad\left(0\leqq X\leqq\frac{4}{3}\pi\right)$$

を描き，XY 平面でこの曲線と X 軸で囲まれる部分が D と同じ面積である。

$\therefore$　（D の面積）

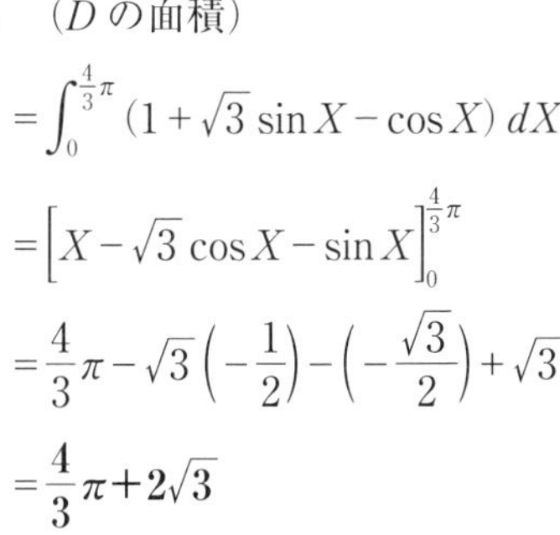

$$=\int_0^{\frac{4}{3}\pi}(1+\sqrt{3}\sin X-\cos X)\,dX$$

$$=\Big[X-\sqrt{3}\cos X-\sin X\Big]_0^{\frac{4}{3}\pi}$$

$$=\frac{4}{3}\pi-\sqrt{3}\left(-\frac{1}{2}\right)-\left(-\frac{\sqrt{3}}{2}\right)+\sqrt{3}$$

$$=\boldsymbol{\frac{4}{3}\pi+2\sqrt{3}}$$

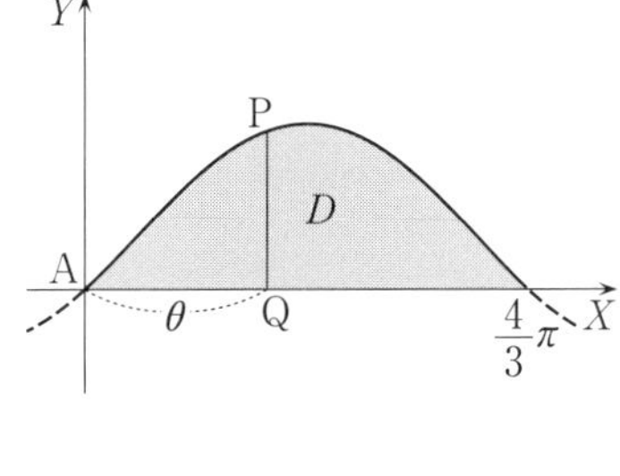

……(答)

フォローアップ

〔Ⅰ〕　面積は平面領域に対して定義されているが（**7.5〔Ⅰ〕**），高校数学では曲面の面積の定義はないので，一般には入試で出題されることはない。出題される可能性があるのは，球面全体以外には，（直）円柱あるいは（直）円錐のときである。これらは展開できて，「面積」を変えないで平面領域に帰着されるからで，実際にはほとんどが円柱の場合である。このときは上のように，曲面上の点と展開平面上の点の座標の関係式が簡単に表せる。

とはいうものの，「展開」できるとはどういうことか？　直観的にはわかるとしても，正確に数学的にどういうことか？　球は「展開」できなさそうにみえるが，それはなぜか？…などと疑問が次々とわいてくる。これらは完全に高校数学の範囲を超えるので，ふつうの受験生は考えない方がよい。

〔Ⅱ〕 元の問題文は

「z 軸を軸とする半径 1 の円柱の側面で，xy 平面より上（z 軸の正の方向）にあり，平面 $x-\sqrt{3}y+z=1$ より下（z 軸の負の方向）にある部分を D とする。D の面積を求めよ」

となっていた。平面の方程式を教育課程で十分に扱わなくなって久しい（復活する気配もない）ので，問題文を変更した。このときは，

P$(\cos\theta,\ \sin\theta,\ z_{\mathrm{P}})$ が平面 $x-\sqrt{3}y+z=1$ 上だから

$$z_{\mathrm{P}}=1-\cos\theta+\sqrt{3}\sin\theta$$

であることがただちにわかる。

また，D を xyz 空間の点集合として表すと

$$D：x^2+y^2=1,\ 0\leqq z\leqq 1-x+\sqrt{3}y$$

である。また，P の XY 平面での軌跡は，合成して

$$Y=1+2\sin\left(X-\frac{\pi}{6}\right)\ \left(0\leqq X\leqq\frac{4}{3}\pi\right)$$

とも表せる。

第8章　場合の数・確率

8.1　組分けの場合の数・整数解

$S=\{1,\ 2,\ \cdots,\ n\}$，ただし $n\geqq2$，とする。2つの要素から成る S の部分集合を k 個とり出し，そのうちのどの2つも交わりが空集合であるようにする方法は何通りあるか。

つぎに，この数（つまり何通りあるかを表す数）を $f(n,\ k)$ で表したとき，$f(n,\ k)=f(n,\ 1)$ をみたすような n と k（ただし，$k\geqq2$）をすべて求めよ。

〔1981年度理系第1問〕

アプローチ

たとえば，6人を2人ずつの3組に分ける方法は $\dfrac{{}_6\mathrm{C}_2\cdot{}_4\mathrm{C}_2\cdot{}_2\mathrm{C}_2}{3!}$ 通りある。同様に，$2k$ 人を2人ずつの k 組に分ける方法の総数もわかるので，前半の $f(n,\ k)$ は求められる。

後半は未知数 n，k の方程式の整数解を求めることになる。$k!$ などを含んでいるので，なかなか考えにくいが，$f(n,\ k)$ を二項係数を用いて表しておくと，見通しがよいだろう。いずれにせよ，不等式で文字の範囲をしぼることを考える（**9.1**〔**I**〕）。

第8章

解答

S から $2k$ 個の数を選び，これらを2つずつの k 個の組に分ける。

$n<2k$ のとき，$f(n,\ k)=\mathbf{0}$　……(答)

$n\geqq2k$ のとき，

$$f(n,\ k)={}_n\mathrm{C}_{2k}\cdot\frac{{}_{2k}\mathrm{C}_2\cdot{}_{2k-2}\mathrm{C}_2\cdot\cdots\cdot{}_2\mathrm{C}_2}{k!}$$

$$={}_n\mathrm{C}_{2k}\cdot\frac{2k(2k-1)}{2}\cdot\frac{(2k-2)(2k-3)}{2}\cdot\cdots\cdot\frac{2\cdot1}{2}\cdot\frac{1}{k!}$$

$$={}_n\mathrm{C}_{2k}\cdot\frac{(2k)!}{2^kk!}=\boldsymbol{\frac{{}_n\mathrm{P}_{2k}}{2^kk!}}$$　……(答)

$f(n,\ k)=f(n,\ 1)$ $(n\geqq2,\ k\geqq2)$ のとき，$f(n,\ 1)>0$ だから $n\geqq2k$ で

$${}_n\mathrm{C}_{2k}\cdot\frac{(2k)!}{2^k k!}={}_n\mathrm{C}_2\cdot\frac{2!}{2^1 1!}$$

$$\therefore\quad {}_n\mathrm{C}_{2k}\cdot\frac{(2k)!}{(2k)(2k-2)\cdot\cdots\cdot 2}={}_n\mathrm{C}_2$$

$$\therefore\quad {}_n\mathrm{C}_{2k}\cdot(2k-1)(2k-3)\cdot\cdots\cdot 3\cdot 1={}_n\mathrm{C}_2 \qquad\cdots\cdots①$$

ここで，$k\geqq 2$ により $\underbrace{(2k-1)(2k-3)\cdot\cdots\cdot 3\cdot 1}_{k\text{ 個}}\geqq 3\cdot 1=3$ だから

$${}_n\mathrm{C}_{2k}<{}_n\mathrm{C}_2={}_n\mathrm{C}_{n-2}$$

であり，二項係数の性質から

$${}_n\mathrm{C}_0<{}_n\mathrm{C}_1<\cdots<{}_n\mathrm{C}_{\frac{n}{2}}>\cdots>{}_n\mathrm{C}_{n-1}>{}_n\mathrm{C}_n \qquad (n\text{ は偶数})$$

$${}_n\mathrm{C}_0<{}_n\mathrm{C}_1<\cdots<{}_n\mathrm{C}_{\frac{n-1}{2}}={}_n\mathrm{C}_{\frac{n+1}{2}}>\cdots>{}_n\mathrm{C}_{n-1}>{}_n\mathrm{C}_n \qquad (n\text{ は奇数})$$

だから

$$2k=n\quad \text{または}\quad 2k=n-1$$

(i)　$2k=n$ のとき，①は

$$(2k-1)(2k-3)\cdot\cdots\cdot 3\cdot 1=\frac{n(n-1)}{2}=k(2k-1)$$

$$\therefore\quad \underbrace{(2k-3)\cdot\cdots\cdot 3\cdot 1}_{k-1\text{ 個}}=k\quad (k-1\geqq 1)$$

$k\geqq 4$ なら $2k-3>k$ となり上式は成り立たないので $2\leqq k\leqq 3$ で，左辺は奇数だから右辺 k も奇数で $k=3$。このとき上式は $3\cdot 1=3$ で成り立つ。

(ii)　$2k=n-1$ のとき，①は

$$n\cdot(2k-1)\cdot\cdots\cdot 3\cdot 1=\frac{n(n-1)}{2}$$

$$\therefore\quad \underbrace{(2k-1)\cdot\cdots\cdot 3\cdot 1}_{k\text{ 個}}=\frac{n-1}{2}=k$$

$k\geqq 2$ だから $2k-1>k$ となり上式は成り立たない。

以上(i)，(ii)から　　$(n,\ k)=(2k,\ k)=\mathbf{(6,\ 3)}$ ……(答)

フォローアップ

〔Ⅰ〕 S から，2個ずつ k 組をとると考えてもよい。$n\geqq 2k$ のとき

$$f(n,\ k)=\frac{{}_n\mathrm{C}_2\cdot{}_{n-2}\mathrm{C}_2\cdot\cdots\cdot{}_{n-2(k-1)}\mathrm{C}_2}{k!}$$

$$= \frac{n(n-1)}{2} \cdot \frac{(n-2)(n-3)}{2} \cdot \cdots \cdot \frac{(n-2k+2)(n-2k+1)}{2} \cdot \frac{1}{k!}$$

$$= \frac{{}_n\mathrm{P}_{2k}}{2^k k!}$$

〔Ⅱ〕 上で用いた二項係数の性質は次のようにして証明できる。

$k=0,\ 1,\ 2,\ \cdots,\ n-1$ として

$$\frac{{}_n\mathrm{C}_{k+1}}{{}_n\mathrm{C}_k} - 1 = \frac{n-k}{k+1} - 1 = \frac{n-(2k+1)}{k+1} = \begin{cases} 正 & (2k+1<n) \\ 0 & (2k+1=n) \\ 負 & (2k+1>n) \end{cases}$$

ゆえに，$2k+1<n$ となる k について ${}_n\mathrm{C}_k < {}_n\mathrm{C}_{k+1}$，$2k+1=n$ となる k について ${}_n\mathrm{C}_k = {}_n\mathrm{C}_{k+1}$，$n<2k+1$ となる k について ${}_n\mathrm{C}_k > {}_n\mathrm{C}_{k+1}$ となり，${}_n\mathrm{C}_0$，${}_n\mathrm{C}_1$，$\cdots$，${}_n\mathrm{C}_n$ は，中央の項に向かって増加している。

〔Ⅲ〕 二項係数へもちこまずに階乗をうまく評価して，文字の範囲をしぼる方法もある。

別解　$f(n,\ k) = f(n,\ 1)$ は，$n \geqq 2k$ のときで

$$\frac{{}_n\mathrm{P}_{2k}}{2^k k!} = \frac{{}_n\mathrm{P}_2}{2^1 1!} \qquad \therefore\ n(n-1)\cdot\cdots\cdot(n-2k+1) = \frac{n(n-1)}{2} \cdot 2^k k!$$

$$\therefore\ \underbrace{(n-2)\cdot\cdots\cdot(n-2k+1)}_{2(k-1)\ 個} = 2^{k-1}k! \qquad \cdots\cdots②$$

$k \geqq 2$ により（左辺）$\geqq \{2(k-1)\}!$ だから

$$(2k-2)(2k-3)\cdot\cdots\cdot 2\cdot 1 \leqq k\cdot(2k-2)(2k-4)\cdot\cdots\cdot 2$$

$$\therefore\ \underbrace{(2k-3)\cdot\cdots\cdot 3\cdot 1}_{k-1\ 個} \leqq k \qquad \therefore\ 2k-3 \leqq k \qquad \therefore\ k \leqq 3$$

- $k=3$ のとき，②は

$$(n-2)\cdot\cdots\cdot(n-5) = 2^2\cdot 3! = 4\cdot 3\cdot 2\cdot 1 \qquad \therefore\ n=6$$

- $k=2$ のとき，②は $(n-2)(n-3)=4$ となり，これをみたす整数 n はない。

以上から，$(n,\ k) = (\mathbf{6},\ \mathbf{3})$ である。　……**(答)**

8.2 環状に並べる確率

3個の赤玉と n 個の白玉を無作為に環状に並べるものとする。このとき白玉が連続して $k+1$ 個以上並んだ箇所が現れない確率を求めよ。ただし $\frac{n}{3} \leqq k < \frac{n}{2}$ とする。

〔1989年度理系第6問〕

アプローチ

同じものを含む円順列についての問題といえる。円順列では，回転して重なるものは同じとみなすので，特定の1つのものの場所を固定することができて，おこりうるすべての場合は，他のものを1列に並べた順列と1対1に対応する。

確率では，原則として，ものはすべて区別する

ので，まず $n+3$ 個の玉を区別して，そのうち赤の1つを固定することができる。すると，赤2個，白 n 個を1列に並べる順列が，同様に確からしいすべての場合（全事象）になる。このとき，全事象は白 n 個の1列が赤2個で分けられる総数とみなおすことができて，白が連続するのが k 個以下である列の総数は，ある条件をみたす格子点の個数に帰着される。

解答

玉を赤1，赤2，赤3，白1，…，白 n とし，これらを環状に並べ，赤1を固定する。このとき，おこりうるすべての場合は，赤2，赤3，白1，…，白 n の1列の順列であり，1列の $n+2$ 個の場所から赤の位置2か所の選び方 $N={}_{n+2}\mathrm{C}_2$ 通りが同様に確からしい。このそれぞれについて

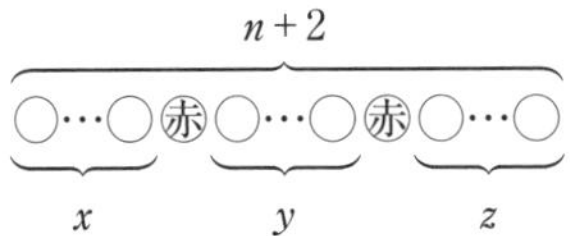

のように個数 x，y，z をきめると

$$\begin{cases} x+y+z=n & \cdots\cdots① \\ 0 \leqq x \leqq k,\ 0 \leqq y \leqq k,\ 0 \leqq z \leqq k & \cdots\cdots② \end{cases}$$

をみたす整数の組 $(x,\ y,\ z)$ の個数 M が，題意の事象の場合の数である。①から $z=n-x-y$ で，これを②へ代入して

$0 \leqq x \leqq k,\ 0 \leqq y \leqq k$

$0 \leqq n-x-y \leqq k$

$\therefore\ n-k \leqq x+y \leqq n$

$\dfrac{n}{3} \leqq k < \dfrac{n}{2}$ だから，$(x,\ y)$ は右図の網かけ部分の格子点で，その個数から

$$M = 1+2+\cdots+(3k-n+1)$$

$$= \frac{1}{2}(3k-n+1)(3k-n+2)$$

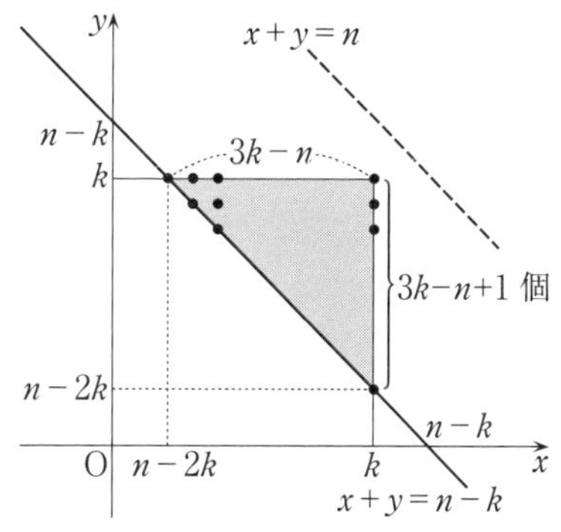

以上から，求める確率は

$$\frac{M}{N} = \boldsymbol{\frac{(3k-n+1)(3k-n+2)}{(n+1)(n+2)}}$$ ……(答)

フォローアップ

〔Ⅰ〕 ものをすべて区別する原則にしたがえば，全事象は $(n+2)! = N \cdot n!2!$ 通り，着目する事象は $M \cdot n!2!$ 通りであり，その確率は

$$\frac{M \cdot n!2!}{(n+2)!} = \frac{M}{N}$$

である。もちろん，はじめから右辺で計算する方が無駄がない。

〔Ⅱ〕 M は，変数の置き換えにより，${}_n\mathrm{C}_r$ で求めることができる。

①，②において，$(x',\ y',\ z') = (k-x,\ k-y,\ k-z)$ とおくと

$$\begin{cases} x'+y'+z' = 3k-n & \cdots\cdots①' \\ 0 \leqq x' \leqq k,\ 0 \leqq y' \leqq k,\ 0 \leqq z' \leqq k & \cdots\cdots②' \end{cases}$$

となるが，$2k<n$ により $3k-n<k$ が成り立っているので，$x' \geqq 0,\ y' \geqq 0,\ z' \geqq 0$ と①′から $x' \leqq 3k-n < k$，同様に $y' \leqq k,\ z' \leqq k$ が成り立つ。ゆえに

①′ かつ②′ $\Longleftrightarrow$ ①′ かつ $x' \geqq 0,\ y' \geqq 0,\ z' \geqq 0$ ……(＊)

となり，(＊)をみたす整数の組 $(x',\ y',\ z')$ の個数が M である。

○：$3k-n$ 個と仕切り棒|：2本の順列を考えて

$$M = {}_{3k-n+2}\mathrm{C}_2 \qquad \therefore\ \frac{M}{N} = \frac{{}_{3k-n+2}\mathrm{C}_2}{{}_{n+2}\mathrm{C}_2}$$

8.3 サイコロ型確率

正六角形の頂点に1から6までの番号を順につける。またn個のサイコロを振り，出た目を番号とするすべての頂点にしるしをつけるものとする。このとき，しるしのついた三点を頂点とする直角三角形が存在する確率をp_nとする。

(1) p_3, p_4を求めよ。

(2) $\displaystyle\lim_{n\to\infty}\frac{1}{n}\log(1-p_n)$ を求めよ。

〔1987年度理系第6問〕

アプローチ

全事象U_n(その要素の個数$|U_n|=6^n$）のうち，着目している事象E_n（$\subset U_n$）について要素の個数$|E_n|$を求める。E_nが単純でないときは場合分けを考えるが，それにはある尺度をとり，その値により分類するのがよい。尺度とは正確にはU_nで定義される関数である（確率変数という)。本問では「出た目が何種類か」に着目する。

解答

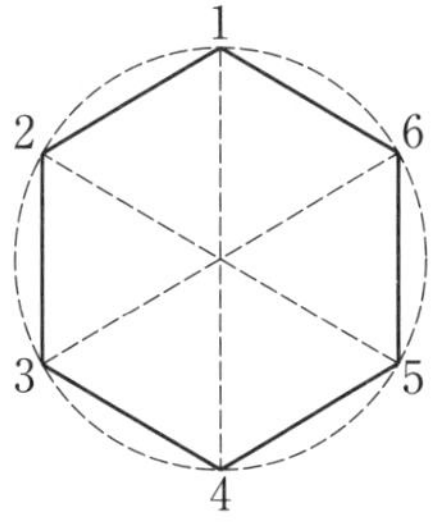

$n\geqq 3$を前提としてよい。サイコロの目の出方は全部で6^n通りある。出た目の集合をS_nとし，S_nの要素の個数（出た目の種類の個数）を$|S_n|$で表すと

$|S_n|=1, 2, 3, 4, 5, 6$

である。着目する事象E_nは

「$|S_n|\geqq 3$で，S_nが正六角形の外接円の直径になる2頂点の番号を含む」

ことである。直径になる2頂点の番号は

$\{1, 4\}, \{2, 5\}, \{3, 6\}$ ……①

だから，$|S_n|\geqq 4$のときS_nは直径になる2頂点の番号を含む。E_nの余事象$\overline{E_n}$を考える。

(i) $|S_n|=1$のとき，すべての目が等しいときで目の選び方の${}_6\mathrm{C}_1=6$通り。

(ii) $|S_n|=2$のとき，2種類の目の数の選び方は${}_6\mathrm{C}_2$通りで，2種類の目が出るのは

• 2つの目のいずれかが n 回出る（$|S_n|\leqq 2$）

から

• 2つのうちの1つの目だけが n 回出る（$|S_n|=1$）

場合を除いたものだから，${}_6\mathrm{C}_2(2^n-2)=15(2^n-2)$ 通り。

(iii)　$|S_n|=3$ のとき，直径となる番号を含まないときだから，数の選び方は①の3組から1つずつ数を選んで 2^3 通りで，そのそれぞれの3種類の目が出るのは

• 3つの目のいずれかが n 回出る（$|S_n|\leqq 3$）

から

• 3つのうちの2つの目だけが出る（$|S_n|=2$）

• 3つのうちの1つの目だけが出る（$|S_n|=1$）

を除いたもので

$$2^3\cdot\{3^n-{}_3\mathrm{C}_2(2^n-2)-{}_3\mathrm{C}_1\}=8(3^n-3\cdot 2^n+3)\ \text{通り}$$

以上(i)〜(iii)から，$\overline{E_n}$ は

$$6+15(2^n-2)+8(3^n-3\cdot 2^n+3)=8\cdot 3^n-9\cdot 2^n\ \text{通り}$$

であり，$p_n=P(E_n)$，$1-p_n=P(\overline{E_n})$ だから

$$1-p_n=\frac{8\cdot 3^n-9\cdot 2^n}{6^n}=\frac{8}{2^n}-\frac{9}{3^n}=\frac{1}{2^{n-3}}-\frac{1}{3^{n-2}}$$

$$p_n=1-\frac{1}{2^{n-3}}+\frac{1}{3^{n-2}}$$

(1)　$p_3=1-1+\dfrac{1}{3}=\boldsymbol{\dfrac{1}{3}}$，$p_4=1-\dfrac{1}{2}+\dfrac{1}{9}=\boldsymbol{\dfrac{11}{18}}$　……(答)

(2)　$\dfrac{1}{n}\log(1-p_n)=\dfrac{1}{n}\log\dfrac{1}{2^n}\left\{8-9\left(\dfrac{2}{3}\right)^n\right\}$

$$=-\log 2+\frac{1}{n}\log\left\{8-9\left(\frac{2}{3}\right)^n\right\}\xrightarrow[n\to\infty]{}\boldsymbol{-\log 2}\qquad\text{……(答)}$$

フォローアップ

〔Ⅰ〕　$|S_n|\geqq 4$ ならば E_n はおこるので，E_n の余事象 $\overline{E_n}$ は

$|S_n|\leqq 2$　または　「$|S_n|=3$ で S_n が①のいずれも含まない」

である。

〔Ⅱ〕　n がらみの確率であるが，全事象がはっきりしていて，場合の数の比として確率がとらえられるときは，結局，場合の数（集合の要素の個数）を求めることに帰着される。そのとき多くは重複をどのようにして制御するか

が問題になる。「場合分け」や「余事象」を考えることはその常套手段である。また，整数の値をとる確率変数を X とするとき

$$P(X=k)=P(X\leqq k)-P(X\leqq k-1)$$

はよく用いられる。

なお，一般に有限集合 S の要素の個数を $|S|$ と表している（他にも，Card(S)，# S などがある）。したがって，たとえば有名な公式（包含排除原理）は

$$|A\cup B|=|A|+|B|-|A\cap B|$$

である。教科書では $n(S)$ とかくので，それでもいいが，これは数学で一般に使われている記号ではないうえに，「S_n の要素の個数が n である」を表すと $n(S_n)=n$ となってしまい，非常にまぎらわしい。

8.4　状況推移の確率

各世代ごとに，各個体が，他の個体とは独立に，確率 p で 1 個，確率 $1-p$ で 2 個の新しい個体を次の世代に残し，それ自身は消滅する細胞がある。いま，第 0 世代に 1 個であった細胞が，第 n 世代に m 個となる確率を，$P_n(m)$ とかくことにしよう。

n を自然数とするとき，$P_n(1)$，$P_n(2)$，$P_n(3)$ を求めよ。ただし $0<p<1$ とする。

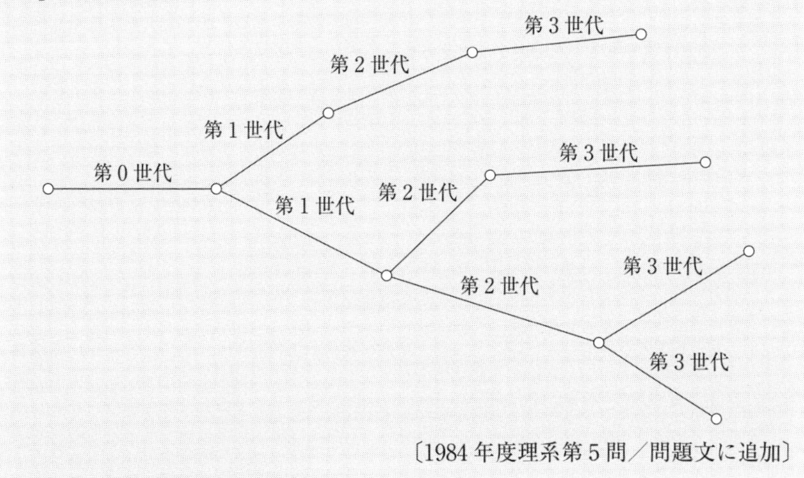

〔1984 年度理系第 5 問／問題文に追加〕

アプローチ

確率の問題では，いつも同様に確からしい全事象がはっきりわかるとは限らない。試行がひきつづいて行われて，分岐していくときなどは全事象をとらえるのではなく，樹形図により状況を表現する。本問はその典型といえる。個体数の変化の様子をとらえていけばよい。問題に与えられた図の場合，個体数の変化は

$$\overset{(0)}{1}-\overset{(1)}{2}-\overset{(2)}{3}-\overset{(3)}{4}$$

となる。

解答

第 n 世代の個体数を X_n で表すと，$P_n(m)=P\ (X_n=m)$。1 世代交代での個体数の変化は次のようになる。

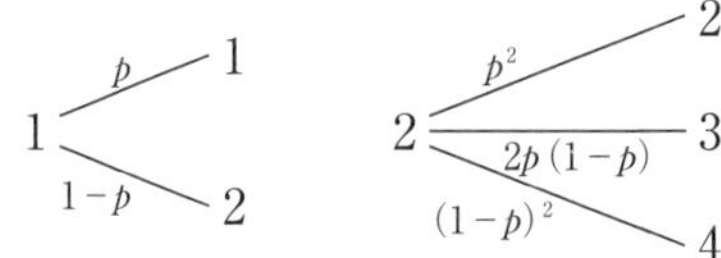

(I)　$X_n=1$ のとき，個体数が

$$\overset{(0)}{1}\underset{p}{—}\overset{(1)}{1}—\cdots—\overset{(n)}{1}$$

となるときだから，$P_n(1)=P(X_n=1)=\boldsymbol{p^n}$　　　　　　……(答)

(II)　$X_n=2$ のとき，個体数が第 k 世代交代目で 1 から 2 に変化したとすると，個体数が

$$\overset{(0)}{1}\underset{p}{—}\overset{(1)}{1}—\cdots—\overset{(k-1)}{1}\underset{1-p}{——}\overset{(k)}{2}\underset{p^2}{——}2—\cdots—\overset{(n)}{2}$$

となるときであり，この変化がおこる確率は

$$p^{k-1}(1-p)(p^2)^{n-k}=(1-p)p^{2n-k-1}$$

である（$k=1,\ 2,\ \cdots,\ n$）。したがって

$$P_n(2)=\sum_{k=1}^{n}(1-p)p^{2n-k-1}=(1-p)p^{n-1}\sum_{k=1}^{n}p^{n-k}$$

$$=(1-p)p^{n-1}\frac{1-p^n}{1-p}=\boldsymbol{p^{n-1}(1-p^n)}$$　　　　　　……(答)

(III)　$X_n=3$ のとき，第 k 世代交代目で 1 から 2 に変化したとすると，個体数が

$$\overset{(0)}{1}\underset{p}{—}\cdots—\overset{(k-1)}{1}\underset{1-p}{——}\overset{(k)}{2}\underset{p^2}{——}\cdots—2—3—\cdots—\overset{(n)}{3}$$

となるときである。「第 k 世代で 2 個ある細胞が，$n-k$ 世代後（第 n 世代）には 3 個になっている」のは「2 個のうち 1 個は 1 個のまま，他の 1 個が 2 個に分裂する」ときだから，上の図式の変化がおこる確率は

$$p^{k-1}(1-p)\cdot{}_2\mathrm{C}_1P_{n-k}(1)P_{n-k}(2)$$
$$=2(1-p)p^{n-1}\cdot p^{n-k-1}(1-p^{n-k})$$
$$=2(1-p)p^{n-2}(p^{n-k}-p^{2(n-k)})\quad(k=1,\ 2,\ \cdots,\ n-1)$$

だから

$$P_n(3)=\sum_{k=1}^{n-1}2(1-p)p^{n-2}(p^{n-k}-p^{2(n-k)})$$

$$=2(1-p)p^{n-2}\sum_{k=1}^{n}(p^{n-k}-p^{2(n-k)})$$

（∵　$k=n$ のとき $p^{n-k}-p^{2(n-k)}=0$）

$$=2(1-p)p^{n-2}\left(\frac{1-p^n}{1-p}-\frac{1-p^{2n}}{1-p^2}\right)$$

$$=2p^{n-2}(1-p^n)\frac{(1+p)-(1+p^n)}{1+p}$$

$$=\frac{2p^{n-1}(1-p^n)(1-p^{n-1})}{1+p} \quad \cdots\cdots(\text{答})$$

これは$n\geqq 2$以上のときであるが，$X_1=3$はおこらないので$P_1(3)=0$だから，上の答は$n=1$のときも正しい。

フォローアップ

〔Ⅰ〕　元の問題には「ただし$0<p<1$とする」はなかったが，$p=0$，1のときは問題に本来の意味がないので，無意味な場合分けをさけるために付け加えた。参考までに，この場合の答は

- $p=0$のとき，1世代交代で1―2だから$X_n=2^n$で$P_n(2^n)=1$だから

  $P_n(1)=0$；$P_1(2)=1$，$P_n(2)=0$（$n\geqq 2$）；$P_n(3)=0$

- $p=1$のとき，1―1だから$X_n=1$で

  $P_n(1)=1$，$P_n(2)=P_n(3)=0$

となる。

〔Ⅱ〕　漸化式はたてられるが（**8.5**），解くのはかなり面倒なので，よい方針とはいえない。参考までにかいておく。

$$P_{n+1}(1)=pP_n(1)$$

$$P_{n+1}(2)=p^2P_n(2)+(1-p)P_n(1)$$

$$P_{n+1}(3)=p^3P_n(3)+2p(1-p)P_n(2)$$

8.5 確率の漸化式

サイコロが1の目を上面にして置いてある。向かいあった一組の面の中心を通る直線のまわりに90°回転する操作をくりかえすことにより，サイコロの置きかたを変えていく。ただし，各回ごとに，回転軸および回転する向きの選びかたは，それぞれ同様に確からしいとする。

第 n 回目の操作のあとに1の面が上面にある確率を p_n，側面のどこかにある確率を q_n，底面にある確率を r_n とする。

(1) p_1，q_1，r_1 を求めよ。

(2) p_n，q_n，r_n を p_{n-1}，q_{n-1}，r_{n-1} で表わせ。

(3) $p=\lim_{n\to\infty}p_n$，$q=\lim_{n\to\infty}q_n$，$r=\lim_{n\to\infty}r_n$ を求めよ。

〔1982年度理系第6問〕

アプローチ

状況推移の確率であり，漸化式へと誘導している。n 回目と $n+1$ 回目の樹形図を関係式で表すと漸化式になる（本問では $n-1\to n$）。事象が3種類あるので，連立漸化式になるが，事象は途中で終了することはないので，n 回目の全事象の確率は1であることに注意して，漸化式から一般項を求める。

解 答

(1) 回転軸を右図のように X，Y，Z とする。1回の操作で，上面の目1は回転軸の選び方により次のように動く。

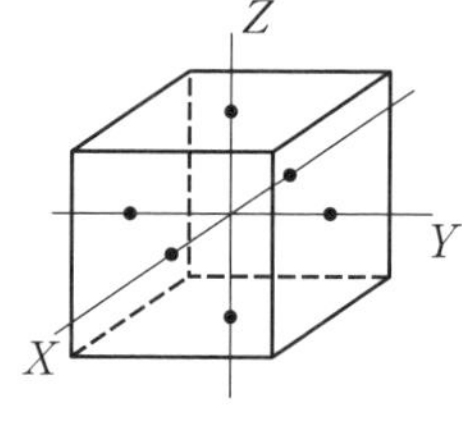

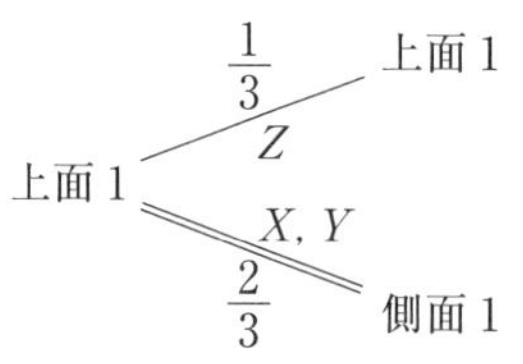

$\therefore\quad p_1=\dfrac{1}{3},\ q_1=\dfrac{2}{3},\ r_1=0$ ……(答)

(2) 側面の目1（X が通る面にあるとする）は1回の操作で次のように動く。

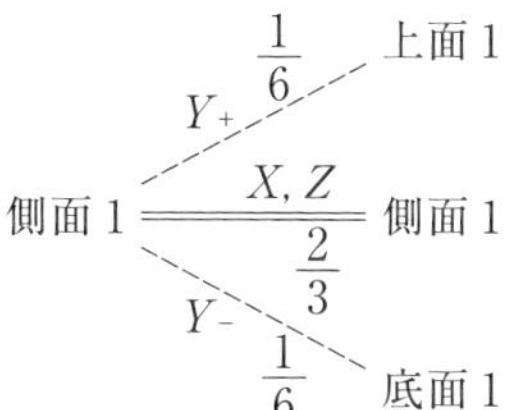

ただし，Y_+，Y_- は Y のまわりに回転する向きを区別している。底面の目１の動きは(1)と同様だから，$n-1$ 回目と n 回目の１の目の面の関係は次の図式のようになる。

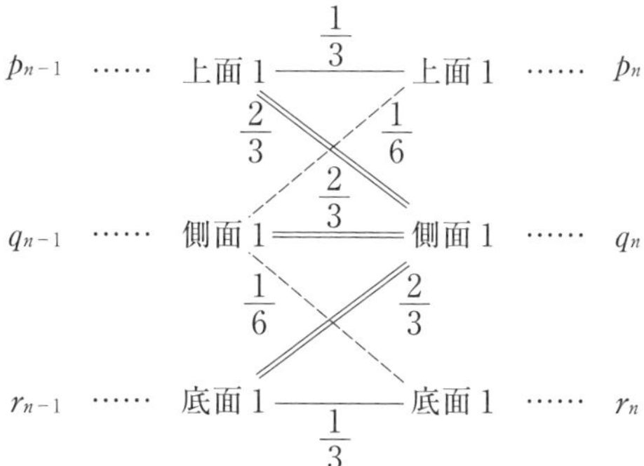

上の図式から，$n \geqq 2$ について

$$\begin{cases} p_n = \frac{1}{3}\boldsymbol{p}_{n-1} + \frac{1}{6}\boldsymbol{q}_{n-1} & \cdots\cdots① \\ q_n = \frac{2}{3}\boldsymbol{p}_{n-1} + \frac{2}{3}\boldsymbol{q}_{n-1} + \frac{2}{3}\boldsymbol{r}_{n-1} & \cdots\cdots② \\ r_n = \qquad\qquad \frac{1}{6}\boldsymbol{q}_{n-1} + \frac{1}{3}\boldsymbol{r}_{n-1} & \cdots\cdots③ \end{cases} \quad \cdots\cdots(\text{答})$$

(3)　n 回目の操作の結果，上面，側面，底面のいずれかに１の目があるので

$$p_n + q_n + r_n = 1 \quad (n \geqq 1) \qquad \cdots\cdots④$$

である。④と②から，$n \geqq 2$ のとき

$$q_n = \frac{2}{3}$$

であるが，これは(1)から $n=1$ のときも成り立つ。これと①から

$$p_{n+1} = \frac{1}{3}p_n + \frac{1}{9} \qquad \therefore \quad p_{n+1} - \frac{1}{6} = \frac{1}{3}\left(p_n - \frac{1}{6}\right) \quad (n \geqq 1)$$

したがって

$$p_n=\frac{1}{6}+\left(\frac{1}{3}\right)^{n-1}\left(p_1-\frac{1}{6}\right)=\frac{1}{6}\left\{1+\left(\frac{1}{3}\right)^{n-1}\right\}\to\frac{1}{6}=p$$

$$r_n=1-p_n-q_n=\frac{1}{3}-p_n\to\frac{1}{3}-p=r \qquad (n\to\infty)$$

$$\therefore\quad p=\frac{1}{6},\ \ q=\frac{2}{3},\ \ r=\frac{1}{6} \qquad \cdots\cdots(答)$$

フォローアップ

〔Ⅰ〕 ④は確率の意味から考えてあたりまえであるが，漸化式からもわかる。
①＋②＋③ から

$$p_n+q_n+r_n=p_{n-1}+q_{n-1}+r_{n-1} \quad (n\geqq 2)$$

となり，$\{p_n+q_n+r_n\}$ は定数列だから

$$p_n+q_n+r_n=p_1+q_1+r_1=1 \quad (n\geqq 1)$$

このことは，本問のように試行が限りなく繰り返せるときには成立するが，試行が途中で終了していくときなどには成立しない。

〔Ⅱ〕 確率の連立漸化式は，本問以降出題され続けて，より一層複雑なものが出題されるようになった。本問は現在の目からみればかなり基本的で，誘導が丁寧すぎると感じるかもしれない。

8.6　反復試行の確率

ベンチが$k+1$個一列に並べてあり，A，Bの二人が次のようなゲームをする。最初Aは左端，Bは右端のベンチにおり，じゃんけんをして勝った方が他の端に向って一つ隣りのベンチに進み，負けた方は動かないとする。また二人が同じ手を出して引き分けになったときには，二人とも動かないとする。こうしてじゃんけんを繰返して早く他のベンチの端に着いた者を勝ちとする。一回のじゃんけんで，Aが勝つ確率，負ける確率，引き分けとなる確率はすべて等しいとき，次の確率を求めよ。

(1)　n回じゃんけんをした後に，二人が同じベンチに座っている確率q

(2)　n回じゃんけんをしたときに，A，Bの移動回数がそれぞれx回，y回である確率$p(x,\ y)$

(3)　$k=3$のときn回のじゃんけんの後に，まだゲームの勝敗がきまらない確率p，ただし$n \geqq 3$とする。

〔1986年度理系第5問〕

アプローチ

$k+1$個のベンチはそれぞれ2人以上座ることができるとして，それらが1列に並んでいる。「勝ち」がきまるとゲームは終了する。ゲームが終了すると，もうじゃんけんは行わない（それよりあとは思考の対象外)。「n回じゃんけんをした」ときには，$n-1$回目まではゲームは終了していない。
途中で終了していくので，全事象ははっきりとはみえないが，1回のじゃんけんの結果は3通りあり，繰返すとそれらの順列がきまり，そのそれぞれについてA，Bの位置がきまり，終了しているかどうかもきまる。まず，終了せずにじゃんけんをn回行う場合を考えて，そこから$n-1$回目までに終了している場合を除く。

解答

じゃんけんを1回する試行をTとし，Tの結果をA:「Aが勝つ」，B:「Bが勝つ」，C:「引き分け」と表すと，$P(A)=P(B)=P(C)=\dfrac{1}{3}$である。また，前提として，$k$と$n$は正の整数であり，勝ちがきまるとゲームは終了する。終了した直後はベンチに座っているものとする。

(1)　AとBの間のベンチの間隔の個数（間にあるベンチの個数+1）をXとすると，最初は$X=k$であり，同じベンチに座っているのは$X=0$のときである。1回の T について，X は $A\cup B$ ならば1だけ減少し，C ならば変化しない。したがって，T を n 回繰返すとき（途中で勝ちがきまる場合も T を繰返すとして），$X=0$ となるのは，$n\geqq k$ で $A\cup B$ が k 回，C が $n-k$ 回のときであり，その確率は

$$ {}_n\mathrm{C}_k\left(\frac{2}{3}\right)^k\left(\frac{1}{3}\right)^{n-k}=\frac{{}_n\mathrm{C}_k2^k}{3^n} \quad \cdots\cdots① $$

である。

(i) $n=k$ のとき，$n-1$ 回目までに勝ちがきまることはないので

$$ q=①=\left(\frac{2}{3}\right)^n $$

(ii) $n\geqq k+1$ のとき，①のうち，$n-1$ 回目までに勝ちがきまっているのは，①の k 回の $A\cup B$ のうち，A が k 回または B が k 回で，n 回目が C のときだから（〔Ⅰ〕）

• $n-1$ 回目までに A が k 回，C が $n-k-1$ 回；n 回目が C のとき

または

• $n-1$ 回目までに B が k 回，C が $n-k-1$ 回；n 回目が C のとき

であり，これらの確率はそれぞれ

$$ {}_{n-1}\mathrm{C}_k\left(\frac{1}{3}\right)^k\left(\frac{1}{3}\right)^{n-k-1}\cdot\frac{1}{3}=\frac{{}_{n-1}\mathrm{C}_k}{3^n} \quad \cdots\cdots② $$

だから　　$q=①-2\times②$

以上から

$$ q=\begin{cases} \dfrac{{}_n\mathrm{C}_k2^k-2{}_{n-1}\mathrm{C}_k}{3^n} & (k+1\leqq n) \\ \dfrac{2^n}{3^n} & (n=k) \\ 0 & (n<k) \end{cases} \quad \cdots\cdots(\text{答}) $$

(2) x，y は0以上の整数である。T を n 回繰返したとき，A が x 回，B が y 回おこるならば，C は $n-x-y$ 回おこり，$x\leqq k$，$y\leqq k$，$x+y\leqq n$ である。途中で終了する場合も T を繰返すことにすると，その確率は

$$ {}_n\mathrm{C}_x\cdot{}_{n-x}\mathrm{C}_y\left(\frac{1}{3}\right)^x\left(\frac{1}{3}\right)^y\left(\frac{1}{3}\right)^{n-x-y}=\frac{n!}{x!y!(n-x-y)!}\cdot\frac{1}{3^n} \quad \cdots\cdots③ $$

である。

(i) $x<k$ かつ $y<k$ ならば，$n-1$ 回目までに終了しないので，$p(x,\ y)=③$ である。

(ii)　$x=k$ かつ $y<k$ ならば，$n-1$ 回目までに A が $k-1$ 回，B が y 回，C が $n-k-y$ 回で，n 回目が A だから

$$ {}_{n-1}\mathrm{C}_{k-1}\cdot{}_{n-k}\mathrm{C}_{y}\left(\frac{1}{3}\right)^{k-1}\left(\frac{1}{3}\right)^{y}\left(\frac{1}{3}\right)^{n-k-y}\cdot\frac{1}{3}=\frac{(n-1)!}{(k-1)!y!(n-k-y)!}\cdot\frac{1}{3^n} $$

(iii)　$x<k$ かつ $y=k$ ならば，$n-1$ 回目までに A が x 回，B が $k-1$ 回，C が $n-x-k$ 回で，n 回目が B だから

$$ {}_{n-1}\mathrm{C}_{x}\cdot{}_{n-x-1}\mathrm{C}_{k-1}\left(\frac{1}{3}\right)^{x}\left(\frac{1}{3}\right)^{k-1}\left(\frac{1}{3}\right)^{n-x-k}\cdot\frac{1}{3}=\frac{(n-1)!}{x!(k-1)!(n-x-k)!}\cdot\frac{1}{3^n} $$

以上から

$$ p(x,\ y)=\begin{cases} \boldsymbol{\dfrac{n!}{x!y!(n-x-y)!}\cdot\dfrac{1}{3^n}} & \boldsymbol{(x<k,\ y<k,\ x+y\leqq n)} \\ \boldsymbol{\dfrac{(n-1)!}{(x-1)!y!(n-x-y)!}\cdot\dfrac{1}{3^n}} & \boldsymbol{(x=k,\ y<k,\ x+y\leqq n)} \\ \boldsymbol{\dfrac{(n-1)!}{x!(y-1)!(n-x-y)!}\cdot\dfrac{1}{3^n}} & \boldsymbol{(x<k,\ y=k,\ x+y\leqq n)} \\ \boldsymbol{0} & \textbf{(上記以外)} \end{cases} $$

……(答)

(3)　(2)において，$k=3$ で $x<3$ かつ $y<3$ のときだから

$$ \begin{aligned} p&=p(0,\ 0)+p(1,\ 0)+p(0,\ 1)+p(2,\ 0)+p(1,\ 1)+p(0,\ 2) \\ &\qquad\qquad\qquad\qquad +p(2,\ 1)+p(1,\ 2)+p(2,\ 2) \\ &=\frac{1}{3^n}\left\{1+n+n+\frac{n(n-1)}{2}+n(n-1)+\frac{n(n-1)}{2}\right. \\ &\qquad\left.+\frac{n(n-1)(n-2)}{2}+\frac{n(n-1)(n-2)}{2}+\underset{\sim\sim\sim\sim\sim\sim\sim\sim\sim\sim\sim\sim}{\frac{n(n-1)(n-2)(n-3)}{4}}\right\} \\ &=\boldsymbol{\frac{n^4-2n^3+7n^2+2n+4}{4\cdot3^n}} \end{aligned} $$

……(答)

$x=2$，$y=2$ は $n\geqq4$ のときでないとおこらないが，$n=3$ のとき波線部は0だから，このときも上の答に含まれる。

フォローアップ

〔Ⅰ〕　ベンチに左から0，1，…，k と番号をつける。T を n 回行い，A が x 回，B が y 回，C が z 回であるとすると，x，y，z は0以上の整数で $x+y+z=n$ であり，A，B，C からなる n 個の順列ができる。このとき，Aのベンチの番号は x，Bのベンチの番号は $k-y$ で，$x=k$ または $k-y=0$ すなわち $y=k$ となれば終了する。ゆえに，試行を n 回行えるのは $x\leqq k$，$y\leqq k$

であり

$$\underbrace{\square\square\cdots\square\cdots\square\square}_{n\text{ 個}}\quad(\square=A,\ B,\ C\text{ で，}A:k\text{ 個以下，}B:k\text{ 個以下})$$

さらに，このうち $n-1$ 回目までに $x=k$ または $y=k$ になるもの

$$\underbrace{\overbrace{\square\square\cdots\square\cdots\square\square}^{A\text{ または }B\text{ が }k\text{ 個}}}_{n\text{ 個}}$$

を除いたときである（また，n 回目に終了してもよいので，$x=k$ または $y=k$ が n 回目におこる場合は，「n 回じゃんけんをした後／とき」に含まれている)。このとき $(x,\ y)$ の条件は

$$0\leqq x\leqq k,\ 0\leqq y\leqq k,\ x+y\leqq n$$

であり，たとえば $k<n<2k$ のとき，$(x,\ y)$ は図の網かけ部分に含まれる格子点に対応し，$z=n-(x+y)$ である。しかし，$x=k$ 上の点では n 回目に A になるときだけで，$y=k$ 上の点でも同様である。A，B，C の順番を考慮にいれる必要があるので，この図だけでは確率はきまらない。

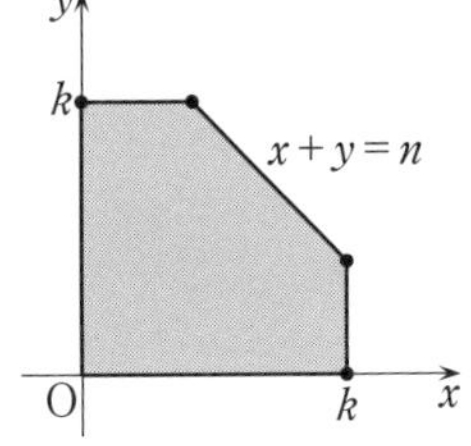

(1)では，T を n 回行ったときに，同じベンチにすわっているから $x=k-y$ すなわち $x+y=k\leqq n$ であり，A と B をまとめて $A\cup B$ が k 回，C が $n-k$ 回で，このうち $n-1$ 回目までに終了するのは $x=k$，$y=0$ または $y=k$，$x=0$ が $n-1$ 回目までに起こるとき（ほかは C）で，これらを除く。この除外する場合は $k\leqq n-1$ のときにおこる。

〔II〕 問題文がやや不明瞭である。「n 回じゃんけんをした後に」「n 回じゃんけんをしたときに」「n 回のじゃんけんの後に」など小問ごとに微妙に言いまわしが違うが，いずれも「n 回じゃんけんができて」ということと解釈すべきだろう。n と k の2文字はいっているので，いずれにせよやっかいな問題である。

(2)の答はたとえば $x<k$，$y<k$，$x+y\leqq n$ の場合，二項係数を用いて

$$\frac{{}_n\mathrm{C}_x\cdot{}_{n-x}\mathrm{C}_y}{3^n}$$

でもよい。また，(1)，(2)の答は $n=k$ または $x=k$ または $y=k$ の場合には，もちろん k を用いて表してもよい。

8.7　無限回試行の確率

一つのサイコロを続けて投げて，最初の n 回に出た目の数をその順序のまま小数点以下に並べてできる実数を a_n とおく。たとえば，出た目の数が 5，2，6，…であれば，$a_1=0.5$，$a_2=0.52$，$a_3=0.526$，…である。実数 α に対して $a_n \leqq \alpha$ となる確率を $p_n(\alpha)$ とおく。

(1)　$\displaystyle\lim_{n\to\infty} p_n\left(\frac{41}{333}\right)$ を求めよ。

(2)　$\displaystyle\lim_{n\to\infty} p_n(\alpha)=\frac{1}{2}$ となるのは α がどのような範囲にあるときか。

〔1990 年度理系第 6 問〕

アプローチ

実数の 10 進法表示についての確率で，小数点以下のすべての桁の数字を考えるので，極限の問題であるともいえる。設問は n 個の場合の確率の極限で表されているが，実際には無限個の全体集合での確率を考えることになる。(1)は，$\dfrac{41}{333}$ を循環小数で表して，上の位からおさえていけば，繰り返しがみえてくるだろう。(2)でも $\displaystyle\lim_{n\to\infty} a_n$ は 1 つの実数を定めるが，これらのとりうる値は，たとえば 0.166…の次は 0.211…とジャンプするところがあることに注意する。

解答

n 回目に出たサイコロの目を X_n（$X_n=1$，2，…，6）とし，$\displaystyle X=\sum_{n=1}^{\infty}\frac{X_n}{10^n}$ とおくと，$\displaystyle a_n=\sum_{k=1}^{n}\frac{X_k}{10^k}$ だから $\displaystyle\lim_{n\to\infty} a_n=X$ である。10 進法表記で

$$a_n=0.X_1X_2\cdots X_n,\quad X=0.X_1X_2X_3\cdots X_n\cdots$$

であり，$\displaystyle\lim_{n\to\infty} p_n(\alpha)=\lim_{n\to\infty} P(a_n \leqq \alpha)$ を $P(X \leqq \alpha)$ と表す。

(1)
$$\frac{41}{333}=\frac{123}{999}=0.\dot{1}2\dot{3}=0.123123\cdots$$

だから，$X \leqq \dfrac{41}{333}=0.\dot{1}2\dot{3}$ となるのは

- $(X_1,\ X_2)=(1,\ 1)$，X_3 以降は任意　……確率 $\left(\dfrac{1}{6}\right)^2$

• $(X_1,\ X_2)=(1,\ 2)$，$X_3=1$ または 2，X_4 以降は任意　……確率 $\left(\frac{1}{6}\right)^2\frac{2}{6}$

• $(X_1,\ X_2,\ X_3)=(1,\ 2,\ 3)$ のとき，$0.X_4X_5X_6\cdots\leqq 0.\dot{1}2\dot{3}$ だから3項（桁）ずれてはじめに戻るので，この確率は $\left(\frac{1}{6}\right)^3P(X\leqq 0.\dot{1}2\dot{3})$ である。

以上から

$$P(X\leqq 0.\dot{1}2\dot{3})=\left(\frac{1}{6}\right)^2+\left(\frac{1}{6}\right)^2\frac{2}{6}+\left(\frac{1}{6}\right)^3P(X\leqq 0.\dot{1}2\dot{3})$$

$$\therefore\quad P(X\leqq 0.\dot{1}2\dot{3})=\frac{\left(\frac{1}{6}\right)^2+\left(\frac{1}{6}\right)^2\frac{2}{6}}{1-\left(\frac{1}{6}\right)^3}=\mathbf{\frac{8}{215}}$$　……**(答)**

(2)　$P(X\leqq\alpha)=\frac{1}{2}$ のときだから $\alpha<1$ であり，10進法表記で α の 10^{-n} の位の数を α_n と表すと，$\alpha=0.\alpha_1\alpha_2\alpha_3\cdots$ で

$$X=0.X_1X_2\cdots\leqq\alpha=0.\alpha_1\alpha_2\alpha_3\cdots$$

となるときを考える。

(i)　$\alpha_1=1$ のとき，$X_1=1$ だから $(X\leqq\alpha)\subset(X_1=1)$ であり

$$P(X\leqq\alpha)\leqq P(X_1=1)=\frac{1}{6}$$

(ii)　$\alpha_1=2$ のとき

• $X_1=1$ ならば $X\leqq\alpha$ だから $(X_1=1)\subset(X\leqq\alpha)$

• $X_1\geqq 3$ ならば $X>\alpha$ だから $(X\leqq\alpha)\subset(X_1=1,\ 2)$

$$\therefore\quad \frac{1}{6}=P(X_1=1)\leqq P(X\leqq\alpha)\leqq P(X_1=1,\ 2)=\frac{2}{6}$$

(iii)　$\alpha_1=3$ のとき，(ii)と同様に $X_1=1$ または 2 で，4以上ではないから

$$(X_1=1,\ 2)\subset(X\leqq\alpha)\subset(X_1=1,\ 2,\ 3)$$

$$\therefore\quad \frac{2}{6}\leqq P(X\leqq\alpha)\leqq\frac{3}{6}=\frac{1}{2}$$　……①

(iv)　$\alpha_1=4$ のとき，同様に

$$(X_1=1,\ 2,\ 3)\subset(X\leqq\alpha)\subset(X_1=1,\ 2,\ 3,\ 4)$$

$$\therefore\quad \frac{1}{2}=\frac{3}{6}\leqq P(X\leqq\alpha)\leqq\frac{4}{6}$$　……②

したがって，$P(X\leqq\alpha)=\frac{1}{2}$ になりうるのは(iii)，(iv)の $\alpha_1=3,\ 4$ のときである。

• $\alpha_1=3$ のとき，①の右側の≦で等号が成り立つので，X_2 以降は任意であり

$$\alpha \geqq 0.3666\cdots = 0.3\dot{6}$$

• $\alpha_1 = 4$ のとき，②の左側の≦で等号が成り立つときで

$$P(X \leqq \alpha) = P(X_1 = 1,\ 2,\ 3) + P(0.3\dot{6} < X \leqq 0.4\alpha_2\alpha_3\cdots)$$

だから，$P(0.3\dot{6} < X \leqq 0.4\alpha_2\alpha_3\cdots) = 0$ のときである。X_k は1から6のいずれかだから

$$0.3\dot{6} < 0.X_1X_2\cdots < 0.4\dot{1}$$

をみたす X は存在せず，$P(X = 0.4\dot{1}) = \lim_{n\to\infty}\left(\frac{1}{6}\right)^n = 0$ だから

$P(X \leqq 0.4\dot{1}) = P(X_1 = 1,\ 2,\ 3) = \frac{1}{2}$，$\alpha > 0.4\dot{1}$ ならば

$P(0.3\dot{6} < X \leqq \alpha) = P(0.4\dot{1} < X \leqq \alpha) > 0$ であり，$P(X \leqq \alpha) > \frac{1}{2}$ となる。

以上から，求める範囲は

$$0.3\dot{6} \leqq \alpha \leqq 0.4\dot{1} \quad \therefore \quad 3 + \frac{6}{9} \leqq 10\alpha \leqq 4 + \frac{1}{9}$$

$$\therefore \quad \boldsymbol{\frac{11}{30} \leqq \alpha \leqq \frac{37}{90}}$$ ……(答)

フォローアップ

〔Ⅰ〕 実数の10進法による表示について，たとえば

$$0.122\dot{9} = 0.122999999\cdots = 0.123$$

だから，ある位以降がすべて9のときは1つ上の位に1を加えて，上のように有限小数（各位の数のうち0でないものは有限個）で表すことにすると，実数の10進法表示はただ1通りにきまる。また，このような表現の収束はあたりまえであり（実数の定義による），気にしなくてよい。

以下，上のように規約する。このとき実数の大小は次のようになる。区間 $0 \leqq x < 1$ の実数 a，b について，その10進法による表示を

$$a = 0.a_1a_2\cdots,\quad b = 0.b_1b_2\cdots$$

とすると，$a < b$ とは

$$a_1 = b_1,\ a_2 = b_2,\ \cdots,\ a_{n-1} = b_{n-1},\ a_n < b_n$$

となる番号 n（$\geqq 1$）が存在することである。

X_k はサイコロの目だから，つねに

$$\frac{1}{9} = 0.111\cdots = 0.\dot{1} \leqq X \leqq 0.666\cdots = 0.\dot{6} = \frac{2}{3}$$

である。

〔Ⅱ〕 (1)は3桁ごとに繰り返すので，無限級数で表すこともできる。

$$P\left(X \leqq \frac{41}{333}\right)=\left(\frac{1}{6}\right)^2+\left(\frac{1}{6}\right)^2\frac{2}{6}+\left(\frac{1}{6}\right)^3\left\{\left(\frac{1}{6}\right)^2+\left(\frac{1}{6}\right)^2\frac{2}{6}\right\}+\cdots$$

$$=\frac{\left(\frac{1}{6}\right)^2+\left(\frac{1}{6}\right)^2\frac{2}{6}}{1-\left(\frac{1}{6}\right)^3}=\frac{8}{215}$$

また，次のような樹形図を描いても様子がつかめる。

$$\underset{(0回目)}{\bullet} —— X_1=1 \begin{cases} X_2=1 \\ X_2=2 \begin{cases} X_3=1 \\ X_3=2 \\ X_3=3 —— X_4=1\cdots\cdots \end{cases} \end{cases}$$

ここで，$X_4=1$ のときに $X_1=1$ と同じ状態になるので，以降はそれを繰り返す。

〔Ⅲ〕 すべての n について $\alpha_n \in \{1, 2, 3, 4, 5, 6\}$ のとき

$$X=0.X_1X_2\cdots X_n\cdots \leqq 0.\alpha_1\alpha_2\cdots\alpha_n\cdots=\alpha$$

となるのは

- $X_1<\alpha_1$
- $X_1=\alpha_1$，$X_2<\alpha_2$
- $X_1=\alpha_1$，$X_2=\alpha_2$，$X_3<\alpha_3$

（以下同様に無限に続く）

となるときである。$X_n<\alpha_n$ となる X_n は α_n-1 通りだから，

$\alpha_n'=\alpha_n-1\ (n \geqq 1)$ とおくと

$$P(X \leqq \alpha)=\frac{\alpha_1'}{6}+\frac{1}{6}\cdot\frac{\alpha_2'}{6}+\left(\frac{1}{6}\right)^2\cdot\frac{\alpha_3'}{6}+\cdots\cdots$$

$$=\sum_{n=1}^{\infty}\frac{\alpha_n'}{6^n}=0.\alpha_1'\alpha_2'\alpha_3'\cdots\alpha_n'\cdots_{(6)}$$

上式の最後の項は6進法による表示である。

これを $\alpha=0.\dot{1}2\dot{3}$ にあてはめると

$$P(X \leqq 0.\dot{1}2\dot{3})=0.\dot{0}1\dot{2}_{(6)}=\left(\frac{1}{6^2}+\frac{2}{6^3}\right)\cdot\frac{1}{1-\frac{1}{6^3}}=\frac{8}{215}$$

である。

〔Ⅳ〕 試行を n 回に限定すると全事象 U_n は 6^n 通りであるが，無限に続けるとすると，全事象 U は

$$U=\{(X_1, X_2, \cdots, X_n, \cdots) \mid X_n=1, 2, 3, 4, 5, 6 \ (n=1, 2, \cdots)\}$$

（各項が１～６からなる無限数列全体の集合）で，無限集合である。U の部分集合について，確率はどのように定義すればよいだろうか？　たとえば，U_n において

$$P(X_j=1)=\cdots=P(X_j=6)=\frac{1}{6}\quad(j\leqq n)$$

$$P(X_j=1,\ X_k=2)=P(X_j=1)\cdot P(X_k=2)=\left(\frac{1}{6}\right)^2\quad(j\neq k\leqq n)$$

$$P(X_1=X_2=\cdots=X_n=1)=\left(\frac{1}{6}\right)^n\to 0\quad(n\to\infty)$$

だから，U においてもこのように定義するのが自然である（厳密にはここでの P は U_n での確率だから P_n とでもかくべきで，以下同じ）。10 進法表示 $\alpha=0.\alpha_1\cdots\alpha_n\cdots$ について，$X=\alpha$ となるのは，すべての位について $X_k=\alpha_k$ のときだから

$$P(X=\alpha)=\lim_{n\to\infty}P(0.X_1\cdots X_n=0.\alpha_1\cdots\alpha_n)$$

と定義すれば

$$P(X=\alpha)=\lim_{n\to\infty}\left(\frac{1}{6}\right)^n=0$$

（$0.\dot{1}\leqq\alpha\leqq 0.\dot{6}$ のときだが，それ以外でも 0）となる。また，事象 $X\leqq\alpha$ についても，$P(X\leqq\alpha)=\lim_{n\to\infty}P(0.X_1\cdots X_n\leqq\alpha)=\lim_{n\to\infty}P(0.X_1\cdots X_n\leqq 0.\alpha_1\cdots\alpha_n)$ と定義すればよく，これで本問の $\lim_{n\to\infty}P(a_n\leqq\alpha)$ を $P(X\leqq\alpha)$ と表すことができる。

このように無限個の要素をもつ全事象 U について，「確率」P がきちんと定義されることは，まったく初等的なことではなく，大学での数学（測度論・確率論）になる。本問は高校での具体的な確率と抽象的な確率論の橋渡しのような問題であり，難問だが，ぜひ学習してほしい問題である。

第9章 整数・論証

9.1 方程式の整数解

n, a, b, c, d は0または正の整数であって,

$$\begin{cases} a^2+b^2+c^2+d^2=n^2-6 \\ a+b+c+d \leqq n \\ a \geqq b \geqq c \geqq d \end{cases}$$

をみたすものとする。このような数の組 $(n,\ a,\ b,\ c,\ d)$ をすべて求めよ。

〔1980年度文系第3問〕

アプローチ

整数解の問題であるが，未知数が5個もある。第3式以外は a, b, c, d について対称的で，n だけは様子がちがう。文字が多いので，文字消去を考えるが，対称性をくずさないために，まず n を消去する。すると不等式が得られるが，あとは第3式とあわせて，d から1文字ずつ範囲をしぼっていく（〔Ｉ〕）。

解答

$$\begin{cases} a^2+b^2+c^2+d^2=n^2-6 & \cdots\cdots ① \\ a+b+c+d \leqq n & \cdots\cdots ② \\ a \geqq b \geqq c \geqq d \geqq 0 & \cdots\cdots ③ \end{cases}$$

①，②（両辺とも0以上）から

$$a^2+b^2+c^2+d^2 \geqq (a+b+c+d)^2-6$$

$$\therefore \quad ab+ac+ad+bc+bd+cd \leqq 3 \qquad \cdots\cdots ④$$

$d \geqq 1$ ならば，③から

$$ab+ac+ad+bc+bd+cd \geqq 6 > 3$$

となり，④が成り立たないので $\underline{d=0}$ で，④から

$$ab+ac+bc \leqq 3 \qquad \cdots\cdots ⑤$$

ここで $c \geqq 2$ ならば，③から

$$ab+ac+bc \geqq 4+4+4 > 3$$

となり，⑤が成り立たないので

$$c \leqq 1 \qquad \therefore \quad c=0,\ 1$$

(i)　$\underline{c=0}$ のとき，⑤から $ab\leqq3$，これと③から $b\leqq1$ で $b=0$，1。

- $b=0$ のとき，①から

$$a^2=n^2-6 \qquad \therefore \quad (n+a)(n-a)=6$$

$$\therefore \quad (n+a,\ n-a)=(6,\ 1),\ (3,\ 2)$$

となり，これをみたす整数 n，a はない。

- $\underline{b=1}$ のとき，①から

$$a^2+1=n^2-6 \qquad \therefore \quad (n+a)(n-a)=7$$

$$\therefore \quad (n+a,\ n-a)=(7,\ 1) \qquad \therefore \quad \underline{(n,\ a)=(4,\ 3)}$$

このとき②：$3+1\leqq4$ をみたす。

(ii)　$\underline{c=1}$ のとき，⑤から

$$ab+a+b\leqq3 \qquad \cdots\cdots⑥$$

ここで $b\geqq2$ ならば，③から

$$ab+a+b\geqq4+2+2=8>3$$

となり⑥が成り立たないので，$b\leqq1$。これと③：$a\geqq b\geqq c=1$ から $\underline{b=1}$。すると⑥から

$$2a+1\leqq3 \qquad \therefore \quad a\leqq1 \qquad \therefore \quad \underline{a=1}$$

ゆえに，①から

$$1+1+1=n^2-6 \qquad \therefore \quad \underline{n=3}$$

このとき②：$1+1+1\leqq3$ をみたす。

以上から

$$(n,\ a,\ b,\ c,\ d)=(\mathbf{4},\ \mathbf{3},\ \mathbf{1},\ \mathbf{0},\ \mathbf{0}),\ (\mathbf{3},\ \mathbf{1},\ \mathbf{1},\ \mathbf{1},\ \mathbf{0}) \qquad \cdots\cdots(答)$$

フォローアップ

〔Ⅰ〕　方程式の整数解を求める一般的方法はない。不定方程式とよばれるように，方程式の個数より未知数の個数の方が多いので，一般的には解は1つにはきまらない（決定系ではない）。したがって，まず無限個の可能性を有限個にしぼりこむことを考える。なお，1次方程式 $ax+by=c$ については **9.2〔Ⅱ〕**を参照。ここでは次数が2以上のものを考える。

着目する整数の性質は **9.2**〔アプローチ〕1．2．である。入試では1．に着目することが多く

$$AB=p \quad (A,\ B\ は整数を表す未知数を含む式，p\ は具体的な整数)$$

の形に変形する。p があまり大きい数でなく具体的にわかれば，p を整数の積に表す方法は（有限個）そんなに多くはならないので，その各場合に $(A,\ B)$ がきまり，これから未知数を求める。たとえば，$p=1$ なら

第9章

$(A,\ B)=\pm(1,\ 1)$ の２通りだけである。ただし，この方法で考えられるのは，ほとんどが２変数２次式のときである。

２．に着目するときは，なんらかの方法で未知数の範囲をしぼる（評価する）。これで解の可能性は有限個になる（あまり範囲が広いと役に立たないが）。たとえば $1<x<4$ がわかれば，そのような整数 x は $x=2,\ 3$ だけである。不等式をつくる方法は問題により様々であるが，基本的には他の文字を消去して範囲をだす。本問のように不等式があるときは，それらから文字を消去することも多い。

〔II〕　n を消去すると，不等式「④かつ③」の整数解を求める問題になり，小さい方から順に文字の範囲をしぼっていく。このとき，「$a\geqq 3$ ならば矛盾だから $a\leqq 2$」のようにして範囲をしぼることが多い。$d,\ c,\ b$ がきまると①は２文字だから，積の型をつくってもよいし，範囲をしぼってもよい。

(ii)の $b=1$ のあとは，①から

$$a^2+2=n^2-6 \qquad \therefore \quad (n+a)(n-a)=8=8\cdot 1=4\cdot 2$$

$$\therefore \quad (n+a,\ n-a)=(8,\ 1),\ (4,\ 2) \qquad \therefore \quad (n,\ a)=(3,\ 1)$$

としてもよい。

9.2　格子点の性質の論証

xy 平面において，x 座標，y 座標ともに整数であるような点を格子点と呼ぶ。格子点を頂点に持つ三角形 ABC を考える。

(1)　辺 AB，AC それぞれの上に両端を除いて奇数個の格子点があるとすると，辺 BC 上にも両端を除いて奇数個の格子点があることを示せ。

(2)　辺 AB，AC 上に両端を除いて丁度 3 点ずつ格子点が存在するとすると，三角形 ABC の面積は 8 で割り切れる整数であることを示せ。

〔1992 年度理系第 2 問〕

アプローチ

整数についての一般的な論証である。このような問題は，何を前提としてよいかがはっきりしないので，考えにくい。「辺 AB 上にある格子点は等間隔である」ことはわかるだろうが，教科書にあるような整数の性質だけを用いて，これを示すことが問題である。

整数の性質として，まったく違う角度から

1．素因数分解がただ 1 通りにできる（約数，倍数，互いに素，など）

2．数直線上に整数は等間隔 1 ずつ離れて無数に存在する

があり，これらに着目する。本問では，図形的に問題が表現されているので，2．を用いてみる。

解答

$\mathbb{Z}$ を整数全体の集合とし

$$\mathbb{Z}^2=\{(x,\ y)\,|\,x\in\mathbb{Z},\ y\in\mathbb{Z}\}：xy\text{ 平面の格子点の全体の集合}$$

とする。これは xy 平面のベクトル（成分がともに整数）の集合ともみなせる。まず

「2 つの格子点を結ぶ直線上には，格子点は等間隔に（無限個）存在する」　……(＊)

ことを示す。

〔(＊)の証明〕2 つの格子点を A，B とし，線分 AB 上で A にもっとも近い格子点を C（≠A）とする。

$\overrightarrow{AC}\in\mathbb{Z}^2$ だから

$$\overrightarrow{OP_n}=\overrightarrow{OA}+n\overrightarrow{AC}\quad (n\in\mathbb{Z})$$

により直線 AB 上の格子点 P_n（$n\in\mathbb{Z}$）がきまる。

直線 AB 上にこれら以外の格子点Dがあると仮定すると，DがP$_k$とP$_{k+1}$の間となる $k\in\mathbb{Z}$ がある。このとき

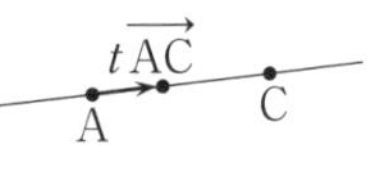

$$\overrightarrow{\mathrm{P}_k\mathrm{D}}=t\overrightarrow{\mathrm{AC}}$$

$$\therefore\quad \overrightarrow{\mathrm{OA}}+t\overrightarrow{\mathrm{AC}}=\overrightarrow{\mathrm{OA}}+\overrightarrow{\mathrm{P}_k\mathrm{D}}\in\mathbb{Z}^2\quad(0<t<1)$$

となる t があり，AとCの間に線分 AB 上の格子点があることになる。これはCが「もっとも近い」ことに反する。

ゆえに，直線 AB 上の格子点は P$_n$ $(n\in\mathbb{Z})$ に限られ，(＊)が成り立つ。

(証明終わり)

(1)　AB，AC の中点をそれぞれM，Nとおく。それぞれの線分上に格子点が奇数個あることと(＊)から，M，Nは格子点である。BC の中点をLとすると

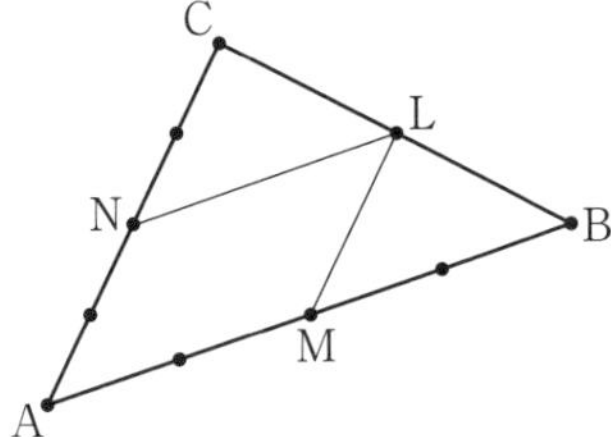

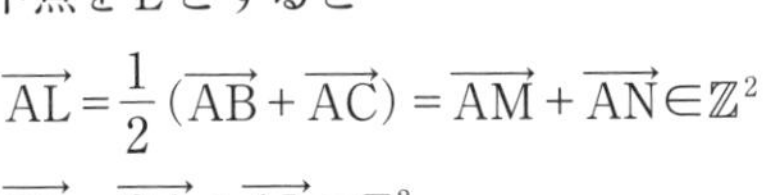

$$\overrightarrow{\mathrm{AL}}=\frac{1}{2}(\overrightarrow{\mathrm{AB}}+\overrightarrow{\mathrm{AC}})=\overrightarrow{\mathrm{AM}}+\overrightarrow{\mathrm{AN}}\in\mathbb{Z}^2$$

$$\therefore\quad \overrightarrow{\mathrm{OL}}=\overrightarrow{\mathrm{OA}}+\overrightarrow{\mathrm{AL}}\in\mathbb{Z}^2$$

だから，Lは格子点である。したがって，(＊)から線分 BL，LC 上には両端を除いて同数（0個も含む）の格子点があるので，線分 BC 上にも両端を除いて奇数個の格子点がある。　**(証明終わり)**

(2)　(＊)から，$\overrightarrow{\mathrm{AB}}=4(a,\ b)$，$\overrightarrow{\mathrm{AC}}=4(c,\ d)$ $(a,\ b,\ c,\ d\in\mathbb{Z})$ と表せて

$$\triangle\mathrm{ABC}=\frac{1}{2}\cdot16|ad-bc|=8|ad-bc|$$

$$=8\times(\text{整数})$$

(証明終わり)

フォローアップ

〔Ⅰ〕　(＊)の証明で，「もっとも近い点」が存在することを用いている。これは，格子点は平面上で距離1以上離れて存在するからで，線分 AB のような有限な範囲にある格子点は有限個しかない。したがって，Aから線分 AB 上の各格子点への距離も有限集合（実数の）で，その最小値が存在する。

〔Ⅱ〕　図形的にではなく，〔アプローチ〕1．を用いると次のようになる。

〔(＊)の別証明〕2つの格子点を通る直線の方程式を $ax+by=c$ とする。ここで格子点を通ることから，a，b，c は整数ととれて（実際，2点 $(x_0,\ y_0)$，$(x_1,\ y_1)$ を通る直線の方程式は

$$(y_1-y_0)(x-x_0)-(x_1-x_0)(y-y_0)=0$$

と表せる)，さらに両辺を a, b の最大公約数で割ることにより（$c=ax_0+by_0$ は a，b の最大公約数の倍数)，a，b は互いに素としてよい。通る格子点の1つを $(x_0,\ y_0)\in\mathbb{Z}^2$ とおくと，$ax_0+by_0=c$ だから

$$a(x-x_0)=b(y_0-y)$$

$(x,\ y)\in\mathbb{Z}^2$ のとき，$a(x-x_0)$ が b の倍数で「a，b は互いに素」から

$$x-x_0=bn \quad (n\in\mathbb{Z}) \qquad \therefore\ \ y_0-y=an$$

となる n が存在して

$$(x,\ y)=(x_0,\ y_0)+n(b,\ -a)$$

だから，格子点は等間隔に無限個あり，これら以外にはない。

（証明終わり）

(＊)から，座標平面上の直線上の格子点の個数は

- 無限個
- 1個（たとえば，$y=\sqrt{2}x$）
- 0個（たとえば，$x+\sqrt{2}y+\sqrt{3}=0$）

のいずれかである。

〔Ⅲ〕 上の別証明で「互いに素」の次の有名な性質を用いている。

> a，b，c が整数で，a，b が互いに素（最大公約数が1＝共通の素因数をもたない）のとき
>
> bc が a で割り切れる $\Longrightarrow$ c が a で割り切れる

これは素因数分解からただちにわかることであるが，これを使いこなすことが整数の論証の大きな壁になっている。難しく感じるとするなら，それはこの命題の中身ではない。その抽象性にある。

9.3 整数列の論証

数列 $\{a_n\}$ において，$a_1=1$ であり，$n\geqq 2$ に対して a_n は次の条件(1)，(2)をみたす自然数のうち最小のものであるという。

(1) a_n は，a_1，…，a_{n-1} のどの項とも異なる。

(2) a_1，…，a_{n-1} のうちから重複なくどのように項を取り出しても，それらの和が a_n に等しくなることはない。

このとき，a_n を n で表し，その理由を述べよ。

〔1983 年度理系第 3 問〕

アプローチ

このような，新たに数列を定義して一般項を求める問題では，n の小さな値で実験して一般項を推定する。まず，$a_1=1$ で，$a_2\neq a_1=1$ となる最小の自然数として $a_2=2$。次に a_3 は，$a_1=1$，$a_2=2$，$a_1+a_2=3$ でない最小の自然数だから $a_3=4$。さらに，a_4 は 1，2，$1+2=3$，4，$1+4=5$，$2+4=6$，$1+2+4=7$ でない最小の自然数だから $a_4=8$。すると，$a_1=2^0$，$a_2=2^1$，$a_3=2^2$，$a_4=2^3$ となり，これで $a_n=2^{n-1}$ と推定できる。問題はこのことの証明である。ここでの数列の定義は，a_1〜a_{n-1} がわかったときに a_n をきめる帰納的な定義になっているので，当然，帰納法による。すると，$a_1=1$〜$a_k=2^{k-1}$ を仮定したとき，これらからいくつか（1 個を含む）をとって作った和が，1〜2^k-1 までのすべての自然数になることを示すことになる。さて，そのような和は $2^j(j=0\sim k-1)$ のいくつかの和だから，2 進法による数の表現になっている。このことに着目する。

解答

$a_n=2^{n-1}$（$n=1$，2，…）であることを数学的帰納法で示す。

〔1〕 $a_1=1$ だから $n=1$ のときに成り立つ。

〔2〕 $a_1=1$，$a_2=2$，…，$a_k=2^{k-1}$ を仮定する。このとき，これらを 2 進法で表すと

$$a_1=1_{(2)},\quad a_2=10_{(2)},\quad \cdots,\quad a_k=\underbrace{100\cdots0}_{k}{}_{(2)}$$

である。これらから重複なく 1 項以上を取り出してすべての和を作ると

$$1_{(2)},\quad 10_{(2)},\quad 11_{(2)},\quad 100_{(2)},\quad \cdots,\quad \underbrace{11\cdots1}_{k}{}_{(2)}$$

だから

$$\underbrace{11\cdots1}_{k}{}_{(2)}=2^{k-1}+2^{k-2}+\cdots+1=2^k-1$$

以下のすべての自然数になる。したがって，これらと等しくない最小の自然数として $a_{k+1}=2^k$ となり，$n=k+1$ のときも成り立つ。

以上から，$a_n=\mathbf{2^{n-1}}$ である。　……(答)

フォローアップ

すこし表現を変えると

「1から 2^k-1 までのすべての整数 N は

$$N=2^{m_1}+2^{m_2}+\cdots+2^{m_j},$$

$$k-1\geqq m_1>m_2>\cdots>m_j\geqq0\quad(m_1\sim m_j\text{ は整数})$$

の形でかけて，これらは a_1，a_2，…，a_k からの和として表せる」

ということである。このことは2進法でみれば一目瞭然だが，2進法を用いないで示すと次のようになる。

$N\in\{1,\ 2,\ \cdots,\ 2^k-1\}$ に対して

$$2^{m_1}\leqq N<2^{m_1+1}$$

となる整数 $0\leqq m_1<k$ が1つにきまる。$N=2^{m_1}$ ならばこれでおわり。

$2^{m_1}<N$ ならば $1\leqq N-2^{m_1}<2^{m_1+1}-2^{m_1}=2^{m_1}$ だから

$$2^{m_2}\leqq N-2^{m_1}<2^{m_2+1}(\leqq2^{m_1})$$

となる整数 $m_2(0\leqq m_2<m_1)$ が1つにきまる。これを繰り返すことにより，N は上のように表されることがわかる。

この議論を帰納法で表せば，**解答** も2進法を用いずにかける。

〔2〕の仮定のもとで，帰納法の仮定により，1から $2^{k-1}-1$ までの数は a_1 から a_{k-1} までの異なる項（1個以上）の和で表せて，2^{k-1} から 2^k-1 までの数 N について，$N=2^{k-1}=a_k$，$2^{k-1}+1\leqq N\leqq2^k-1$ については

$$1\leqq N-2^{k-1}\leqq2^k-1-2^{k-1}=2^{k-1}-1$$

だから，$N-2^{k-1}$ は帰納法の仮定から a_1 から a_{k-1} の項の和でかけるので，これに $a_k=2^{k-1}$ を加えると a_1 から a_k の和でかける。ゆえに，1から 2^k-1 までのすべての自然数が a_1 から a_k の1個以上の異なる項の和でかけるので，$a_{k+1}=2^k$ である。

9.4 累乗和の数列

x_1, x_2, …, x_n はおのおの 0，1，2 のどれかの値をとる。$f_1=\sum_{i=1}^{n}x_i$, $f_2=\sum_{i=1}^{n}x_i^2$ のとき $f_k=\sum_{i=1}^{n}x_i^k$ $(k=1, 2, 3, \cdots)$ を f_1 と f_2 を用いて表わせ。

〔1973 年度理系第 2 問〕

アプローチ

なんだか漠然とした問題であるが，とりあえず実験してみよう。
$n=1$ のとき，$f_1=x_1$, $f_2=x_1^2$ で，$f_k=x_1^k=f_1^k$ と表せる。
$n=2$ のとき，$f_1=x_1+x_2$, $f_2=x_1^2+x_2^2$ で，$f_k=x_1^k+x_2^k$ を直接に表すのはちょっとつらそうだが，数列 $\{f_k\}$ の一般項を初項と第 2 項で表せといっているので，漸化式をつくってみる。恒等式

$$x^{k+2}+y^{k+2}=(x+y)(x^{k+1}+y^{k+1})-xy(x^k+y^k)$$

から

$$f_{k+2}=(x_1+x_2)f_{k+1}-x_1x_2f_k \quad (k=1, 2, \cdots)$$

がわかるので，この 3 項間漸化式を解けということである。すると x の方程式 $x^2=(x_1+x_2)x-x_1x_2$ の 2 解 x_1, x_2 を用いて

$$f_k=Ax_1^k+Bx_2^k$$

と表せることはよく知っているだろう。A, B は定数で，f_1, f_2 からきまる。したがって，はじめからこの A, B をきめればよいのである。それは本問の場合，x_1, x_2, …, x_n の 0，1，2 の個数によりきまっている。これを一般の n について表せばよい。

解答

x_1, x_2, …, x_n のうちの 1 の個数を a 個，2 の個数を b 個とすると，0 は $n-a-b$ 個であり

$$f_k=a+2^kb \quad (k=1, 2, \cdots)$$

である。$k=1$, 2 のときから

$$f_1=a+2b, \quad f_2=a+2^2b$$

$$\therefore \quad a=2f_1-f_2, \quad b=\frac{1}{2}(f_2-f_1)$$

だから

$$f_k=(2f_1-f_2)+\frac{1}{2}(f_2-f_1)\cdot 2^k$$

$$=(2^{k-1}-1)f_2-(2^{k-1}-2)f_1 \quad (k=1,\ 2,\ 3,\ \cdots) \qquad \cdots\cdots(\text{答})$$

フォローアップ

まず，数列 $\{A\alpha^n\}$（α，A は定数）は，公比 α の等比数列で，漸化式

$$a_{n+1}=\alpha a_n$$

をみたす。つぎに

「数列 $\{A\alpha^n+B\beta^n\}$（β，B も定数）がみたす漸化式は？」

というと

$$a_{n+2}=(\alpha+\beta)a_{n+1}-\alpha\beta a_n$$

があり（もちろんこれ以外にもいくらでもある），これは東大入試でも何度かテーマになっている。これは，$x=\alpha$，β が2次方程式

$$(x-\alpha)(x-\beta)=0 \qquad \therefore \quad x^2=(\alpha+\beta)x-\alpha\beta$$

の解だから

$$x^{n+2}=(\alpha+\beta)x^{n+1}-\alpha\beta x^n \quad (n=1,\ 2,\ \cdots)$$

をみたし，$x=\alpha$，β を上式に代入したものをそれぞれ A 倍，B 倍して辺々加えることからわかる。また，このことは3項間漸化式の一般項からもわかるだろう。すなわち「2つの n 乗の定数倍の和は3項間漸化式をみたす」。すると $a_n=A\alpha^n+B\beta^n+C\gamma^n$（$\gamma$，$C$ も定数）でも同様である。$x=\alpha$，β，γ が

$$(x-\alpha)(x-\beta)(x-\gamma)=0$$

の解だから

$$x^{n+3}=(\alpha+\beta+\gamma)x^{n+2}-(\alpha\beta+\beta\gamma+\gamma\alpha)x^{n+1}+\alpha\beta\gamma x^n$$

をみたすので，$\{a_n\}$ は

$$a_{n+3}=(\alpha+\beta+\gamma)a_{n+2}-(\alpha\beta+\beta\gamma+\gamma\alpha)a_{n+1}+\alpha\beta\gamma a_n$$

をみたす。本問は $\{\alpha,\ \beta,\ \gamma\}=\{0,\ 1,\ 2\}$ のときで

$$f_{k+3}=3f_{k+2}-2f_{k+1}$$

となり，3項間漸化式になる。この漸化式の一般項を求める方針で解答すると，ちょっとおおげさであるが，次のようになる。

別解

x が0，1，2のいずれかの値のとき，

$$x(x-1)(x-2)=0 \qquad \therefore \quad x^3=3x^2-2x$$

をみたすので，0以上の整数 k について

$$x^{k+3}=3x^{k+2}-2x^{k+1}$$

が成り立つ。したがって，x_i もこれをみたし

$$x_i^{k+3}=3x_i^{k+2}-2x_i^{k+1} \quad (i=1,\ 2,\ \cdots,\ n)$$

であり，これらを辺々加えると

$$f_{k+3}=3f_{k+2}-2f_{k+1}\quad(k\geqq 0)\qquad\cdots\cdots①$$

となる。①から

$$f_{k+3}-f_{k+2}=2(f_{k+2}-f_{k+1})\quad(k\geqq 0)$$

$$\therefore\ f_{k+1}-f_{k}=2^{k-1}(f_2-f_1)\quad(k\geqq 1)\qquad\cdots\cdots②$$

また①から

$$f_{k+3}-2f_{k+2}=f_{k+2}-2f_{k+1}\quad(k\geqq 0)$$

$$\therefore\ f_{k+1}-2f_{k}=f_2-2f_1\quad(k\geqq 1)\qquad\cdots\cdots③$$

だから，②－③により

$$f_k=2^{k-1}(f_2-f_1)-(f_2-2f_1)$$

$$=\mathbf{(2^{k-1}-1)\,f_2-(2^{k-1}-2)\,f_1}\quad(k=1,\ 2,\ 3,\ \cdots)\qquad\cdots\cdots(答)$$

9.5　n 個の実数の論証

n を2以上の自然数とする。$x_1 \geqq x_2 \geqq \cdots \geqq x_n$ および $y_1 \geqq y_2 \geqq \cdots \geqq y_n$ を満足する数列 x_1, x_2, …, x_n および y_1, y_2, …, y_n が与えられている。y_1, y_2, …, y_n を並べかえて得られるどのような数列 z_1, z_2, …, z_n に対しても

$$\sum_{j=1}^{n}(x_j-y_j)^2 \leqq \sum_{j=1}^{n}(x_j-z_j)^2$$

が成り立つことを証明せよ。

〔1987年度理系第5問〕

アプローチ

一般的な n 個の実数についての不等式の論証である。まずは，題意を理解するために実験してみることである。$n=2$ のときは，並べかえは2通り（本質的には1通り）しかないので，簡単にわかるだろう。$n=3$ になると，並べかえは $3!=6$ 通り（本質的には5通り）あって，一気に面倒になる。しかし，このうち $(z_1,\ z_2,\ z_3)=(y_2,\ y_1,\ y_3)$ つまり $z_3=y_3$ などのどれかの成分が一致するときは $n=2$ の場合に帰着される。そうすると，$(z_1,\ z_2,\ z_3)=(y_3,\ y_1,\ y_2)$ などのようなときが問題であるが，これを $n=2$ の場合に帰着させることができないか？　それにはまず y_2 と y_3 をいれかえて，これを1つはさんで

$$(y_3,\ y_1,\ y_2) \longrightarrow (y_2,\ y_1,\ y_3) \longrightarrow (y_1,\ y_2,\ y_3)$$

として $(z_1',\ z_2',\ z_3')=(y_2,\ y_1,\ y_3)$ の場合との大小を考える。これなら $x_1 \geqq x_3$, $y_2 \geqq y_3$ の場合に帰着され，そのつぎは y_3 が一致しているので $n=2$ の場合になる。

解答

証明すべき式は

$$\sum_{j=1}^{n}x_j^2-2\sum_{j=1}^{n}x_jy_j+\sum_{j=1}^{n}y_j^2 \leqq \sum_{j=1}^{n}x_j^2-2\sum_{j=1}^{n}x_jz_j+\sum_{j=1}^{n}z_j^2$$

であり，z_1, z_2, …, z_n は y_1, y_2, …, y_n の並べかえだから，上式は

$$\sum_{j=1}^{n}x_jz_j \leqq \sum_{j=1}^{n}x_jy_j$$

と同値である。したがって，$S(n)=\sum_{j=1}^{n}x_jy_j$, $T(n)=\sum_{j=1}^{n}x_jz_j$ とおくと

「すべての $n \geqq 2$ について $T(n) \leqq S(n)$ が成り立つ」

ことを示せばよい。これを n についての数学的帰納法で示す。

〔1〕 $n=2$ で $x_1 \geqq x_2$, $y_1 \geqq y_2$ のとき，$(z_1,\ z_2)=(y_2,\ y_1)$ ならば

$$S(2)-T(2)=(x_1y_1+x_2y_2)-(x_1y_2+x_2y_1)$$
$$=(x_1-x_2)(y_1-y_2) \geqq 0$$

であり，$(z_1,\ z_2)=(y_1,\ y_2)$ ならば $S(2)=T(2)$ である。ゆえに $n=2$ のとき成り立つ。

〔2〕 $n=k$ のときを仮定し，$x_1 \geqq x_2 \geqq \cdots \geqq x_{k+1}$, $y_1 \geqq y_2 \geqq \cdots \geqq y_{k+1}$ とし，$\{y_j\}$ の並べかえを $\{z_j\}$ とする。

(i) $z_{k+1}=y_{k+1}$ のとき，z_1, …, z_k は $y_1 \geqq \cdots \geqq y_k$ の並べかえだから，帰納法の仮定から $T(k) \leqq S(k)$ であり，$S(k+1)-T(k+1)=S(k)-T(k) \geqq 0$ となり，$n=k+1$ のときも成り立つ。

(ii) $z_{k+1} \neq y_{k+1}$ のとき，$z_l=y_{k+1}$, $z_{k+1}=y_m$ $(l,\ m<k+1)$ となる番号 l, m がある。$\{z_j\}$ で，z_l と z_{k+1} をいれかえたものを $\{z_j'\}$ とし，

$T'(k+1)=\sum_{j=1}^{k+1} x_j z_j'$ とおく。$z_l'=z_{k+1}=y_m$, $z_{k+1}'=z_l=y_{k+1}$ で，これら以外は $z_j'=z_j$ だから

$$T'(k+1)-T(k+1)=(x_lz_l'+x_{k+1}z_{k+1}')-(x_lz_l+x_{k+1}z_{k+1})$$
$$=(x_ly_m+x_{k+1}y_{k+1})-(x_ly_{k+1}+x_{k+1}y_m)$$
$$=(x_l-x_{k+1})(y_m-y_{k+1}) \geqq 0$$

$\therefore\quad T(k+1) \leqq T'(k+1)$

また，$z_{k+1}'=y_{k+1}$ だから(i)により

$$T'(k+1) \leqq S(k+1) \qquad \therefore\quad T(k+1) \leqq S(k+1)$$

であり，$n=k+1$ のときも成り立つ。

以上で題意が示された。 **（証明終わり）**

フォローアップ

〔I〕 問題を考えるときに

1．まず，都合のよい，簡単に扱える場合を考える

2．つぎに，それ以外の場合について，1．に帰着させることを考える

という方法がある。ふつうは，場合分けは，なんらかの必然的な尺度をもって行うものだが，これはそうではない。しかし，考えにくい，表現しにくい問題には試してみてよい手段である。なんだかよくわからないが，とりあえずできるところからやってみよう，ということであり，かなり現実的で自然な方法でもある。

$n=3$ の場合が強引に計算できたとしても，それが一般化できないと意味が

ない。具体的な場合について一般化できる方法をさぐるのである。

〔Ⅱ〕　本問の内容は，直観的には「大小の順番をそろえて作った積の和の方が大きい」ともいえて，これは，項を順番にいれかえていけばなんとなく成り立ちそうだが，解答にきちんとまとめるのはなかなか難しい。このような問題は，中身で用いている数学的内容は単なる実数の大小関係でしかなく，それを論理的かつ一般的に表現することが求められている。ある意味で‘数学作文’（mathematical composition）の問題ともいえる。

〔Ⅲ〕　本問で証明したことから，x_j，y_j についての同じ仮定のもとで

$$\frac{x_1+x_2+\cdots+x_n}{n}\cdot\frac{y_1+y_2+\cdots+y_n}{n}\leqq\frac{x_1y_1+x_2y_2+\cdots+x_ny_n}{n}$$

がわかる（チェビシェフ（Chebyshev）の不等式)。実際

$$(x_1+x_2+\cdots+x_n)(y_1+y_2+\cdots+y_n)\leqq n(x_1y_1+x_2y_2+\cdots+x_ny_n)$$

を示せばよいが，この左辺は n 個の式

$$\begin{array}{l}
x_1y_1+x_2y_2+\cdots+x_{n-1}y_{n-1}+x_ny_n\\
x_1y_2+x_2y_3+\cdots+x_{n-1}y_n\quad+x_ny_1\\
x_1y_3+x_2y_4+\cdots+x_{n-1}y_1\quad+x_ny_2\\
\qquad\qquad\vdots\\
x_1y_n+x_2y_1+\cdots+x_{n-1}y_{n-2}+x_ny_{n-1}
\end{array}$$

の和で，これらがいずれも $x_1y_1+x_2y_2+\cdots+x_ny_n$ 以下であることは本問で示されている。

索　引

出典（解答頁，出題年度順）

用語